水生态文明城市
建设体制与机制创新

李慧敏　王太刚　著

中国水利水电出版社
www.waterpub.com.cn

·北京·

内 容 提 要

通过文献调研、基础理论解析并结合国内外典型案例,本书总结了水生态文明城市建设投融资与建设管理的现状、不足和经验教训,通过分析水生态文明城市建设投融资模式和机制以及水生态文明城市建设管理模式和机制,研究了水生态文明城市建设投融资模式和机制与建设管理模式的匹配度。

本书可供水利工程、工程项目管理、管理科学与工程等专业的高校师生以及项目各级管理人员、水环境治理项目的主要利益相关者和广大科研人员阅读使用。

图书在版编目(C I P)数据

水生态文明城市建设体制与机制创新 / 李慧敏,王太刚著. —— 北京:中国水利水电出版社,2020.12
　　ISBN 978-7-5170-8348-1

Ⅰ. ①水… Ⅱ. ①李… ②王… Ⅲ. ①城市环境—水环境—生态环境建设—研究—中国 Ⅳ. ①X321.2

中国版本图书馆CIP数据核字(2019)第296119号

书　　名	**水生态文明城市建设体制与机制创新** SHUISHENGTAI WENMING CHENGSHI JIANSHE TIZHI YU JIZHI CHUANGXIN
作　　者	李慧敏　王太刚　著
出版发行	中国水利水电出版社 (北京市海淀区玉渊潭南路1号D座　100038) 网址:www.waterpub.com.cn E-mail:sales@waterpub.com.cn 电话:(010)68367658(营销中心)
经　　售	北京科水图书销售中心(零售) 电话:(010)88383994、63202643、68545874 全国各地新华书店和相关出版物销售网点
排　　版	中国水利水电出版社微机排版中心
印　　刷	北京虎彩文化传播有限公司
规　　格	184mm×260mm　16开本　12.5印张　304千字
版　　次	2020年12月第1版　2020年12月第1次印刷
定　　价	**60.00元**

前　言

　　水是生命之源、生产之要、生态之基，预防、治理和保护水生态，构建水生态文明并建设水生态文明城市是我们不可推卸的责任。因此，要正确认识水生态文明与水生态文明城市的建设。水生态文明是指人类遵循人水和谐理念，以实现水资源可持续利用，支撑经济社会和谐发展，保障生态系统良性循环为主体的人水和谐文化伦理形态。水生态文明城市建设具有投资体量巨大的特点，如果单纯依靠地方财政进行建设，这会大大增加地方政府的财政压力。因此，需要鼓励社会资本进入基础设施领域进行投资，如何盘活社会资本、减少财政依赖，更加顺利地进行水生态文明城市建设便成为我们主要考虑的问题。从本质上讲，融资模式作为水生态文明城市建设的核心问题和融资模式与管理机制的匹配度问题是水生态文明建设发展的主要问题。

　　本书研究的关键点主要包括：构建一种普适的投融资模式决策机制，为政府、社会资本进行投融资科学决策提供支持；构建基于多方目标的 BT、PPP、BOT 项目资本结构—债务水平选择框架；得到一般情况下的 PPP 项目风险公平分担建议，使之能够满足大多数项目的基本需求；综合众多的风险分担原则，归纳出尽可能不相关的分担考虑因素，从而为风险分担提供可参考依据，并构造出中国 PPP 项目风险分担调整框架；根据项目特点、业主经验和要求、建设环境等因素创建一种建设管理模式选择机制，为工程建设管理模式决策提供科学依据。

　　最主要的贡献：提出了基于多方目标的 BT、PPP、BOT 项目资本结构—债务水平选择框架，一般情况的风险公平分担及合同组织建议；研究了投融资管理模式和建设管理模式的匹配度。本书重在对具体问题进行探讨，解决水生态文明城市建设的核心问题，并通过对投融资模式和建设管理模式的匹配度问题进行评价研究，提高水生态文明城市的投资管理水平，推进水生态文明的可持续发展建设。

　　本书由李慧敏、王太刚主编，由李慧敏所指导的研究生刘小会、曹永超和佟瑶等完成了初稿的部分排版和修改工作。同时，本书参考了大量文献，在此，作者真诚地对所有相关学者表示衷心的感谢。

　　本书的出版得到教育部人文社会科学研究青年基金项目（19YJC630078）、

河南省高等学校青年骨干教师培养计划项目（2018GGJS080）和 2017 年度河南省高校科技创新人才支持计划（2017-CX-023）的资助。

由于水生态文明城市建设的体制和机制问题涉及的面十分广泛，内容纷繁复杂，加之作者水平有限，书中错漏和不妥之处在所难免，恳请专家和广大读者批评指正。

作者

2019 年 5 月

目　　录

前言

第1章　绪论 ……………………………………………………………………… 1

　1.1　研究的意义与必要性 ………………………………………………………… 1

　1.2　国内外研究现状 ……………………………………………………………… 2

　1.3　研究路线与创新点 …………………………………………………………… 5

第2章　城市水生态文明 ………………………………………………………… 7

　2.1　生态文明 ………………………………………………………………………… 7

　2.2　水生态文明 ……………………………………………………………………… 7

　2.3　水生态文明城市 ……………………………………………………………… 8

　2.4　海绵城市 ……………………………………………………………………… 10

第3章　水生态文明城市建设融资模式 ……………………………………… 13

　3.1　BT 融资模式 ………………………………………………………………… 13

　3.2　PPP 融资模式 ………………………………………………………………… 18

第4章　融资模式资本结构设计 ……………………………………………… 24

　4.1　国际典型 PPP/BOT 项目的资本结构选择分析 ……………………… 24

　4.2　基于委托代理理论的 PPP/BOT 项目股权结构选择 ………………… 33

　4.3　多目标下 PPP/BOT 项目的债务水平选择 …………………………… 52

第5章　水生态文明城市建设项目风险管理 ……………………………… 66

　5.1　项目风险管理 ………………………………………………………………… 66

　5.2　项目风险的识别 ……………………………………………………………… 67

　5.3　项目风险的评估 ……………………………………………………………… 73

　5.4　项目风险的控制 ……………………………………………………………… 81

第6章　水生态文明城市建设项目风险分担 ……………………………… 94

　6.1　案例的选取 …………………………………………………………………… 94

　6.2　风险公平分担机制的构造思路 …………………………………………… 98

　6.3　所有行业的实际分担与分担偏好的差异 ……………………………… 99

　6.4　单一行业的实际分担与分担偏好的差异 …………………………… 100

　6.5　风险公平分担机制的构造 ……………………………………………… 106

第7章　回购机制设计 ·· 115

7.1　基于回购契约优化设计的 BT 项目投资控制研究框架 ·········· 115

7.2　BT 项目投资控制设计 ·· 119

7.3　BT 项目回购总价款关键参数的确定 ···························· 120

7.4　关键参数对 BT 项目回购总价款的影响 ························· 125

7.5　工程变更引起的 BT 项目回购总价款调整 ····················· 132

7.6　其他因素引起的 BT 项目回购总价款调整 ····················· 136

第8章　水生态文明城市建设管理模式与机制设计 ············· 142

8.1　业主方管理模式设计 ··· 142

8.2　工程发包方式设计 ··· 145

8.3　监理模式设计 ·· 150

8.4　建设管理模式决策机制 ·· 151

8.5　工程激励机制设计 ··· 155

第9章　投融资模式和建设管理模式的匹配度研究 ············· 167

9.1　政府投资项目决策的逻辑框架 ···································· 167

9.2　模糊贴近度概述 ··· 169

9.3　评价指标权重的确定 ·· 171

9.4　模糊贴近度的解法 ··· 174

9.5　投融资与建设管理模式模糊贴近度评价指标 ·················· 175

9.6　案例分析 ··· 177

9.7　本章小结 ··· 183

参考文献 ·· 185

第1章

绪　　论

1.1　研究的意义与必要性

1.1.1　研究的意义

从我国的生态文明理念发展来看，生态文明建设的新理念是人类能够自觉地把一切经济社会活动，都纳入人与自然和谐相处的体系中，是一种包容了人口优生优育、资源节约、环境保护的可持续发展，是一种包容了经济、社会与自然协调的和谐发展，是一种包容了优化生态、安居乐业、生活幸福的全面发展，是一种包容了新型工业文明转型的绿色经济发展。

为了贯彻落实党的精神，集中力量建设生态文明，2013年年初，水利部印发了《水利部关于加快推进水生态文明建设工作的意见》（水资源〔2013〕1号）（以下简称《意见》），把生态文明理念融入水资源开发、利用、治理、配置、节约、保护的各方面和水利规划、建设、管理的各环节，加快推进水生态文明建设；明确了水生态文明建设的意义、指导思想、原则和目标，提出了推进水生态建设的8项主要工作内容，对水利系统加快推进水生态文明建设进行了全面部署；提出在以往工作基础上，选择一批基础条件较好、代表性和典型性较强的城市，开展水生态文明城市建设试点工作，探索符合我国水资源、水生态条件的水生态文明建设模式。总体来说，水生态文明是指人类遵循"人水和谐"理念，以实现水资源可持续利用，支撑经济社会和谐发展，保障生态系统良性循环为主体的人水和谐文化伦理形态，是生态文明的重要部分和基础内容。

此外，随着城镇化的加速发展，水生态文明城市也应运而生，水生态文明城市是指按照生态学原理，遵循生态平衡法则和要求建立的，满足城市良性循环和水资源可持续利用、水生态体系完整、水生态环境优美、水文化底蕴深厚的城市，是传统的山水自然观和天人合一的哲学观在城市发展中的具体体现，是城市未来发展的必然趋势，是"城在水中、水在城中、人在绿中"的人—水—城相依相伴、和谐共生的独特城市风貌和聚居环境，是人工环境与自然环境的协调发展、物理空间与文化空间的有机融合。水生态文明城市作为"美丽中国"的基本单元，对其的建设研究是十分有必要而且意义重大的。

水生态文明城市建设投资体量巨大，如果单纯采用传统的投融资模式，依靠财政进行投融资建设，将会大大增加政府的财政压力。2014 年，国务院印发的《国务院关于创新重点领域投融资机制鼓励社会投资的指导意见》（国发〔2014〕60 号）提出，使市场在资源配置中起决定性作用和更好发挥政府作用，营造权利平等、机会平等、规则平等的投资环境，鼓励社会投资特别是民间投资，盘活存量、用好增量，调结构、补短板，服务国家生产力布局，促进重点领域建设，增加公共产品有效供给。2014 年，财政部发布的《政府和社会资本合作模式操作指南（试行）》（财金〔2014〕113 号）和《财政部关于政府和社会资本合作示范项目实施有关问题的通知》（财金〔2014〕112 号）提出，面对环保行业征集潜在政府和社会资本合作（Public-Private Partnership，PPP）项目；保证 PPP 示范项目质量，形成可复制、可推广的实施范例，充分发挥示范效应，规范地推广运用 PPP 模式。目前，PPP 模式已经成为我国政府在市场中积极推广的融资模式。因此，面对水生态文明城市的建设，如何在水利行业推广应用 PPP 模式是需要研究的问题；此外，新时代下，融资模式的创新应用与当前建设管理模式的匹配程度也是影响水生态文明城市建设的关键。因此，研究投融资模式及其与建设管理模式的匹配度是促进水生态文明城市建设更加顺利进行的有效举措，具有重要的理论和现实意义。

1.1.2　研究的必要性

目前，水生态文明城市的建设正处于发展瓶颈阶段，其根本原因是投融资问题作为水生态文明城市建设的核心问题自身创新设计不足，且与建设管理模式不匹配。

因此，改革水利基础设施融资体制、拓宽基础设施融资渠道、创新融资方式势在必行。如何发挥政府财政资金杠杆效应，广泛吸纳社会资金为水利基础设施的协调发展服务，对促进水生态文明城市的建设与发展具有重要现实意义。此外，建设管理模式和机制的设计事关水生态文明城市建设的成败。随着水利工程建设市场化、专业化的进程加快，出现了很多新型的建设管理模式。特别是随着我国经济建设的迅猛发展，区域经济的崛起和投资与建设领域管理体制改革的深化，工程投资管理与建设管理的协调，尤其是工程建设管理模式选择条件的评判，模式决策优化的准确与实施控制的有效已成为加速项目建设速度、促进社会与经济发展、提高投资效益的重要前提和手段。除投融资模式和建设管理模式自身的创新设计以外，其有效协调也是政府和社会资本投资决策良好发挥的有效保障。

目前国内外对投融资模式和建设管理模式具有较为详细的研究，但对于两者的匹配性问题还没有进行系统的研究。因此，本书将结合国际上相关的投融资模式和建设管理模式，对两者的匹配性问题进行评价研究，以提高水生态文明城市建设项目的管理水平。

1.2　国内外研究现状

水生态文明城市建设是利国利民的重大举措，其建设是由多个小、中、大型工程项目构建起来的。目前，国内外关于此类项目的投融资模式的研究主要集中在水利投融资体制，水利投融资政策，水利项目 BOT、PPP、TOT、PFI 模式应用等方面。而建设管理机制则一直以工程指挥部、基建处和项目法人等传统的项目管理模式为主,这些模式虽为我国公共基础设施项目的建设发挥了巨大的作用,但随着时代的发展,其效率低下和容易滋生腐败的弊端开始显现。

1.2.1 投融资模式研究

王伟[1]通过分析国外水利投融资经验,提出我国应改革并完善水利投资制度,建立灵活有效的融资机制,科学引导并合理调整投资方向。章仁俊等[2]分析了国内水利产业投资的主要问题及其原因,提出应建立合理的投资回收与补偿机制,建立投资风险约束机制,构建流域机构为出资人代表的水利投融资主体和积极探索提供多种融资渠道。张旺[3]提出创新水利投融资渠道,除了要继续扩大政府公共财政投资规模外,还必须在金融机构融资、构筑新平台融资、群众参与合作以及吸引社会资本投入等方面进行创新。以下是针对不同性质的水利项目的投融资模式研究分析。

1. 公益性水利项目投融资模式

公益性水利项目主要包括防洪、水土保持、水生态等水利工程。公益性水利工程具有效益社会性、效益随机性、资产非经营性等特点,缺乏对投资者的吸引力,致使建设资金短缺。段塈等[4]指出公益性水利项目投融资主要问题为投资主体不明确、投资"三超"现象严重等,并结合国外水利工程投融资的经验,提出需进一步完善和严格执行建设项目法人责任制及项目资本金制度,明确国有水利出资人代表,理顺产权关系,建立责权利相统一的投资约束和激励机制,鼓励和引导社会与民间资本投资。朱庆元等[5]对公益性水利项目投入机制进行了分析,提出需进一步完善公共财力投资体系,鼓励水利投融资体系多元化发展,政府应当制定优惠政策,吸引民间资本投资。

2. 准公益性水利项目投融资模式

准公益性水利项目主要包括农田水利、农业节水、农业供水等水利工程。张琰等[6]分析了国内农田水利建设投融资途径,认为随着取消"两工"到实施"一事一议"制度,政府投入已难以满足水利建设需求,可以考虑 BOT、TOT 两种模式吸引社会资本投资。李晶等[7]研究了在农村饮水安全工程中引入 PPP 模式的合作方式、流程、适用范围以及合作中的关键问题等,表示 PPP 模式对水生态文明城市的建设具有重大意义。

3. 经营性水利项目投融资模式

经营性水利项目主要包括水电、工业、城市供水等水利工程。大型水电工程一般工期较长、投资量巨大,通常跨越一个或多个经济周期,且单一融资方式的边际成本随融资总量增加而上升,因此,要求必须有稳定可靠的资金来源。司小友[8]分析了国内水电项目的投融资环境及政策,指出目前存在投资主体单一、融资渠道狭窄、上网电价不合理及投资和费用分摊难以实现等问题,并提出积极培育有效的投融资环境,建立水电产业投资基金等措施建议促进水电项目的开发建设。祁孝珍等[9]研究了辽宁大伙房水库输水工程建设投融资方式,认为大伙房水库输水工程作为城市供水水源项目,实行了政府宏观调控、公司市场化运作、用水户参与管理的建设管理体制,采取了以银行贷款为主的间接融资方式。

此外,关于引入社会资本参与基础设施项目的建设虽对水生态文明城市的建设具有极大的积极作用,但随之而来的问题就是项目的风险分配,项目风险的合理分配与投融资模式在项目中的有效应用有极大的关系。因此，本书对国内外的相关研究进行了分析：风险分担作为风险处置的一项选择措施，一般都是定义于合同条文中，但是合同的起草者总是试图将更多的风险转移给对方[10]，从而导致双方在达成一致协议前所需的谈判时间长且成本居高不下，因此相对于其他风险处置措施，风险分担是项目风险管理研究中更受关注的重点。Rutgers 和 Haley[11] 提出风险应该分担给比自己更能管理好该风险的一方；马强[12] 认为项目业主应该承担可控制的风险如项目融资、建设、经营和维护等风险，项目业主不可控制的风险如法律变更、公共政策等风险则由政府承担；罗春晖[13] 认为基础设施私营投资项目中的风险分担应遵循风险分担与控制力相对称、风险分担与收益相对称、风险分担与投资者参与程度相协调；刘新平等[14] 认为项目风险分担应该由对风险最有控制力的一方控制相应的风险，承担的风险程度与所得回报相匹配，承担的风险要有上限。

1.2.2　建设管理模式研究

申金山和申铎[15] 分析了我国政府投资项目建设管理模式的基本特征和存在的弊端，指出临时性、分散性和自营性为其基本特征，并存在专业性缺失、机构重复设置、四位一体现象严重、大量拖欠工程款等弊端，结合发达国家政府投资项目建设管理模式的特点，指出我国政府投资项目建设管理模式改革的方向是形成职责明确、权力制衡、依法行事、科学规范、透明诚信和高效运行的有效机制。在此基础上，还设计了政府投资工程"双层代理制"的组织模式，即组建政府投资工程管理中心和选择工程管理中心，并对两者的职能进行了详细阐述，而后根据"双层代理制"的运行机制对其特点和相应的配套改革措施进行了深入的分析。

邹伟武和周栩[16] 介绍了国内大型建设工程项目采用的几种主要管理模式，包括 PM、PMC、代建制等管理模式，并对各种管理模式的各自特点和适用范围进行了详细探讨，指出由于各种建设项目管理模式不同，应当根据具体情况选择最合适的管理方式，在选择管理方式时所要考虑的主要因素有工程项目的范围、工程项目的进度、项目的复杂性以及合同计价方式等。

田东升[17] 对传统总承包方式、设计建造方式和施工管理方式进行了简要介绍，并从业主介入施工活动的程度不同，设计参与人员参与工程管理的程度不同，工程责任的明确程度不同和适用项目的复杂程度不同等 7 个方面对上述 3 种管理方式进行了对比，同时从上述 7 个方面确定了业主选择工程项目管理方式的方法。

Michael J. Garvin[18] 对基础设施领域采用 DBB、DB 和 DBO 等管理模式进行了比较和分析，阐述了它们各自的特点和适用条件，并以 20 多个实例进行了证明。C. William Ibbs 等[19] 通过对全球范围 67 个项目数据资料的统计分析，对 DBB、DB 模式的实施效果进行了比较。对于如何选择管理方式，Christopher M. Gordon[20] 建议综合考虑项目特点、市场状况、业主情况、法律规定、风险管理和奖励方案等，以确定项目管理模式和计价方式。

此外，建设管理模式的有效实行取决于其内部各种机制的设计。通过研究，发现国内外针对建设工程合同契约的激励设计已有一些研究，对建设工程进度、成本目标进行激励的研究比较多一些；而在合同形式上，对固定总价激励合同（FPI）和成本加酬金激励合同（CPIF）进行的研究占主流。Bubshait[21]针对建设工程施工合同是否采用进度和成本等激励条款向若干个业主和承包人进行了问卷调查和实证研究，结果表明大多数业主和承包人都认同有激励条款的合同可以使承包人更努力，使成本和进度都能得到控制。

工程实践中，对进度进行激励的方法一般是设立工期提前奖励，如实际工期比合同工期提前一天，就给予承包人一定金额的奖励。冉懋鸽[22]认为固定单价计量付款加进度提前奖励的合同激励模式很难达到业主进度控制的目标，提出"工程单价随进度指标动态结算"管理方法，即业主以合同单价为基准，根据承包人一个滚动周期内实际完成工程量（或投资额）的平均值与计划完成工程量（或投资额）的平均值进行对比，确定合同单价调整系数，并通过调整后的单价，计算每期进度付款金额。

无论是单目标的激励还是多目标的统一协调，都是基于收益激励的方式，也即显性激励的方式。周基农等[23]还研究了抵押作为一种显性激励措施，能导致承包商的高努力行动，研究认为抵押使承包商不容易退出，不容易收回其投资成本，这显然可以提高业主在事后谈判中的地位。抵押通过使关系结束成为一种可信威胁（"要挟"）而为业主方提供了一种控制。卢毅等[24]运用博弈论从行为和利益的角度构建和分析了公路建设项目法人的几种激励模型，提出了通过综合激励方案的设计建立不对称信息条件下的项目法人利益实现机制的具体途径。吴国生[25]进行了非政府投资项目管理模式及激励机制的研究，分析了业主、项目管理公司和承包商的激励模型，得出有了项目管理公司对承包商的监督后，承包商的努力程度提高了，激励效果也提高了。齐海燕[26]对激励机制的研究主要从博弈论的角度出发，建立了设备监理单位和承包商的博弈模型，得出双方相应的均衡策略，由此提出对设备监理单位和承包商的政策建议，此研究并没有详细地研究激励机制的设计，而且更多的是侧重研究设备监理单位的目标控制和实施方法。

1.3 研究路线与创新点

本书主要通过文献调研、基础理论解析和国内外典型案例总结了水生态文明城市建设投融资与建设管理的现状、不足和经验教训；分析了水生态文明城市建设投融资模式和机制，进行了融资模式决策机制、融资模式资本结构、各种融资模式的风险分担机制以及项目回购机制的设计；并对水生态文明城市建设管理模式和机制的建设管理模式决策机制、业主管理模式、工程发包方式、工程监理模式和工程激励机制进行了设计。最后，本书研究了水生态文明城市建设投融资模式和机制与建设管理模式的匹配度。本书研究路线如图1.1所示。

本书的创新点主要包括以下几个方面：

（1）提出基于多方目标的 BT、PPP、BOT 项目资本结构—债务水平选择框架。研究 BT、PPP、BOT 项目资本结构选择的项目类型特征和阶段特征，在理论层面提出适合不同项目类型（固定资产投资类、核心技术设备类和综合运营管理类）、不同阶段（发起阶段和运营阶段）的股权结构、债务水平和资本结构整体的分析框架，并在应用层面提出可行的计算方法。通过这些研究，使得研究成果更加具体，增强 BT、PPP、BOT 项目资本结构选择研究的适用性和实用性。

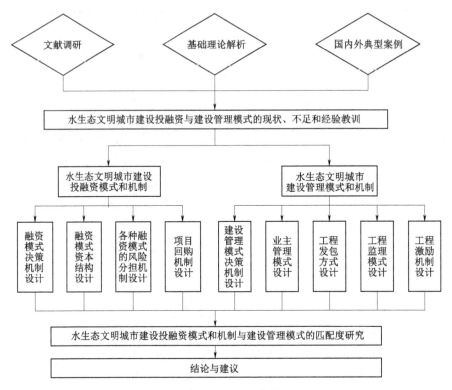

图 1.1　本书研究路线

（2）提出一般情况的风险公平分担及合同组织建议。首先采用两轮的德尔菲调研取代一轮的问卷调研以期获得受访专家的一致意见，其次通过面对面访谈搜集以往项目的实际风险分担，通过对比分担偏好和实际分担以得到适合于项目一般情况的公平分担建议，最后相应提出每个风险的合同组织建议，并构造出我国 PPP 项目风险分担调整框架。

（3）进行投融资模式与建设管理模式的匹配度研究。分析各种投融资模式和建设管理模式的运行机理，结合投资控制目标和项目建设管理绩效评价，从绩效评价指标出发，建立投融资管理和建设管理的模糊贴近度评价指标，对两者的匹配度进行评价。

第 2 章

城市水生态文明

2.1 生态文明

2012 年，党的十八大报告中正式提出生态文明，并首次完整阐述了"五位一体"的总布局，指出应将生态文明与政治文明、经济文明、文化文明和社会文明建设并列，使生态文明成为社会整体文明不可分割的一部分，并将建设"美丽中国"作为对生态文明建设的目标。2017 年，党的十九大报告在生态文明建设问题上提出了新的理论和实践创新。首先，报告提出了"像对待生命一样对待生态环境""实行最严格的生态环境保护制度"等论断，以及"打赢蓝天保卫战"的理念。其次，报告提出了详尽的生态文明建设举措，加快建立绿色生产和消费的法律制度和政策导向；提高污染排放标准，强化排污者责任，健全环保信用评价、信息强制性披露、严惩重罚等制度；完成生态保护红线、永久基本农田、城镇开发边界三条控制线划定工作；改革生态环境监管体制等。最后，报告发出了中国建设生态文明的庄严承诺：我们不仅不把解决贫穷、发展经济同生态环境保护对立起来，更不会以牺牲生态环境来换取经济的发展。由此看来，生态文明的建设越来越成为中国乃至世界可持续发展的关键，因此，对生态文明的建设进行研究是不可避免的，是迫切的。

目前国内外关于生态文明的概念有很多论述，从人、自然与社会的视角，文明形态的视角，生态学的视角等对生态文明进行定义。对生态文明有一个较普通的定义，生态文明是指人类遵循人、自然、社会和谐发展这一客观规律而取得的物质与精神成果的总和，是指人与自然、人与人、人与社会和谐共生、良性循环、全面发展、持续繁荣为基本宗旨的文化伦理形态。

2.2 水生态文明

1. "和谐"是水生态文明的核心

党的十八大报告提出"尊重自然、顺应自然、保护自然"的生态文明理念，全新诠释了生态文明的内涵，倡导尊重自然、顺应自然、保护自然、合理利用自然。水生态文明理念提倡的文明是人与自然和谐相处的文明，坚持以人为本、全面、协调、可持续的科学发展观，解决由于人口增加和经济社会高速发展导致的洪涝灾害、干旱缺水、水土流失和水污染等水问题，使人和水的关系达到一个和谐的状态，使宝贵有限的水资源为经济社会可持续发展提供久远的支撑。仅仅把水生态文明理解为"保护水生态"是不全面的，以水定需、量水而行、因水制宜，推动经济社会发展与水资源和水环境承载力相协调，建设永续的水资源保障、完整的水生态体系和先进的水科技文化所取得的物质、精神、制度方面成果的总和是我们倡导的水生态文明的核心"和谐"，其中包括了人与自然、人与人、人与社会等方方面面的和谐。

2. 水资源节约是水生态文明建设的重中之重

当前我国水资源面临的形势十分严峻，水资源短缺问题日益突出，已成为制约经济社会可持续发展的主要瓶颈。水资源节约是解决水资源短缺的重要之举，是构建人水和谐的生态文明局面的重要措施。党的十八大报告提出"节约资源是保护生态环境的根本之策"，"加强水源地保护和用水总量管理，推进水循环利用，建设节水型社会"。可以看出，推进水生态文明建设的重点工作是厉行水资源节约，构建一个节水型社会，是建设水生态文明的重中之重。

3. 水生态保护是水生态文明建设的关键

党的十八大报告提出"良好的生态环境是人类社会经济持续发展的根本基础，要实施重大生态修复工程，增强生态产品生产能力"；"加快水利建设，增强城乡防洪抗旱排涝能力"；"坚持共同但有区别的责任原则、公平原则、各自能力原则，同国际社会一道积极应对全球气候变化"。建设生态文明的直接目标是保护好人类赖以生存的生态与环境，因此，大力开展水生态保护工作是建设水生态文明的关键。

4. 水生态文明建设是实现可持续发展的重要保障

党的十八大报告提出要把生态文明建设融入经济建设、政治建设、文化建设、社会建设的各方面和全过程，形成"五位一体"的布局。生态文明是物质文明、政治文明、精神文明、社会文明的重要基础和前提，没有良好和安全的生态与环境，其他文明就会失去载体。水资源是人类生存和发展不可或缺的一种宝贵资源，是经济社会可持续发展的重要基础。水生态系统是水资源形成、转化的主要载体。因此，保护好水生态系统，建设水生态文明，是实现经济社会可持续发展的重要保障。

2.3 水生态文明城市

2.3.1 水生态文明城市的内涵

水生态文明城市是按照生态学原理，遵循生态平衡的法则和要求建立的，满足城市良性循环和水资源可持续利用、水生态体系完整、水生态环境优美、水文化底蕴深厚的城市，是传统的山水自然观和天人合一的哲学观在城市发展中的具体体现，是城市未来发展的必然趋势，是"城在水中、水在城中、人在绿中"，人、水、城相依相伴、和谐共生的独特城市风貌和聚居环境，是人工环境与自然环境的协调发展、物理空间与文化空间的有机融合。它不但要保持良好的自然生态环境，还应具有适宜的人工环境和丰富的人文内涵，核心是以人为本，目标是人与自然和谐相处。水生态文明城市是城市水利发展的必然目标，必将对城市发展和水利建设产生积极深远的影响。

2.3.2 水生态文明城市建设的战略定位

（1）水生态文明城市建设是水利改革发展的需要。2011 年中央 1 号文件和中央水利工作会议明确提出，力争通过 5 年到 10 年努力，从根本上扭转水利建设明显滞后的局面，基本建成水资源保护和河湖健康保障体系。目前，各级水利部门在继续实施大江大河大湖治理的同时，正在大力推进河湖水系连通、中小河流治理、水生态修复与保护等工作。随着我国水利改革进程的不断提速、工作内涵的不断深化、社会服务功能的不断拓展，除城市供水、防洪、排涝等基本功能外，城市河湖的水资源保护与优化配置、水生态修复、水环境整治、水景观打造越来越成为城市水利工作的重要任务和关键环节。水生态文明城市建设，统筹水利建设与城市发展，以水资源的永续利用支撑城市经济社会的可持续发展，以水生态的良性循环保障城市生态环境安全等，对水利工作提出了新的更高的要求，极大地丰富了现代水利、民生水利的内涵，提高了水利的社会地位，进一步拓展了水利的发展空间。

（2）水生态文明城市建设是城市现代化发展的高级形态。水生态文明城市建设，基于统筹协调水利建设与生态建设，强调工程造型与周边景观相协调、工程布局与自然生态相适应，采取工程措施与非工程措施，加强水生态修复与保护，充分发挥大自然的自我修复能力，给水休养生息的环境，化水害为水利，使水资源和水环境保持良好的生态平衡。有利于提高城市的防洪安全、排涝安全、工程设施安全；有利于优化城市水资源配置，统筹保障工业用水、居民用水、城乡用水和生态用水；有利于营造山更青、水更秀、景更美、人水更和谐的良好城市生态环境，打造独具特色的城市滨水景观风光带；有利于挖掘、弘扬厚重的水文化、现代水利科技知识；有利于建立以城市水系为骨架、与水资源相匹配的城市产业布局和规划建设发展构架，可改善人居环境，满足人们亲水、近水、滨水而居的需要，让广大人民群众得到实惠，共享水利改革发展成果，提升生活质量，提高幸福指数。

（3）水生态文明城市建设是水文化建设的重要载体。水生态文明城市是水文化传承的重要平台。水生态文明城市可以通过水域及水利工程为主体的水利风景区的资源和场所，深度挖掘水文化内涵，做好水文化景观开发，建立水利宣传教育示范基地，加强水文化价值推广，加强我国悠久的治水历史和水利科学知识宣传，让人民群众更多地享受水利优美环境，感受当代水利事业的巨大成就和水文化的丰富内涵。水生态文明城市是水文化建设的重要载体。水生态文明城市建设有利于推进水文化建设和水文化传播方式转变，有利于城市建设统筹水利工程建设和文化建设，增加水利工程的景观元素和文化元素，提升水利工程的文化内涵和文化品位。水生态文明城市建设可以作为政府推动区域经济社会发展的重要抓手，从而推动实现调整结构、促进就业、改善民生、弘扬文化、保护生态、扩大开放的城市综合发展目标。

2.4　海绵城市

2.4.1　概述

　　城镇化是保持经济持续健康发展的强大引擎，是推动区域协调发展的有力支撑，也是促进社会全面进步的必然要求。然而，快速城镇化的同时，城市发展也面临巨大的环境与资源压力，外延增长式的城市发展模式已难以为继。《国家新型城镇化规划（2014—2020年）》明确提出，我国的城镇化必须进入以提升质量为主的转型发展阶段。为此，必须坚持新型城镇化的发展道路，协调城镇化与环境资源保护之间的矛盾，才能实现可持续发展。党的十八大报告明确提出"面对资源约束趋紧、环境污染严重、生态系统退化的严峻形势，必须树立尊重自然、顺应自然、保护自然的生态文明理念，把生态文明建设放在突出地位"。建设具有自然积存、自然渗透、自然净化功能的海绵城市是生态文明建设的重要内容，是实现城镇化和环境资源协调发展的重要体现，也是今后我国城市建设的重大任务。

　　顾名思义，海绵城市是指城市能够像海绵一样，在适应环境变化和应对自然灾害等方面具有良好的"弹性"，下雨时吸水、蓄水、渗水、净水，需要时将蓄存的水"释放"并加以利用。海绵城市建设应遵循生态优先等原则，将自然途径与人工措施相结合，在确保城市排水防涝安全的前提下，最大限度地实现雨水在城市区域的积存、渗透和净化，促进雨水资源的利用和生态环境保护。在海绵城市建设过程中，应统筹自然降水、地表水和地下水的系统性，协调给水、排水等水循环利用各环节，并考虑其复杂性和长期性。

　　海绵城市的建设途径主要有以下几个方面：

　　（1）对城市原有生态系统的保护。最大限度地保护原有的河流、湖泊、湿地、坑塘、沟渠等水生态敏感区，留有足够涵养水源、应对较大强度降雨的林地、草地、湖泊、湿地，维持城市开发前的自然水文特征，这是海绵城市建设的基本要求。

　　（2）生态恢复和修复。对传统粗放式城市建设模式下，已经受到破坏的水体和其他自然环境，运用生态的手段进行恢复和修复，并维持一定比例的生态空间。

　　（3）低影响开发。按照对城市生态环境影响最低的开发建设理念，合理控制开发强度，在城市中保留足够的生态用地，控制城市不透水面积比例，最大限度地减少对城市原有水生态环境的破坏，同时，根据需求适当开挖河湖沟渠，增加水域面积，促进雨水的积存、渗透和净化。海绵城市建设应统筹低影响开发雨水系统、城市雨水管渠系统及超标雨水径流排放系统。低影响开发雨水系统可以通过对雨水的渗透、储存、调节、转输与截污净化等功能，有效控制径流总量、径流峰值和径流污染；城市雨水管渠系统即传统排水系统，应与低影响开发雨水系统共同组织径流雨水的收集、转输与排放。超标雨水径流排放系统，用来应对超过雨水管渠系统设计标准的雨水径流，一般通过综合选择自然水体、多功能调蓄水体、行泄通道、调蓄池、深层隧道等自然途径或人工设施构建。以上三个系统并不是孤立的，也没有严格的界限，三者相互补充、相互依存，是海绵城市建设的重要基础元素。

2.4.2　海绵城市——低影响开发雨水系统构建

海绵城市——低影响开发雨水系统构建需统筹协调城市开发建设的各个环节。低影响开发（Low Impact Development，LID）是指在场地开发过程中采用源头、分散式措施维持场地开发前的水文特征，也称为低影响设计（Low Impact Design，LID）或低影响城市设计和开发（Low Impact Urban Design and Development，LIUDD）。其核心是维持场地开发前后水文特征不变，包括径流总量、峰值流量、峰现时间等。从水文循环角度，要维持径流总量不变，就要采取渗透、储存等方式，实现开发后一定量的径流量不外排；要维持峰值流量不变，就要采取渗透、储存、调节等措施削减峰值、延缓峰值时间。发达国家人口少，一般土地开发强度较低，绿化率较高，在场地源头有充足空间来消纳场地开发后径流的增量（总量和峰值）。我国大多数城市土地开发强度普遍较大，仅在场地采用分散式源头削减措施，难以实现开发前后径流总量和峰值流量等维持基本不变，所以还必须借助于中途、末端等综合措施，来实现开发后水文特征接近于开发前的目标。低影响开发水文原理示意图如图 2.1 所示。

从上述分析可知，低影响开发理念的提出，最初是强调从源头控制径流，但随着低影响开发理念及其技术的不断发展，加之我国城市发展和基础设施建设过程中面临的城市内涝、径流污染、水资源短缺、用地紧张等突出问题的复杂性，在我国，低影响开发的含义已延伸至源头、中途和末端不同尺度的控制措施。城市建设过程应在城市规划、

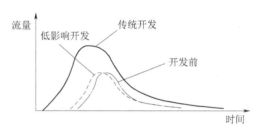

图 2.1　低影响开发水文原理示意图

设计、实施等各环节纳入低影响开发内容，并统筹协调城市规划、排水、园林、道路交通、建筑、水文等专业，共同落实低影响开发控制目标。因此，广义来讲，低影响开发指在城市开发建设过程中采用源头削减、中途转输、末端调蓄等多种手段，通过渗、滞、蓄、净、用、排等多种技术，实现城市良性水文循环，提高对径流雨水的渗透、调蓄、净化、利用和排放能力，维持或恢复城市的"海绵"功能。

在城市各层级、各相关规划中均应遵循低影响开发理念，明确低影响开发控制目标，结合城市开发区域或项目特点确定相应的规划控制指标，落实低影响开发设施建设的主要内容。设计阶段应对不同低影响开发设施及其组合进行科学合理的平面与竖向设计，在建筑与小区、城市道路、绿地与广场、水系等规划建设中，应统筹考虑景观水体、滨水带等开放空间，建设低影响开发设施，构建低影响开发雨水系统。低影响开发雨水系统的构建与所在区域的规划控制目标、水文、气象、土地利用条件等关系密切，因此，选择低影响开发雨水系统的流程、单项设施或其组合系统时，需要进行技术经济分析和比较，优化设计方案。低影响开发设施建成后应明确维护管理责任单位，落实设施管理人员，细化日常维护管理内容，确保低影响开发设施运行正常。低影响开发雨水系统构建途径如图 2.2 所示。

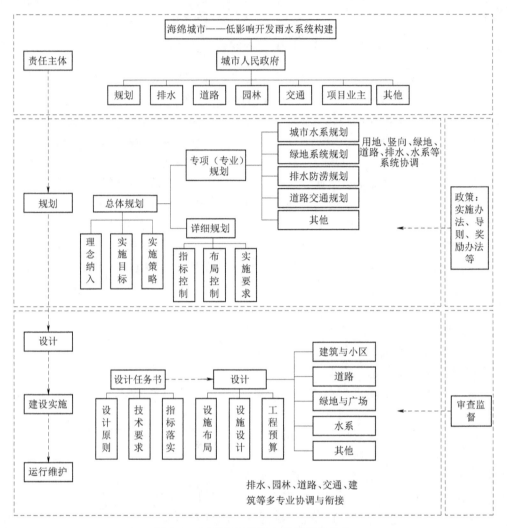

图 2.2　低影响开发雨水系统构建途径

第3章

水生态文明城市建设融资模式

3.1 BT融资模式

3.1.1 BT模式概述

1990年7月，菲律宾通过了BOT立法的第6957号法令，1993年，发布了第7718号法令。在第7718号法令中，对BT模式的定义为："根据合同安排，由项目发起者承担拟定的某项基础设施或发展设施的筹资和建设，待项目建设完工以后即将该项目转给政府机构或有关政府单位，后者则向项目发起人支付该项目的总投资，并加上某一合理比率的回报额。"

联合国工业发展组织在1996年编写的《基础设施BOT项目指南》中将BT看成BOT的变形形式，定义为"建成后立即移交"（Build Transfer Immediately）。M. Fouzul Kabir Khan和Robert J. Parra对于BT模式的定义为：建设管理公司承担既定基础设施的融资和建设，在项目完成并得到委托方认可后，将这个设施的法律权利移交给作为委托方的政府机构或地方政府单位。后者按照事先商定好的时间表，向承包商支付项目全部投资和一个合理的投资回报。

在总结前面各种BT模式定义的基础上，给出BT模式的含义如下。

首先，BT模式是一种项目融资方式。BT模式是BOT（建设—经营—转让）模式的变形，属于投融资活动的范畴，只是二者收回投资的方式不同，BOT模式主要通过项目特许经营期内的经营收益来收回投资，而BT模式通过政府回购项目收回投资。因此，从BT模式的"投资"与"回购"环节来看，整个项目操作过程更多地表现出项目融资模式的特征，是一种特殊的项目融资方式。其次，BT模式是一种特殊的工程建设发包模式。BT项目中投资建设人既负责项目的融资，又负责项目建设或者对项目建设进行管理，承担建设期的技术与经济风险，与工程总承包项目相比多了融资的环节，与"交钥匙"工程相比缺少设计的环节（因BT项目设计是单独招标），因此，BT模式可以看成一种特殊的项目发包模式，也属于项目管理的范畴。再者，BT模式是一种特殊的资产购买行为。BT项目建设完成后，需要由BT项目发起人（政府及其机构）进行回购，因此，BT项目最终的投资人是政府，BT 投资建设人相当于借款者，其投资通过政府回购收回。此外，BT 项目回购过程与传统建设工程中的竣工交付有显著区别，而且，回购价格按照合同中的事先约定执行，与一般意义上的资产交易也有所不同。因此，BT 项目的回购属于特殊的资产购买行为。

BT 项目是采用 BT 模式进行融资、建设和转让的基础设施、公用事业等的工程。BT 模式是一种抽象的概念，而 BT 项目是 BT 模式的具体应用，很多时候并不区分 BT 模式和 BT 项目。

3.1.2　BT 模式项目发起人、项目主办人、项目公司

1. BT 模式项目发起人

BT 模式项目发起人（有人称为 BT 项目的甲方，这里简称为 BT 项目发起人），是指出面与投资人签订 BT 模式投资建设合同并按该合同进行回购价款支付的机构，包括政府及其授权的单位。

由于缺乏相关法律法规的规范，对 BT 项目发起人的法律地位的认识不一致。有人认为 BT 项目发起人是 BT 项目的买受人，与项目建设过程无关，仅在项目完成后成为 BT 项目的权利主体；有人认为 BT 项目发起人自始至终都是 BT 项目的业主。本书认为 BT 项目发起人是项目的业主，但不是项目的建设单位。

2. BT 模式项目主办人

BT 模式项目主办人（有人称为 BT 模式项目的投资建设人，有人称为 BT 项目的乙方，这里简称为 BT 项目主办人），是指与 BT 项目发起人签订 BT 模式投资建设合同并负责筹集建设资金，进行项目管理或项目建设的投资机构或投资机构与工程建设单位的联合体。BT 项目主办人是 BT 项目建设的投资人或投资建设人，通常，项目管理或建设的职能由其投资的项目公司负责。

这里没有称其为 BT 项目投资人，是因为 BT 项目与一般的 BOT 项目不同，最终投资人是政府而不是私人部门，相当于他投资并把项目投资建设好后再卖给政府这样一个过程，称为投资人不合适，因此称为项目主办人。

3. BT 模式项目公司

BT 模式项目公司（这里简称为 BT 项目公司）是 BT 项目主办人为了融资、建设和管理 BT 项目而在项目所在地设立的具有独立法人地位的公司。BT 项目公司承担了工程项目中的一个关键参与主体——建设单位。

3.1.3　BT 模式分类

根据 BT 模式的运作情况，将目前存在的 BT 模式分为两种类型：设立项目公司的 BT 模式和不设立项目公司的 BT 模式。

设立项目公司的 BT 模式是指由 BT 项目承包人组建项目公司，负责项目的投融资和建设管理，BT 项目公司作为建设管理主体与建设（包括设计、采购、施工）主体相分离。该 BT 模式可分为两种类型：施工二次招标型 BT 模式和直接施工型 BT 模式。两者最大的区别在于，前者由 BT 项目公司通过公开招标的方式确定施工单位，后者则在 BT

融资招标时即确定了由 BT 项目承办人及其附属子公司完成主体工程施工任务。目前由于 BT 项目的承办人通常是大型施工企业，具有强大的施工和建设管理能力，由承办人直接完成施工任务的直接施工型 BT 模式在我国得到了最广泛的运用。

不设立项目公司的 BT 模式又可以分为施工同体型 BT 模型和垫资施工型 BT 模式。两者的共同特征是施工单位与 BT 项目承办人同体；两者的区别在于前者的 BT 项目承办人负责项目的投资、建设管理和施工工作，而后者仅承担投资和施工工作，建设管理工作由 BT 项目发起人完成。

根据投资 BT 项目的主体类型不同，可以分为投资主体中标的 BT 项目和施工主体中标的 BT 项目。由投资主体中标的 BT 项目，通常由政府机构通过采购选择 BT 项目投资人，投资公司设立现场 BT 项目组负责项目的设计、监理、采购和施工招标，招标确定承包人之后，BT 项目组再和设计、监理、采购和施工单位签订合同。由施工主体中标的 BT 项目，通常由政府通过采购选择 BT 项目投资人，根据《中华人民共和国招标投标法实施条例》第九条，已通过招标方式选定的特许经营项目投资人依法能够自行建设、生产或者提供的可以不通过招标选择施工单位。因此，在此种模式下，项目发起人负责对设计、监理进行招标，但是无须进行施工招标，施工任务由 BT 项目中标单位负责。

按照项目发起人对项目的控制深度分，可以分为：传统交钥匙型 BT 模式、标准型 BT 模式、建设管理型 BT 模式、施工总承包型 BT 模式和设计施工总承包型 BT 模式。

（1）传统交钥匙型 BT 模式。在传统 BT 模式下，由 BT 项目承办人组建项目公司进行项目的投资、融资和建设管理，采取"交钥匙"的承包方式，在项目建成竣工验收合格后移交给项目"采购人"（BT 项目发起人）。其重要特征是 BT 项目公司以项目法人的身份承担建设单位的职责，全面负责项目的投融资和建设管理工作。勘察设计单位、监理单位、各类承包商都由 BT 项目公司直接招标选择并负责管理。BT 项目发起人的管理工作弱化，仅仅从宏观层面监控 BT 项目公司的建设管理工作。传统交钥匙型 BT 模式的合同结构如图 3.1 所示。

（2）标准型 BT 模式。在传统交钥匙型 BT 模式下，BT 项目公司招标选择勘察设计单位，负责初步设计和施工图设计的工作，但是在实践过程中，基础设施建设项目由 BT 项目发起人完成初步设计工作是该类项目的必然要求，因此对传统交钥匙型 BT 模式进行修正，就成了标准型 BT 模式，如图 3.2 所示。

标准型 BT 模式的运用对象是一个项目，BT 项目公司以项目法人的身份负责初步设计以后的所有建设管理并承担其后的所有风险。这种标准型 BT 模式也被称为平衡的 BT 模式，这是国内诸多专家讨论和分析 BT 模式的基本原型，被作为典型的 BT 模式而多次引用。

（3）建设管理型 BT 模式。建设管理型 BT 模式是指由 BT 项目承办人或 BT 项目公司完成投融资和建设管理工作的一种 BT 模式，如图 3.3 所示。依据 BT 项目承办人是否直接承担施工任务，又可以分为以下几种模式：

1）BT 项目承办人仅负责建设管理工作，不直接承担施工任务，施工另行招标。该

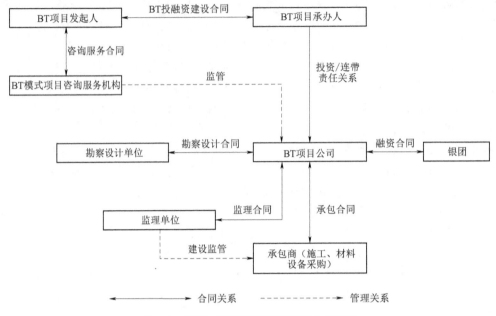

图 3.1　传统交钥匙型 BT 模式的合同结构

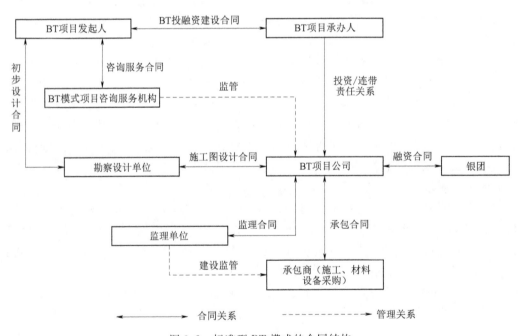

图 3.2　标准型 BT 模式的合同结构

模式即是目前所称的"施工二次招标型 BT 模式",也称为"投融资＋建设管理 BT 模式"。

2）BT 项目承办人负责建设管理工作并承担施工任务。该模式又被称为直接施工型 BT 模式,也称为"投融资＋建设管理＋施工总承包 BT 模式"。

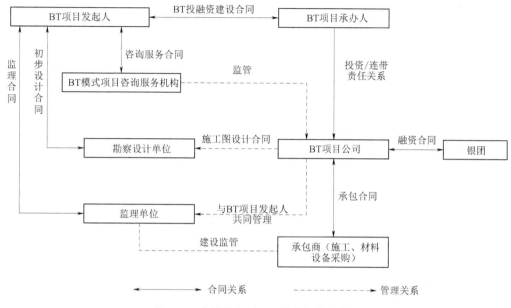

图 3.3   建设管理型 BT 模式的合同结构

（4）施工总承包型 BT 模型。施工总承包型 BT 模型是由 BT 项目发起人负责设计（包括初步设计和施工图设计）、BT 项目承办人完成某个或某些单位工程的投融资和施工总承包，又可称为投融资＋施工总承包 BT 模式。由于 BT 工程的运作主体是 BT 项目承办人组建的 BT 项目公司，而 BT 项目公司本身不具有施工资质，只是负责完成 BT 模式项目的投融资和施工管理协调工作，如图 3.4 所示。BT 项目公司通常不通过招标方式选择施工单位，施工任务由 BT 项目承办人或其指定的下属企业承担。

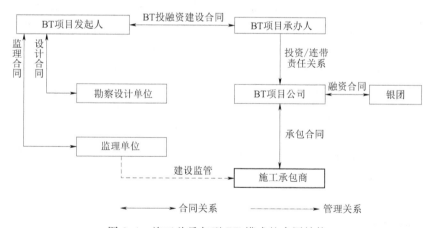

图 3.4   施工总承包型 BT 模式的合同结构

（5）设计施工总承包型 BT 模式。在设计施工总承包型 BT 模式下，BT 项目发起人以项目法人的身份负责项目全过程运作，直接掌控监理的选择权和管理权，BT 项目承办人负责完成投融资和设计施工总承包任务，如图 3.5 所示。

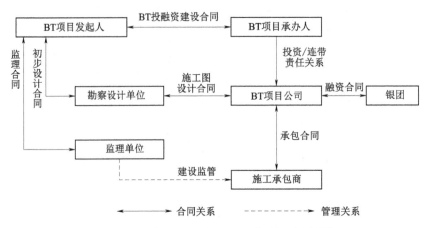

图 3.5　设计施工总承包型 BT 模式的合同结构

3.2　PPP 融资模式

3.2.1　PPP 模式概述

PPP（Public - Private Partnership）模式即政府与社会资本合作模式，是我国为提高公共产品或服务的质量和供给效率而引入的一种以伙伴关系、利益共享、风险分担为特征的融资模式和管理模式，亦可以理解为综合运作和交易模式。在国外，PPP 模式可追溯至 18 世纪欧洲的收费公路建设计划，其最初的目的是平衡市场的过度运作和公共部门的过度低效；而我国 PPP 模式的应用开始于 1984 年深圳投资建设的 B 电厂项目，采用的是BOT 运作模式，之后该模式在我国开始逐渐被采用。我国的 PPP 模式最初是基于公共服务管理角度提出的，借鉴法国的特许经营模式和英国的 PFI 模式，再进一步结合我国国情转化为具有中国特色的 PPP 模式。PPP 项目的特许期一般为 10～30 年。PPP 项目的回报机制根据使用者付费程度分为政府付费、可行性缺口补助和使用者付费三种方式；项目风险根据政府和社会资本的风险管理能力、项目回报机制和市场风险管理能力等要素考量被分为由政府与社会资本各自承担和两者共担三种形式。PPP 模式具有不同于我国传统建设模式的巨大优势，包括能够引入社会资本积极参与公共基础设施的建设，充分激活市场竞争力；拓宽资金来源渠道加快投融资体制改革，形成多元化的投融资体制；转化政府职能、缓解政府财政压力、化解地方政府性债务风险、提高资金的使用效率；整合专业、技术等资源，促进项目的可持续发展等。

3.2.2　PPP 模式的发展

目前，国际组织机构中关于 PPP 的知识体系包括《PPP 参考指南 3.0》《PPP 指南》和《PPP 白皮书》等，涉及了 PPP 的基础知识，包括定义、性质、融资、操作流程、各行业的应用、法制环境等方面。2014 年至今，随着 PPP 模式在我国市场内各行业中的广泛应用，我国关于 PPP 模式的相关知识体系在不断地补充完善，主要包括以下几个方面：

（1）基础性政策。2014 年起始，我国各政府部门发布了关于 PPP 模式的相关基础性政策，包括：《关于开展政府和社会资本合作的指导意见》（发改投资〔2014〕2724 号），以及随文下发的《政府和社会资本合作项目通用合同指南》，首次提出要发展 PPP 模式；《关于印发〈政府和社会资本合作模式操作指南（试行）〉的通知》（财金〔2014〕113 号），明确了 PPP 模式的操作流程为识别阶段、准备阶段、采购阶段、执行阶段和移交阶段；《关于推进开发性金融支持政府和社会资本合作有关工作的通知》（发改投资〔2015〕445 号），对社会资本开出了更优厚的条件，其中包括贷款期限最长可达 30 年、贷款利率可适当优惠等；《关于实施政府和社会资本合作项目以奖代补政策的通知》（财金〔2015〕158 号），对中央财政 PPP 示范项目中的新建项目，财政部将在项目完成采购确定社会资本合作方后，按照项目投资规模给予一定奖励。

（2）行业应用性政策。继 PPP 模式被广泛认识以来，我国开始在个别领域探索式应用 PPP 模式，其相关政策包括：《关于切实做好传统基础设施领域政府和社会资本合作有关工作的通知》（发改投资〔2016〕1744 号），明确要求各地发展改革部门会同有关行业主管部门，切实做好能源、交通运输、水利、环境保护、农业、林业以及重大市政工程等基础设施领域政府和社会资本合作推进工作；《关于在公共服务领域深入推进政府和社会资本合作工作的通知》（财金〔2016〕90 号），要求各级财政部门切实践行供给侧结构性改革的最新要求，进一步推动公共服务从政府供给向合作供给、从单一投入向多元投入、从短期平衡向中长期平衡转变，特别是在垃圾处理、污水处理等公共服务领域，项目一般有现金流，市场化程度较高，PPP 模式运用较为广泛，操作相对成熟，各地新建项目要"强制"应用 PPP 模式，中央财政将逐步减少并取消专项建设资金补助；《关于加快运用 PPP 模式盘活基础设施存量资产有关工作的通知》（发改投资〔2017〕1266 号），要求积极推广 PPP 模式，加大存量资产盘活力度、形成良性投资循环，有利于拓宽基础设施建设资金来源，减轻地方政府债务负担；《关于进一步激发民间有效投资活力促进经济持续健康发展的指导意见》（国办发〔2017〕79 号），再次鼓励民间资本参与政府和社会资本合作（PPP）项目，促进基础设施和公用事业建设，加大基础设施和公用事业领域开放力度，禁止排斥、限制或歧视民间资本的行为，为民营企业创造平等竞争机会，支持民间资本股权占比高的社会资本方参与 PPP 项目。

（3）法制性政策。随着 PPP 模式在我国市场中被广泛应用，其弊端也逐渐显现出来，因此，2017 年以来，我国开始逐渐建立健全与 PPP 模式相关的法律体系，其相关政策包括：《中华人民共和国政府和社会资本合作法（征求意见稿）》，成为我国 PPP 领域的第一部对外发布并征求意见的法律；《关于印发国务院 2017 年立法工作计划的通知》，明确了 2017 年立法工作计划，包括政府投资条例、私募投资基金管理暂行条例、基础设施和公共服务项目引入社会资本条例等，意味着我国首部 PPP 法将以《基础设施和公共服务项目引入社会资本条例》的形式出现；《基础设施和公共服务领域政府和社会资本合作条例（征求意见稿）》及其说明全文，包括了总则、合作项目的发起、合作项目的实施、监督管理、争议解决、法律责任和附则 7 章，共 50 条。

3.2.3 PPP 运作模式

目前，参考加拿大国家委员会和世界银行的分类方法，并结合我国目前的应用状况，PPP 模式主要分为三种：外包类、特许经营类和私有化类。PPP 模式的分类见表 3.1。

表 3.1   PPP 模 式 分 类

项 目	出 资 方	风 险	特 点
外包类	政府出资，私人部门承包项目	政府承担投资与运营风险；私人部门承担风险较小	政府投入与运营
特许经营类	共同出资或私人部门全部出资	风险共担与利益共享	需要政府较强的协调能力与监管能力
私有化类	私人部门全部出资	私人部门承担大部分风险	政府监管，向使用者收取合理费用

其中，外包类包括服务外包和运营维护外包，特许经营类外包包括租赁—建设—运营（LBO）、建设—移交—运营（BTO）、建设—运营—移交（BOT）、建设—拥有—运营—移交（BOOT）、购买—建设—经营—移交（PBOT），私有化类包括设计—建设—投资—运营（BDFO）、购买—更新—运营（PUO）、建设—拥有—运营（BOO）。

《关于印发〈政府和社会资本合作模式操作指南（试行）〉的通知》（财金〔2014〕113 号）规定了 7 种主要的运作模式，见表 3.2。

表 3.2   PPP 运 作 模 式

委托运营 （Operations & Maintenance，O&M）	政府将存量公共资产的运营维护责任委托给社会资本或项目公司，政府保留资产所有权，只向社会资本或项目公司支付委托运营费
管理合同 （Management - Contract，MC）	政府将存量公共资产的运营、维护及用户服务责任授权给社会资本或项目公司，政府保留资产所有权，只向社会资本或项目公司支付管理费
建设—运营—移交 （Build - Operate - Transfer，BOT）	社会资本或项目公司承担新建项目设计、融资、建造、运营、维护和用户服务职责，合同期满后项目资产及相关权利等移交给政府
建设—拥有—运营 （Build - Own - Operate，BOO）	由 BOT 方式演变而来，二者区别主要是 BOO 方式下社会资本或项目公司拥有项目所有权，但必须在合同中注明保证公益性的约束条款
建设—拥有—运营—移交 （Build - Own - Operate - Transfer，BOOT）	BOT 和 BOO 两种方式的结合，社会资本或项目公司承担设计、融资、建造、运营、维护、用户服务职责，同时拥有项目所有权，合同期满后移交给政府
转让—运营—移交 （Transfer - Operate - Transfer，TOT）	政府将存量资产所有权有偿转让给社会资本或项目公司，并由其负责运营、维护和用户服务，合同期满后将资产及其所有权等移交给政府
改建—运营—移交 （Rehabilitate - Operate - Transfer，ROT）	政府在 TOT 模式的基础上，增加改扩建内容后转化为 ROT 模式

3.2.4 PPP 项目参与主体

1. 实施机构及出资代表

《关于印发〈政府和社会资本合作模式操作指南（试行）〉的通知》（财金〔2014〕

113 号）第十条规定：政府或其指定的有关职能部门或事业单位可作为项目实施机构，负责项目的准备、采购、监管和移交等工作。政府可指定相关机构依法参股项目公司，项目实施机构和财政部门（政府和社会资本合作中心）应监督社会资本按照采购文件和项目合同约定，按时足额出资设立项目公司。而政府方的出资一般通过所属平台公司、国有企业作为投资主体对项目公司进行投资。

2. 社会资本

PPP 项目选择社会资本被纳入政府采购规范管理体系，即 PPP 项目选择社会资本的实质是 PPP 项目的采购。根据《政府和社会资本合作项目政府采购管理办法》第四条：PPP 项目采购方式包括公开招标、邀请招标、竞争性谈判、竞争性磋商和单一来源采购。

《政府和社会资本合作模式操作指南（试行）》规定："社会资本"是指已建立现代企业制度的境内外企业法人，但不包括本级政府所属融资平台公司及其他控股国有企业。另外，《关于在公共服务领域推广政府和社会资本合作模式指导意见的通知》（国办发〔2015〕42 号）指出大力推动融资平台公司与政府脱钩，进行市场化改制，健全完善公司治理结构，对已经建立现代企业制度、实现市场化运营的，在其承担的地方政府债务已纳入政府财政预算、得到妥善处置并明确公告今后不再承担地方政府举债融资职能的前提下，可作为社会资本参与当地政府和社会资本合作项目，通过与政府签订合同的方式，明确责权利关系。

3.2.5 PPP 项目投融资

1. PPP 项目成立期融资方式

项目公司设立时，社会资本方作为重要股东，需要承担相应的出资责任，而社会资本方尤其是大型央企，通常资产负债率较高，有"出表"需求，出资意愿较为薄弱，出资比例较为有限，一般会寻求外部支持。但鉴于许多金融机构直接股权投资受限，因此，项目资本金是 PPP 项目融资的头号难题。现在较为常见的是用 PPP 基金、专项建设基金、资管计划等来满足资本金的强制性要求。

2. PPP 项目建设期融资方式

从现金流上看，项目建设期内只有支出，没有收入，是资金需求最大的阶段。项目公司成立初期到位的项目资本金自然难以满足需求，需要继续对外融通资金，较为常见的融资工具有财政专项资金、项目贷款（包括银行贷款、信托贷款、委托贷款等）、PPP 项目专项债、融资租赁等。

3. PPP 项目运营期融资方式

2016 年 12 月 26 日，国家发展改革委联合中国证监会发布《关于推进传统基础设施领域政府和社会资本合作（PPP）项目资产证券化相关工作的通知》（发改投资〔2016〕2698 号），PPP 项目资产证券化正式启动，为处于运营期的 PPP 项目融资指明了新方向。PPP 项目资产证券化是以 PPP 项目未来产生的现金流为偿付支持，通过结构化设计进行信用增级，在此基础上发行资产支持证券的过程。它是以特定资产组合或特定现金流为支持，发行可交易证券的一种融资形式。

4. PPP项目退出期融资方式

对社会资本而言，PPP项目期限问题是一个极大考验，社会资本退出难问题依旧存在。随着PPP模式的逐渐完善，退出机制日趋多样化，目前主要的退出机制包括IPO/新三板挂牌、并购重组和PPP资产交易。

总体而言，PPP项目投融资结构可以分为股权结构（股本结构）、债权结构和股债结构（债本结构）。股权结构主要是指PPP项目公司享有股东权益的投资人构成，以及投资人之间的股权比例分布结构。通常PPP项目中，社会资本成立项目公司并控股，政府可在项目公司中参股。但由于水环境综合治理项目投资规模较大，单一社会资本难以承担项目资本金比例要求（不低于项目总投资的20%），此时需要金融资本（通常不是金融机构本身，而是由金融机构发起的有限合伙、信托计划、资管计划、私募基金等"资金SPV"形式，它属于一种"资合"机构）成为股东，并投入部分项目资本金，缓解社会资本资本性投资压力。在我国的项目资本金特别制度下，如果注册资本金（股本金）与项目资本金金额不同，注册资本金小于项目资本金，那么注册资本金以外的由股东投入的项目资本金部分，则属于权益性资金，不属于债权结构。因此，PPP项目公司的股东结构里，通常是政府方、社会资本和金融资本三方构成。金融资本参股PPP项目公司，可以是参股（股权比例低于50%），也可以是控股（股权比例高于50%）。

债权结构在实践中主要是指项目资本金（含注册资本金）以外的其他债务性资金来源。PPP项目的债权融资，需要充分探索和利用融资工具，可以在自由选择和组合的情况下，思考以怎样的结构，采用哪些融资工具，各用多少，哪些在先，哪些在后等问题，这是PPP项目债权融资结构的核心所在。

股债结构是指PPP项目中的股本资金和项目资本金等权益性资金，与非权益性的债务性资金之间的结构比例。因此，基于以上分析，PPP项目投融资结构如图3.6~图3.10所示。

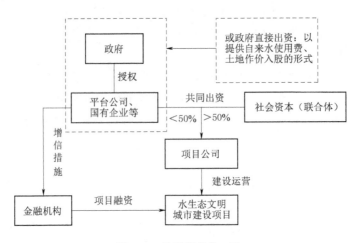

图3.6 投融资结构（1）

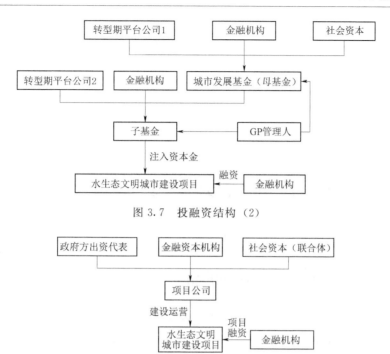

图 3.7　投融资结构（2）

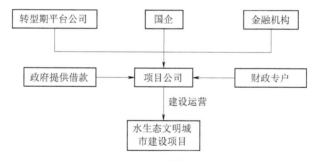

图 3.8　投融资结构（3）

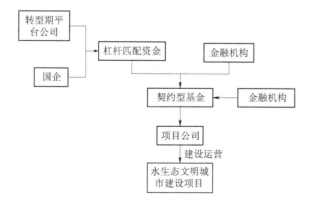

图 3.9　投融资结构（4）

图 3.10　投融资结构（5）

第4章

融资模式资本结构设计

4.1 国际典型 PPP/BOT 项目的资本结构选择分析

PPP/BOT 项目融资模式在国外，特别是欧洲国家和澳大利亚等已有良好应用，并在发展过程中得到了较好完善，因此国际实际应用中的经验或教训可为我国 PPP/BOT 项目提供借鉴。为了解国际典型 PPP/BOT 项目资本结构选择的做法或教训，在此按照案例分析的基本思路，从欧盟、世界银行等专业机构发布的项目数据中，本书对成功或失败的典型项目资本结构选择进行了研究，梳理和总结了国际典型 PPP/BOT 项目资本结构相关方面的常见特征。

4.1.1 典型案例选择

本书选择了经济合作与发展组织（OECD）、欧洲投资银行（European Investment Bank）、欧盟（European Commission）、麦格理（Macquarie）集团、豪赫蒂夫（Hochtief）公司、德意志银行（Deutsche Bank），以及英国、德国、法国、匈牙利、澳大利亚、保加利亚等主要国家和地区的投资机构、承包商、运营商和政府等研究或公开发布、涵盖主要项目类型、侧重资本结构相关的 PPP/BOT 典型案例共 18 个，基本情况如图 4.1 所示。

国际典型 PPP/BOT 项目案例基本信息见表 4.1。

表 4.1   国际典型 PPP/BOT 项目案例基本信息[27-34]

编号	项 目 名 称	投 资 情 况	现状
1	匈牙利 M1-M15 公路	3.2 亿欧元	失败
2	匈牙利 M5 公路	前期 3.7 亿欧元	成功
3	希腊雅典机场	22.5 亿欧元	成功
4	匈牙利布达佩斯机场	12.0 亿美元	成功
5	波兰 Gdansk 码头	19.0 亿欧元	成功
6	法/西—佩皮尼昂—菲格拉斯高速铁路	10.0 亿欧元	成功

续表

编号	项 目 名 称	投 资 情 况	现状
7	法国图尔斯—波尔多高速铁路	78.0 亿欧元	正推进
8	以色列 Negev30MW 光伏电站	最大光伏电站之一	正推进
9	英国曼彻斯特警察机关楼宇项目	8200 万欧元	成功
10	德国质子治疗中心	约 1.16 亿欧元	有纠纷
11	英国柯克利斯固体废物处理项目	7400 万欧元	成功
12	英国诺丁汉废弃物处理项目	约 0.85 亿英镑	有纠纷
13	匈牙利 ASA 德布勒森垃圾处理项目	车辆、设备和堆填	成功
14	德国 Mulheimer 垃圾处理项目	—	成功
15	土耳其 Birecik 水电站	15.66 亿美元	成功
16	巴西 Cana Brava 水电站	约 5.0 亿美元	有纠纷
17	阿根廷 Potrerillos 水电站	约 5.5 亿美元	成功
18	罗马尼亚 APA Nova 水处理项目	987 万欧元	成功

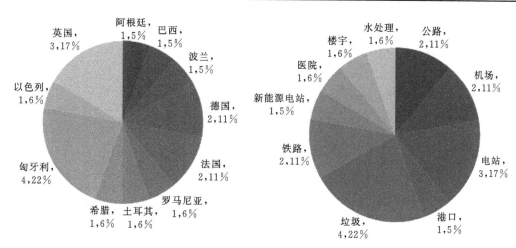

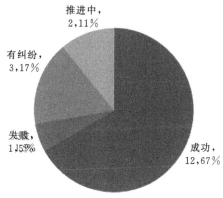

图 4.1 18个项目案例基本情况统计分析

基于上述国际典型 PPP/BOT 项目案例，可仔细挖掘其从项目策划、发起设立、融资建造、运营管理等全过程，深入研究其资本结构选择和调整的全过程，如项目类型与资产物理特征的匹配、发起人类型与自身能力的匹配、职责能力与权益比例的匹配、股债比例与债务来源的匹配、股权结构调整等内容。

4.1.2　资本结构选择要素分析

根据本书对狭义资本结构研究对象和内容的界定，可从国际典型 PPP/BOT 案例中总结出 PPP/BOT 项目在资本结构选择方面表现出的显著特征。

1. 项目类型、资产特征与能力需求分析

本书选择的项目类型涵盖公路、机场、港口、铁路、电站、垃圾处理、水处理、公用设施等领域。从这些案例的投资规模、基础条件及运营过程中各方参与情况来看，项目资产特征主要体现在三方面，分别是：以固定资产投入为主的公路、机场和港口、铁路等项目，以核心技术或设备系统要求或投入为主的垃圾处理、水处理等项目，以运营统筹能力要求为主的公用设施如医院、办公物业等项目。

项目类型与资产特征从侧面将影响和反映资本结构选择的前提条件，即项目应该由具有什么样能力的机构来主导。简单而言，即政府应该考虑根据不同项目的资产特征来选择不同能力的实施主体，不同的实施主体也应选择具有自身优势的项目类型。分析结果汇总见表 4.2。

表 4.2　　　　国际典型 PPP/BOT 项目案例的类型及资产特征分析

项目类型	数量	案例编号	投资规模	资产特征与能力需求
公路	2	1、2	大于 3 亿欧元	固定资产投入大
机场	2	3、4	大于 10 亿欧元	固定资产投入大
港口	1	5	大于 10 亿欧元	固定资产投入大
铁路	2	6、7	大于 10 亿欧元	固定资产投入大
电站	4	8、15～17	大于 4 亿美元	设备及综合运营要求高
垃圾处理	4	11～14	低于 1 亿欧元	技术及综合运营要求高
水处理	1	18	低于 1000 万欧元	核心技术要求高
公用设施	2	9、10	1 亿欧元左右	综合运营能力要求高

以匈牙利布达佩斯机场为例，BAA（英国众多机场的所有者和运营公司）在 2005 年中标该项目，但由于固定资产投入大，仅仅 1 年半后，BAA 就在 2007 年陷入困境，被迫出售。2007 年 6 月，BAA 决定完整出售其股份给德国 HOCHTIEF 和 3 家投资机构。此举为机场的开发带来了承包商、运营商和资本支持。经过调整，机场的开发、建设和运营状况才明显改观。

以垃圾处理类项目为例，项目的总投资通常不高，但是由于垃圾处理涉及环境等公众、政府核心关注的问题。事实上，对于核心技术的掌握以及特许权经营期内技术更新的要求，更考验 PPP/BOT 项目发起人在技术方面的能力，而且将高于对于工程建造等的能力要求。

同样，公用设施物业的经营管理要求，从案例分析可以得出，其是成功运作公用设施PPP/BOT 项目的关键。

2. 项目的发起人构成分析

从上述分析可知，不同的项目类型，表现出不同的资产特征，同样表现出对于项目运作主体的不同能力需求，因此对发起人的构成也提出了较高要求。表 4.3 结合对 18 个案例项目推进过程的掌握（主要包括发起人是否变化、过程是否存在纠纷、项目现状情况等），评价分析了其发起人构成的优劣势。

表 4.3　　　　　　　国际典型 PPP/BOT 项目案例的发起人构成分析

案例编号	项目类型	项目发起人的构成	发起人构成分析
1	公路	运营商＋承包商	运营商牵头发起，组合能力不足
2	公路	承包商＋承包商	大型承包商具有专业和融资优势
3	机场	综合承包商＋设备商＋政府	各方优势互补
4	机场	机场专业运营商＋政府	组合不合理，后被迫调整为承包商＋资本商的组合
5	港口	投资机构＋运营商＋承包商	投资机构的参与和主导，直接推动了项目的落地实施
6	铁路	综合建筑商＋运营商	构成合理，推进顺利
7	铁路	综合建筑商＋金融机构	构成合理，推进顺利
8	光伏电站	专业开发商＋实力投资机构	构成合理，推进顺利
9	政府楼宇	公共设施投资机构＋运营及管理商	构成合理，推进顺利
10	医院	建筑商＋医疗设备专业商	因是建筑商主导，运营能力不足，纠纷主要集中在设备及运营方面
11	垃圾处理	专业技术商、运营商＋政府	构成合理，推进顺利
12	垃圾处理	专业技术商、运营商	构成合理，推进较顺利
13	垃圾处理	专业技术商、运营商＋地方政府	构成较合理，推进顺利
14	垃圾处理	专业技术商、运营商	构成较合理，后私营方失去控制权
15	水电站	设备商、运营商＋机构投资者等	构成较合理，推进过程相对顺利
16	水电站	运营商	构成不合理，单一力量、综合能力不足，过程推进遭遇民众反对
17	水电站	建筑商＋设备商	构成合理，推进顺利
18	水处理	专业技术商	构成合理，推进顺利

从表 4.3 可以看出，PPP/BOT 项目的成功运作，发起人的合理组合非常关键。而合理的发起人构成，即表现在组合所带来的专业实力、综合能力和执行效率。以波兰Gdansk 码头项目为例，项目在 2003 年即由港口运营商 DCT Gdansk 中标，但由于投融资能力不足，项目融资在 2 年内未得到落实，导致项目无法启动。直到 2005 年，著名基础设施投资机构麦格理集团介入（麦格理集团持有 90% 股权、DCT Gdansk 持有 10% 股权），项目才得以完成融资、顺利启动和实施。

从案例的运作结构来看，综合项目类型和资产类别，可以梳理出运作 PPP/BOT 具体项目类型、资产特征和发起人构成的可行组合，见表 4.4。可以看出，对于固定资产投资规模大的项目（公路、铁路、港口），综合能力强的承包商和投资机构的组合将具有更多专业和资金的优势；对于专业设备和综合运营能力要求高的项目，运营商和设备商的组合是项目成功的保障；对于核心设备技术要求高的项目，专业技术商是关键；而对于综合运营能力要求高的项目，综合运营商的参与则是项目成功运作的重要支持。

表 4.4　　　　　　　　　国际典型 PPP/BOT 项目类型、资产特征与发起人构成

类型	资产特征	可行发起人构成	案例表现（编号）
公路	固定资产投入大	承包商＋投资机构	2
机场	固定资产投入大	承包商＋投资机构	3、4
港口	固定资产投入大	承包商＋投资机构	5
铁路	固定资产投入大	承包商＋投资机构	6、7
电站	设备及综合运营要求高	设备及运营商＋投资机构	8、15、17
垃圾处理	技术及综合运营要求高	专业技术及运营商	11~14
水处理	技术要求高	专业技术及运营商	18
公用建筑	综合运营能力要求高	运营管理＋专业投资机构	9、10

3. 发起人利益目标、责任与权益比例分析

前述分析了项目类型、资产特征和可行发起人构成的组合，而发起人组合中，各发起人之间的职责分工将是项目权责利的体现，是项目过程风险合理分担、顺利推进的保障。本书对 18 个案例项目中各发起人的职责分析发现，在发起阶段（通常包括在运营阶段之前的一段时间），PPP/BOT 项目的发起人通常按照项目的关键需求进行职责分配，而具体职责通常对应了与职责相同的权益比例，体现了各股东承担的风险和追求的利益目标。

因此，PPP/BOT 项目中，发起人共同出资新设的项目公司，其股东构成通常就是各方在项目中的责任和利益体现。对案例项目的分析总结见表 4.5。

表 4.5　　　　　　　国际典型 PPP/BOT 项目发起人利益责任与权益结构分析

发起人类型 （项目公司股东）	主要利益目标	承担责任体现	绝对控制权案例 （≥50%）	参股案例 （<50%）
承包商	获得工程总承包权	承担建造风险	2、3、4、6	7、15、17
投资机构	获取运营期的稳定收益	承担投融资的主要责任	5、8	3、7、14、15
运营商（含设备系统供应与维护商）	提供大型设备系统，获得运营期的管理权利	发起阶段的项目策划	8、9、10、16、17	3、4、5、15
专业技术及运营商（含核心设备供应商）	提供专业核心技术或核心设备	技术应用与更新	10、11、12、13、14、8	
政府或国有公司	撬动项目、获取更好的服务或收益	行政审批、信心支持	3	13、14、15、18

注　案例 1 的具体股权比例不详，故未列出。

表 4.5 表明，各方发起 PPP/BOT 项目的利益目标集中在获得与自身主业高度一致的业务收入（承包商、运营商、技术商）或与自身资产配置需求高度一致的稳定投资收益

（专业投资机构），而责任则体现在高度分担与项目在发起阶段、建设阶段、运营阶段相一致的关键风险，如投融资、建造和运营管理等。

此外，从表 4.5 的分析可以得出以下几点：

（1）承包商偏向于发起固定资产投资较大的项目，并希望持有较大股权，即绝对控制权，确保项目总承包权利的获得。

（2）投资机构偏向于参与投融资压力大且项目本身具有稳定收益预期、较强盈利能力预期的项目，如电力、港口等项目。投资机构的参与，为缓解项目投融资压力做出了积极贡献。持股形式多以参股为主。

（3）运营商偏向于参与具有设备提供需求和设备系统运营维护难度的项目，如机场、电力等项目，持股形式可以为绝对控股或参股。

（4）专业技术及运营商偏向于参与总投资规模较小，以技术输出和服务输出为主、盈利能力较强的项目，如垃圾处理、水处理等项目。由于这类型项目投资规模较小，技术商通常是绝对控股该类公司，获取最大化的控制权收益。

（5）政府或政府平台参与 PPP/BOT 项目，主要目的是撬动项目，为项目私人方提供信心支持，同时协调相关的政府关系（如审批等）。在私有化过程中，政府或政府平台，为提高项目产品和服务的质量，通常只是参股项目公司。

4. 债本比例与债务资金来源分析

在确定发起人及发起人权益比例之后，资本结构选择的后续关键就是确定合理的债务水平（债本比例或债务规模）和可行的债务资金来源。通过分析 18 个案例，各类型项目的债本比例和债务资金来源如表 4.6 和图 4.2 所示。

表 4.6　　　国际典型 PPP/BOT 项目的债本比例与债务资金来源分析

案例编号	项目类型	债本比例	债务资金主要来源
1	公路	4.3	政策性银行、商业银行、政府基金
2	公路	4.6	政策性银行、保险公司、商业银行
3	机场	11.5	政策性银行、商业银行、政府基金、投资机构
5	港口	1.1	商业银行、投资机构
6	铁路	8.7	政策性银行、政府补贴
7	铁路	8.1	政策性银行、商业银行、政府基金、投资基金
9	政府楼宇	9.2	商业银行、保险公司、投资基金
10	医院	19	商业银行、夹层资金
11	垃圾处理	0.8	政府基金
15	水电站	4.5	商业银行、投资机构
16	水电站	2.3	政策性银行
17	水电站	1.7	政府和银行
18	水处理	4.3	政策性银行、商业银行

注　部分案例的信息不详，故未列出。

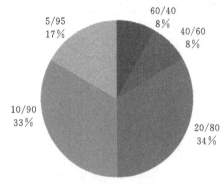

图 4.2 项目股本金/债务资金比例分布

从表 4.6、图 4.2 对债本比例和债务资金来源的分析可以看出以下几点：

（1）由于国际上通常没有"项目资本金"和"最低自有资金"的限制，故 PPP/BOT 项目的股债比例变化区间较大，并无明显区间或固定数值。

（2）通常债本比例体现了项目的投资规模，对于固定资产投资较大的项目，具有较高的债本比例，即权益资本偏低，而对于投资量较小的技术型项目，通常具有较低的债本比例，即权益资本偏高。投资规模也体现了投融资的难易性。

（3）债本比例从某种程度上也体现出发起人的融资能力和项目的偿债能力。通常而言，权益资本成本高、债务资本成本低，因为对于具有强融资能力（企业实力、信用等级）的发起人或发起人联合体，可以获得更多低成本的债务资金，即债本比例偏高。项目自身盈利能力、偿债能力是获得债务资金的基础条件，偿债能力强的项目获得债务资金，更能体现项目融资的本质特征。

（4）案例表明，国际成熟市场的债务资金来源渠道较多，表现有政策性银行、商业银行、政府基金、保险公司、投资机构（资产管理机构）和投资基金等，这些渠道为 PPP/BOT 项目提供了重要的资金来源。

（5）从案例分析还可以看出，国际上的金融市场发达，具有成本、规模和长期优势的保险资金、养老基金，通常通过专业投资机构（如麦格理、摩根大通、汇丰、高盛、淡马锡等），大量参与了基础设施项目投资。

5.股权结构调整情况分析

前面分析了国际典型 PPP/BOT 项目的资本结构。然而，项目从发起至运营前的阶段（本书统称为发起阶段，通常时间达 3～5 年），是项目经受风险最大的阶段，融资、建造、技术等不确定性因素最多，对发起人的挑战最大[27]。很多项目，由于发起人不具备风险分担的能力，而不得不被动地遭受了资本结构的调整或优化。

项目从发起至运营阶段，项目部分发起人的利益目标逐步实现（如承包商完成了建造任务，设备供应商完成了设备供应任务），同时项目的运营逐步步入稳定阶段，可以形成稳定现金流，而此时，出于对项目公司价值或权益价值的考虑，PPP/BOT 项目资本结构的主动调整更具可能性。由于信息获取的限制，通常资本结构中股债比例的调整情况很难获得，而对于股权结构的调整信息，往往可以通过公司年报或新闻报道获得。

为了解 PPP/BOT 项目的股权结构调整原因、调整情况等因素，本书对 18 个案例项目进行了统计分析，具体见表 4.7。

从表 4.7 可以看出，股权结构调整通常也对应了不同阶段或时期股东之间的职责调整、利益索求、战略需求。主要特征如下：

表 4.7　　　　　　国际典型 PPP/BOT 项目的股权结构调整分析

编号	调整阶段	调 整 方 式	调 整 原 因
1	运营阶段	被动国有化	项目盈利能力差、项目公司陷入困境
2	运营阶段	一承包商股东退出，另一承包商股东接盘	退出股东自身价值考虑，实现权益价值
3	运营阶段	长期资金或投资基金的介入	原股东部分权益价值的兑现
4	发起阶段	运营商退出，综合承包商接盘	原发起人是运营商，建造和融资能力不足
4	运营阶段	长期资金或投资基金的介入	原股东部分权益价值的兑现
5	发起阶段	运营商减持，引入专业投资者	运营商融资能力不足
5	运营阶段	长期资金或投资基金的介入	原股东部分权益价值的兑现
9	运营阶段	长期资金或投资基金的介入	原股东部分权益价值的兑现
11	运营阶段	原承包商股东逐步退出	运营商逐步增持
14	运营阶段	政府增持、获得控制权，私人方被动减持	项目合作范围扩大
15	运营阶段	承包商增持，投资机构减持	承包商职能逐步向运营商转变，获得更多权益，投资机构逐步退出并获利
18	运营阶段	私人方减持，员工股权激励	激励员工

注　案例 6、案例 7、案例 8、案例 16 不详，案例 10、案例 12、案例 13、案例 17 未作调整。

（1）发起阶段的股权结构调整较少，反映了特许经营者的选择过程通常是有效的，即在没有出现融资困难等特殊情形下，项目发起人决定投资项目后，发起人在项目公司中的股权结构一般不作调整。

（2）发达的金融市场，为原股东的投资退出或逐步减持提供了项目运营阶段的重要接盘资金支持，即有大量保险资金、养老基金、主权基金等长期资金的介入，适当减轻了原有股东的资金压力，可提前实现其股权价值，同时使长期资金配置了与其资金性质和需求相一致的优质项目资产。

（3）当项目失败时，通常政府或国有企业是 PPP/BOT 项目的最终持有人。

（4）原有股东的转型发展，如承包商转型为运营商，为股权结构调整即承包商增持提供了机会。

（5）项目公司员工股权激励带来的股权结构调整，是公司治理和激励理论在项目公司层面的应用，将促进项目运营效率和公司价值的提升。

4.1.3　其他案例分析

为探讨 PPP 项目股东构成和股东权益比例对项目产生的效应，本书还曾就澳大利亚、英国、加拿大的 5 个公路、桥隧、水务、电力、医院等基础或公共设施进行了股权结构及股权结构调整的研究，项目基本信息见表 4.8[28-37]。

针对表 4.8 关于股权结构构成和调整的研究，得出了相关结论，主要有：第一，PPP项目公司股权结构影响项目实施的效率，承包商、设备供应商、运营商等专业公司为获得

表 4.8　　　　　　　　　　　　其他股权结构调整的国际案例分析[28-37]

所在地	项目名称	项目公司成立时股权组成	项目公司股权组成现状
澳大利亚	悉尼港隧道	Transfield＋Kumagai Gumi	Transiield 25％＋Tenix 25％＋? 50％
	Berwick 医院	ABN Amro 100％	Plenary Group 100％
英国	West Middlesex 大学医院	Bouygues（Ecovert FM＋Bouygues UK）	Ecovert FM
	AV&S 水务项目	Thames Water 49％＋MJ Gleeson 41％＋MWH 10％	Veolia Water 90％＋MWH 10％
加拿大	407 高速公路	Cintra 61％＋SNC－Lavalin 23％＋Capital d'Amerique 16％	Cintra 53％＋SNC－Lavalin 17％＋Macquarie 30％

项目合同，会更加有动力发起项目，这也增强了各方对项目成功的信心及对资金、建造和运营等 PPP 项目阶段性风险的应对能力；具有综合开发实力的发起人更有利于项目实施；政府或公共部门的参股，对私营部门实施 PPP 项目既有保障也有风险。第二，PPP 项目公司的股东权益分布和调整，体现了股东对项目短期利益或长期战略的考虑，股东权益在项目前期或建设期的合理变化，能够有效促进项目实施；在项目商业运营期的合理变化，能够提高项目公司的治理效力、管理水平和公司价值。因此，合理的股权结构设计对提升 PPP 项目效率具有重要的应用价值[38]。

通过对国际典型 PPP/BOT 项目案例进行与资本结构选择相关方面的详细分析，可以得出以下主要结论：

（1）PPP/BOT 项目的不同类型，表现出不同的资产特征，反映出不同的项目发展和资本结构选择等方面的能力需求。根据资产特征和能力需求，可以将这些项目简单划分为固定资产投资类、核心设备技术类、综合运营管理类。

（2）PPP/BOT 项目的成功运作与发起人的合理组合密切相关。对于固定资产投资类项目，应重点关注承包商和投资机构的组合；对于核心设备技术类项目，应重点关注掌握前沿科技并具有技术提升、改进能力的技术提供商和具有核心先进设备系统的设备供应商；对于综合运营管理类项目，应重点关注复杂系统集成运营维护商和关键设备系统运营维护商。

（3）PPP/BOT 项目的发起人利益、责任与其持股比例相关。其利益目标集中在获得与自身主业高度一致的业务收入或与自身资产配置需求高度一致的相对稳定和安全的投资收益，而责任则体现在高效风险分担方面。各发起人的持股比例，与其利益目标、控制权获取目标高度关联。

（4）国际 PPP/BOT 项目的债本比例并无显著固定区间或定值，但是债本比例在一定程度上反映了项目资产的基本特征（如投资规模、项目类型），并与发起人融资主体的信用以及项目本身的偿债能力、盈利能力高度相关。国际市场的资金渠道较多，大量养老基金、保险资金、主权基金、基础设施基金等为 PPP/BOT 项目提供了多渠道、大规模，且与基础设施投资特征（规模大、周期长、收益稳定但偏低）一致的长期低成本资金支持。这为我国现阶段推进金融服务实体经济提供了重要启示，即应加大社保基金、保险资金在基础设施领域的投资强度，鼓励更多的市场化、专业化基础设施基金投资基础设施和公共事业。

（5）股权结构调整在项目运营阶段较常见，原因主要是基于原股东自身战略和权益价值兑现等考虑，此举为 PPP/BOT 项目投融资市场注入了流动性。股权结构调整也表现出了一些新形式，如长期资金接盘、员工股权激励、原股东转型增持、原股东退出等。股权结构的合理调整，将促进项目运行更加高效，促进项目公司价值和股东价值的提升。

4.2　基于委托代理理论的 PPP/BOT 项目股权结构选择

股权结构是资本结构的重要内容，在 PPP/BOT 项目中，发起人将组建项目公司，持有项目公司股权。PPP/BOT 项目公司的股权结构即反映了公司中不同股东所占的比例及其相互关系。不同的股权结构决定了差异化的组织结构与治理结构，直接影响项目的运作效率。

本节将从 PPP/BOT 项目潜在股东类别、股东利益诉求以及优劣势比较出发，基于委托代理理论，采用一般性的 VNM（Von Neumann and Morgenstern）效用函数对不同类型的 PPP/BOT 项目在不同实施阶段如何进行股权结构选择和调整进行研究，提出了股权结构选择的"两阶段法"，并围绕"如何降低委托代理成本"对某 BOT 项目的股权结构选择问题进行应用说明。

4.2.1　项目公司潜在股东构成分析

PPP/BOT 项目表现有不同的项目特征和对发起人具有不同的关键能力需求，例如，固定资产类的投融资能力、技术设备类的核心技术和成套设备系统整合能力、运营复杂类的综合运营管理水平等。在 PPP/BOT 项目中，假定项目发起人即作为项目公司的股东，如何构建一个能力优势突出的发起人联合体（项目公司股东组合）和项目公司股权结构，是成功运作 PPP/BOT 项目的重要开端，也是项目运作过程中的重要考量。

1. 潜在股东类型分析

典型 PPP/BOT 项目的投资、规划、设计、建造、运营等环节所涉及的相关机构，除可通过项目公司进行专业委托间接参与到项目中外，也可以直接作为项目的联合发起人而成为项目公司的股东，直接参与项目的运作和实施。

常见的 PPP/BOT 项目划分为固定资产投入大、设备供应和专业技术要求高、运营管理复杂和运营能力要求高的三大特征类别。可以看出，需要成功运作 PPP/BOT 项目，离不开与项目特征和核心能力需求相一致的发起人，即项目公司的主要股东类型有：①具备雄厚资金实力、投融资渠道优势的金融投资机构，如银行、基金公司、保险公司、信托公司及私募基金等；②具有丰富经验的专业承包商，如总承包商、工程专业分包/承包商等；③可以提供关键设备系统或掌握项目涉及的关键技术的专业机构，如污水处理、垃圾处理、电力改造等专业技术企业等；④具有先进运营管理经验的机构，如燃气、水利、电力及交通工程的运营维护企业等。

关于上述机构作为项目发起人和项目公司的股东，Faruqi 和 Smith[39]认为让承包商和设备供应商等专业公司参股 PPP 项目公司，将有利于项目按期、按质达到商业完工标准，并在实际运营中充分发挥已有经验，提高运营效率。John 和 Isr[40]认为让国际贸易公司参股可大大降低项目公司原材料采购成本，承包商参与则有利于控制工期延期和建设成本超支的主要风险。Zhang[41]指出，建造和财务是 PPP 项目的两大风险类型，政府和债权人都非常关注项目股东构成，认为以获取项目运营利润分红为目的的股东构成往往更有利于项目实施。Yescombe[42]认为建筑承包商、设备供应商等这些对项目只有短期兴趣的双重身份投资者与那些对项目长期利益有兴趣的纯投资者合作，会有效降低融资成本、提高融资效率等。

左廷亮等[43-44]对上述类型的专业公司参与 PPP/BOT 项目的优劣势进行了系统梳理，主要观点如下：

（1）对于大型的 PPP/BOT 项目，由于工程总承包合同额的规模大、承包盈利空间和规模大等原因，工程承包商往往是公路、桥梁、铁路等重资产型的 PPP/BOT 基础设施项目的发起人之一。工程承包商作为发起人有利于从技术层面加强对项目可行性的论证，降低投资失败的概率；有利于保障项目进度、质量和安全、成本控制，确保顺利完工；有利于项目部分建设风险的规避；有利于项目的顺利交验。

当然，选择工程承包商作为 PPP/BOT 项目公司的股东，也可能对项目带来一定的委托成本，例如，工程承包商作为股东除了从项目公司收益中获取一定比例的利润分红外，更多的目标是在建造过程中获得施工利润，对建造成本的控制存在一定的利益冲突，因此有可能损害整个 PPP/BOT 项目公司的利益。

（2）PPP/BOT 项目的典型特征是一般具有较长的特许权经营期，运营管理商是项目长期经营的关键，也是运营管理商获得利益的机会。为此在 BOT 项目中，运营管理商通常可作为项目公司的股东（并不一定是项目发起人，运营管理商可在运营阶段入股项目公司），以更好地发挥其优秀技术、管理人才和既有运营管理经验的优势。总体来看，运营商作为股东，其经验、技术和人才优势有利于项目运营；其专业能力有利于项目公司适当规避经营风险；运营管理商还可以发挥前段作用，通过提前介入项目，有利于项目的最终顺利交付。

同样，由于委托成本的存在，运营管理商作为 BOT 项目公司的股东，其追求项目公司正常利润分红的同时，还可能在运营管理过程中获得委托专业运营的服务利润，这就有可能损害 BOT 项目公司和其他股东的利益。

（3）具有核心技术和关键设备要求的 PPP/BOT 项目，设备和技术供应商通常是项目的发起人，在项目建设过程中提供关键设备系统及核心技术资源，并有可能在设备使用过程中提供维修服务或后续技术支持服务。吸纳设备和技术供应商作为 PPP/BOT 项目公司的股东能为项目带来以下好处：有利于项目公司所需核心设备（技术）的正常采购和交付；有利于 BOT 项目公司所采购核心设备的正常运营、维护以及后期的移交。

同样，设备和技术供应商作为 PPP/BOT 项目公司的股东，除可以从项目公司的收益中获取一定比例的利润分红外，还能获得设备和技术支持服务的利润，在一定程度上存在着利益冲突，有可能损害项目公司的利益。

（4）金融机构作为项目发起人，在项目发起阶段将是项目公司权益资金的重要来源和债务资金筹集的重要牵头人，而在项目成熟运营阶段将是项目公司价值的重要体现和其他股东价值实现的重要途径。由于国外资本市场的直接融资渠道更多，投资的流动性更强，资金的资产配置更广泛，因此金融机构作为 PPP/BOT 项目公司股东的现象非常普遍，在基础设施投资方面，大量的养老基金、教育基金、主权基金和保险资金等低成本资金投向了基础设施领域，此外大量市场化专业化的私募基金，也投向了具有较高收益的基础设施项目。将金融机构作为 PPP/BOT 项目公司的股东，主要的优势有：有利于提高项目公司的投融资能力和风险分担与承担能力，有效解决项目资金问题；在运营阶段引入金融机构，还可以实现部分股东的股权价值变现，提高项目投资市场的流动性。

当然，选择金融机构作为 PPP/BOT 项目公司的股东，由于金融机构在 PPP/BOT 项目建造、运营和管理方面的非专业性，其在项目公司的决策权可能反而产生较不利的后果。由于其更关注所投资的本金安全和较高收益，可能会对项目的成本控制和运营管理等过于严格限制，从而在一定程度上影响整个 PPP/BOT 项目公司的效率。

总之，PPP/BOT 项目在发起阶段和运营阶段，发起人或股东都会有其各自的专业优势和利益目标，以期发起或参与项目，争取更多利益。不同项目类型、不同发起人、不同阶段对项目公司股东的能力要求并不相同，因此项目公司股东也可能根据自身目标进行适当调整（如新股东进入或原股东退出等）。

2. 股权结构案例借鉴

许多学者总结了针对 PPP 项目公司股东权益比例对股东和管理者行为影响的理论观点，例如张极井[45]指出的股东权益比例反映股东对项目公司的参与和控制程度，股东权益资金的多少代表股东对项目的承诺和未来发展前景信心的观点。Jensen 和 Meckling[46]研究了公司股东和管理者关系、融资结构、公司目标之间不完全市场环境中的相互作用，指出提高对公司有控制权的内部股东的权益比例，能有效地产生管理激励，降低代理成本，提高公司价值。

为探讨 PPP/BOT 项目公司股东构成和股东权益比例对项目的效应，在前面案例研究的基础上，根据作者的研究积累，再选取了 7 个国内外典型案例进行分析，基本情况见表 4.9。

表 4.9 股权结构构成和调整的其他案例[36]

所在地	项目名称	项目公司成立时股权组成	项目公司股权组成现状
澳大利亚	悉尼港隧道	Transfield＋Kumagai Gumi	Transfield25％＋Tenix25％＋? 50％
	Berwick 医院	ABN Amro 100％	Plenary Group 100％
英国	West Middlesex 大学医院	Bouygues（Ecovert FM＋Bouygues UK）	Ecovert FM
	AV&S 水务项目	Thames Water49％＋MJ Gleeson41％＋MWH 10％	Veolia Water90％＋MWH10％
加拿大	407 高速公路	Cintra 61％＋SNC－Lavalin 23％＋Capital d'Amerique 16％	Cintra 53％＋SNC－Lavalin 17％＋Macquarie 30％
中国	来宾 B 电厂	EDF60％＋GEC Alsthom40％	EDF 100％
	国家体育场	中信联合体 42％＋北京国资 58％（不要求分红）	中信联合体 42％＋北京国资 58％（真股权）

综合本书 4.1 节（18 个国际典型案例）和本节（表 4.9 所示的 7 个典型案例）共 25 个案例，可以看出：

（1）BOT 项目公司的股东常见类型有：专业金融投资机构；掌握关键技术和具有行业经验的专业技术或管理公司；专业合同承包商、设备供货商、原料或燃料供应商、产品包销商、业务运营商、设施使用商、国际贸易公司；政府和公共部门（或公司）等。在项目的发起端，不同背景的发起人通常组成联合体获得政府特许经营协议，组建项目公司具体实施项目。

（2）具有综合发展实力的发起人，更加有利于促进项目实施。如在项目建设期原权益投资者 ABN Amro 退出的不利情况下，具有投资、开发和运营综合实力的 Plenary 及时受让并顺利实施了 Berwick 医院项目；West Middlesex 大学医院的发起人 Ecovert FM（专业运营商）和 Bouygues UK（建筑商）均隶属于实力雄厚的法国 Bouygues 建筑集团，确保了项目前期、建设期和运营期的高效管理。

（3）PPP 项目的政府权益投资，特别是政府或公共部门的绝对控股，为项目顺利实施提供了政治和资金等保障，但也存在私营部门控制权收益损失的风险。例如，北京市政府在国家体育场项目中提供了人民币 18.154 亿元，权益比例为 58%（不要求分红，实质为"补贴"），同时将项目的土地使用权以划拨方式无偿提供给项目公司。而在 2009 年 8 月 20 日，北京市政府与中信联合体签署协议，将原来由中信联合体独立运营 30 年调整为以新国家体育场公司为主体持有和长期运营项目，负责项目运营和管理并享有全部运营权和收益权。

（4）项目发起时，各股东之间的权益比例体现了大股东对项目短期的利益或战略目的。例如，407 高速公路项目，Cintra 母公司 Group Ferrovial 和 SNC - Lavalin 为大型建设公司，获得了该项目总承包合同，SNC - Lavalin 和机构投资 Capital d'Amerique 实现了表外融资和税务收益目的，股东间合理分担了项目前期和建设期的融资和建造阶段性风险；成都自来水六厂第一大股东法国 Veolia 公司实现了项目的绝对控制权，顺利进入了中国水务市场。

（5）项目投入商业运营后，项目公司的股东权益变化现象常见，股东权益调整体现了股东对项目公司的长期战略目的。例如，悉尼港隧道 Tenix、407 高速公路 Macquarie 属于项目公司新进股东，有效避开了风险较大的项目前期和建设期，直接分享了项目收益；而原有股东减持或退出，如 AV&S 水务项目 Thames Water、MJ Gleeson，来宾 B 电厂的 GEC Alsthom 等，出于企业投资策略或行业发展战略考虑，及时退出了项目。值得关注的是，有的项目在原股东减持或退出时，还获得了巨额权益投资收益，例如，407 高速公路项目中 SNC－Lavalin 在 2003 年 3 月减持了 6% 的项目公司股份，获得了相当于初始投资 4 倍的收益。因此，项目公司权益合理调整，在实现公司股东的长期战略目的的同时还提升了公司价值。

3. 潜在股东构成梳理

按照上述的潜在股东分析、关于股权结构的理论和案例分析，结合关于 PPP/BOT 项目能力需求的分析，可知不同发起人可以根据自身能力和目的的不同，在发起阶段，作为项目公司股东单独发起项目，或由不同发起人组成联合体共同发起项目；也可以在运营阶段，根据自身能力和目的，新进入或退出项目公司，减持项目公司股份或增持项目公司股份，以获得项目公司相应的权益比例和价值。

在前述研究的基础上，可以总结出，不同类型和资产特征的 PPP/BOT 项目，项目公司中通常具有与项目特征相一致的主要股东，以及可以具有与项目其他需求相应的其他股东，见表 4.10。

表 4.10　　　　　　　　　　PPP/BOT 项目的常见股东构成

项目类型与特征	发起阶段的潜在股东构成	运营阶段经调整后的潜在股东构成
固定资产投入大的固定资产投资类项目	金融机构＋承包商＋设备和技术提供商＋运营管理商	金融机构＋运营管理商＋设备和技术提供商＋承包商
对核心设备系统和关键技术要求高的核心设备技术类项目	核心技术和设备提供商＋金融机构＋承包商＋运营管理商	运营管理商＋金融机构＋核心技术和设备提供商＋承包商
运营管理复杂的综合运营管理类项目	运营管理商＋承包商＋金融机构＋设备和技术提供商	运营管理商＋金融机构＋设备和技术提供商＋承包商

综合上述已有的相关研究成果和项目案例分析可知：第一，BOT 项目公司股权结构影响项目实施的效率。承包商、技术和设备供应商、运营商等专业公司为获得项目合同，会更加有动力发起项目，这也增强了各方对项目成功的信心及对资金、建造和运营等 PPP 项目阶段性风险的应对能力；具有综合开发实力的发起人更有利于项目实施；政府或公共部门的参股，对私营部门实施 PPP 项目既有保障也有风险。第二，PPP 项目公司的股东权益分布和调整，体现股东对项目短期的利益或长期战略目的。股东权益在项目前期或建设期的合理变化，能够有效促进项目实施；在项目商业运营期的合理变化，能够提高项目公司的治理效力、管理水平和公司价值。因此，合理的股权结构设计对提升 PPP/BOT 项目实施效率具有重要的应用价值。

4.2.2　固定资产投资类项目股权结构分析

前面对委托代理理论进行的简述表明 PPP/BOT 项目的股东、项目公司和专业服务商之间存在多层次的委托代理关系。同样关于资本结构影响因素的分析，也表明 PPP/BOT 项目公司的资本结构同样受委托代理关系的影响（例如，运营商、技术提供商或金融机构等的股权投资，可利用其专长规避委托风险）。接下来将基于委托代理理论的一般模型来推导固定资产投资类、核心设备技术类和综合运营管理类这三种类型项目在发起阶段和运营阶段的资本结构—股权结构选择问题。

由于不同潜在股东对于不同项目的努力效应函数和期望收益函数会有不同，为不失一般性，本章对于各类型项目的股权结构分析，除承包商的努力效用函数和期望收益函数外（可以简单通过工期和成本等参数，描述其努力程度对应效用），其余股东的努力效应函数和期望收益函数均采用委托代理理论中的标准表达方式。为便于理论上进行分析，假设 PPP/BOT 项目的各潜在股东均承担单一职能，例如，运营管理商只具备运营管理方面的经验和优势，而并不提供开发建设或者融资服务。实际情况中，有些股东后续可能根据项目阶段的变化而进行业务调整或能力转型，例如，工程承包商转营或兼营运营管理服务，还有些股东是经营业务领域广泛的综合性集团，但这些集团或公司内部子公司或部门之间也有明确的职能划分，适用于本书研究的分析。

1. 发起阶段的股权结构选择

固定资产投资类 PPP/BOT 项目的特点是建造工程规模庞大或待安装专业设备数量多、成本高，因此需要大量资金投入，充足的资金支持是这类项目成功的关键。在分析这类 PPP/BOT 项目的股权结构时，不失一般性，可首先假定专业金融机构作为发起人，基于委托代理理论，从项目总体及各方的收益、角度出发，探讨是否需要引入其他类型机构作为股东。

假定 PPP/BOT 项目发起阶段是指从立项到施工建造、设备安装基本完成的阶段，参与这一阶段的主要机构是工程承包商及专业技术提供商，参与方式既可以是通过作为代理人为金融机构等股东提供服务，也可以是直接作为股东联合发起项目。

下面基于委托代理理论，讨论是否有必要引入工程承包商及技术提供商作为股东。为了简化研究，将研究主体的数量控制在两个以内，仅研究工程承包商引入的问题，技术提供商可视为包含于工程承包商之中，类似于实际情况当中的总包与分包关系。

设金融机构和工程承包商分别为 S_f 和 S_c，在发起阶段，实际建造 PPP/BOT 项目的工期为 T_t。分析 T_t 的构成时，假定对于承包商而言，具体项目对应有一个与自身努力程度无关的刚性建造周期 T_f，重要的是，T_t 除与刚性建造周期有关外，项目公司和专业服务商之间，存在多层次的委托代理关系。实际上受工程承包商自身的努力程度影响，假定由于承包商努力而可以节约的工期为 $\eta \alpha t$，则对于具体项目、特定承包商，项目的建造工期 T_t 为

$$T_t = T_f - \eta \alpha t \tag{4.1}$$

式中：T_f 为刚性建造工期，即与建设项目和承包商本身相关的经验工期，与承包商努力程度无关；t 为单位时间，可认为是常量；α 为工程承包商的努力程度，$\alpha > 0$；η 为工程承包商努力的工期系数，$\eta > 0$，且随着 α 增加，总体上 η 是逐渐减少的，即工期不能无限缩短。

式（4.1）表达的含义是，当承包商努力少时，BOT 项目的实际工期更加接近刚性建造工期；随着承包商努力程度提高，工期会逐渐缩短，但趋势渐缓，且存在最短工期。可以看出，关于工期构成的基本假设，符合实际情况。此外，左延亮等[43]在研究 BOT 项目股权结构时，也采用了与本书基本一致的工期假设。

承包商从项目公司处获得的项目合同总额为 R_{sc}，承包商在项目实施中的实际总建造成本为 C_t。为考察承包商作为代理人，其努力程度与项目总建造成本之间的关系，假定总建造成本为 C_t，由固定成本 C_f 和可变成本 C_v 构成，即式（4.2），其中固定成本 C_f 为与承包商努力程度无关、项目固定产生的成本，C_v 为与承包商努力程度相关的成本。显然，在一般意义下，这种假设能够反映实际情况，具有现实意义；此外，左延亮等[43]在研究 BOT 项目的股权结构时，也采用了与本书一致的基本假设，即

$$C_t = C_f + C_v \tag{4.2}$$

式中：可变成本 C_v 与承包商努力程度及工期有关。

根据委托代理理论基本模型的通用公式[43,47-48]，设 λ、μ 分别为努力程度和工期的成本系数，$\lambda > 0$，$\mu > 0$。需要说明的是，与 η 类似，λ 和 μ 分别随 α 和 T_t 的增加而减小，故同样可做分段函数处理以简化分析。

$$C_v = \frac{\lambda \alpha^2}{2} + \mu T_t \tag{4.3}$$

为简化分析，假设 PPP/BOT 项目公司获得的项目特许经营期为 T（包含建设期），在项目运营期内单位时间获得的利润为 r，则项目公司的利润 NI 可表示为（简化计算，考虑静态利润，即不考虑资金的时间价值，下同）

$$NI = (T - T_t)r - R_{Sc} \tag{4.4}$$

（1）发起人金融机构作为单一股东。发起人作为单一股东时，工程承包商作为代理方与金融机构构成委托代理关系，则工程承包商获得的期望利润为

$$E(NI_{Sc}) = E(R_{Sc} - C_t) \tag{4.5}$$

将式（4.1）～式（4.3）代入式（4.5），可得

$$E(NI_{Sc}) = R_{Sc} - C_f - \frac{\lambda \alpha^2}{2} - \mu(T_f - \eta \alpha t) \tag{4.6}$$

基于式（4.6），工程承包商将选择最优的努力程度 α^*，以实现期望利润的最大化，因此将式（4.6）对 α 求一阶导数，取值为零时，可求解得

$$\alpha^* = \frac{\mu \eta t}{\lambda} \tag{4.7}$$

将式（4.7）代入式（4.6），可得最大期望利润为

$$E(NI_{Sc}) = R_{Sc} - C_f - \mu T_f + \frac{\mu^2 \eta^2 t^2}{2\lambda} \tag{4.8}$$

将式（4.7）代入式（4.1），可得工程承包商期望利润最大化的情况下，相应的最优工期为

$$T_t^* = T_f - \frac{\mu \eta^2 t^2}{\lambda} \tag{4.9}$$

将式（4.9）代入式（4.4），可得 BOT 项目的最大化利润为

$$(NI)^* = \left(T - T_f - \frac{\mu \eta^2 t^2}{\lambda}\right)r - R_{Sc} \tag{4.10}$$

（2）引入工程承包商作为股东。金融机构与承包商联合发起项目时，工程承包商既是股东（即委托方）又是代理方，扮演双重角色。因此，其期望利润由建造合同利润和项目总利润分红两部分组成，即

$$E(NI_{Sc}) = E(R_{Sc} - C_t) + kNI \tag{4.11}$$

式中：k 为工程承包商所占股份比例，$0 < k < 1$。

将式（4.1）～式（4.4）代入式（4.11），则有

$$E(NI_{Sc}) = R_{Sc} - C_f - \frac{\lambda \alpha^2}{2} + (\mu + kr)(\eta \alpha t - T_f) + krT - kR_{Sc} \tag{4.12}$$

同样的，工程承包商通过选择最优的努力程度，而获得最大利润，因此将式（4.12）对 α 求一阶导数，取值为零时，求解得

$$\alpha^* = \frac{\eta t(\mu + kr)}{\lambda} \tag{4.13}$$

将式（4.13）代入式（4.12），可得最大利润，有

$$E(NI_{Sc}) = (1 - k)R_{Sc} - C_f(\mu + kr)T_f + krT + \frac{(\mu + kr)^2 \eta^2 t^2}{2\lambda} \tag{4.14}$$

将式（4.13）代入式（4.1），可得工程承包商期望利润最大化的情况下，相应的最优工期为

$$T_t^* = T_f - \frac{(\mu + kr)\eta^2 t^2}{\lambda} \tag{4.15}$$

将式（4.15）代入式（4.4），可得 PPP/BOT 项目的最大化利润为

$$(NI)^* = \left[T - T_f + \frac{(\mu + kr)\eta^2 t^2}{\lambda} \right] r - R_{Sc} \tag{4.16}$$

作为项目发起人的金融机构，由于其所占股份为 $1-k$，因此其所获得的利润为

$$(NI_{S_f})^* = (I - k)\left\{ \left[T - T_f + \frac{(\mu + kr)\eta^2 t^2}{\lambda} \right] r - R_{Sc} \right\} \tag{4.17}$$

（3）两种股权结构比较。为便于比较，发起人金融机构作为单一股东时，可认为其引入的是与其作用相同的财务投资人，财务投资人占股比例为 k，则金融机构发起人获得的利润为

$$(NI_{S_f})^* = (1 - k)\left[\left(T - T_f + \frac{\mu\eta^2 t^2}{\lambda} \right) r - R_{Sc} \right] \tag{4.18}$$

首先比较两种股权结构下工程承包商的努力程度，有

$$\Delta\alpha = \frac{\eta t(\mu + kr)}{\lambda} - \frac{\mu\eta t}{\lambda} = \frac{k\eta tr}{\lambda} > 0 \tag{4.19}$$

式（4.19）说明，当承包商兼具股东与代理方身份时，其努力程度高于仅作为代理方的努力程度，并且承包商的努力程度与其持股比例正相关，持股比例越大，付出越多。但显然，其努力程度也会受到努力程度的成本系数影响（负相关）。

然后比较两种股权结构下 BOT 项目的总利润（或项目公司的利润），有

$$\Delta(NI) = \left[T - T_f + \frac{(\mu + kr)\eta^2 t^2}{\lambda} \right] r - \left(T - T_f + \frac{\mu\eta^2 t^2}{\lambda} \right) r = \frac{kr^2\eta^2 t^2}{\lambda} > 0 \tag{4.20}$$

式（4.20）说明，引入工程承包商作为股东，可以增大 BOT 项目总利润，同样项目公司的获利增加值与承包商的持股比例正相关，也会受到承包商努力程度的成本系数的影响（负相关）。

下面比较两种股权结构下，作为纯股东的金融机构发起方利润增加值，有

$$\Delta(NI_{S_f}) = (1 - k)\frac{\mu\eta^2 t^2}{\lambda} > 0 \tag{4.21}$$

式（4.21）说明，引入承包商联合发起 PPP/BOT 项目，可以增大发起人金融机构的利润，但是增加值也受承包商努力成本的限制（负相关）。

综合式（4.19）～式（4.21），在委托代理理论框架下，金融机构和承包商作为股东共同发起 PPP/BOT 项目，相比仅由金融机构类的财务投资者发起，在承包商努力程度、承包商获得的利润以及项目总获利方面，前者都要优于后者。

（4）引入运营管理商作为股东。运营管理商并不直接参与 PPP/BOT 项目发起阶段，在该阶段与项目公司之间并不存在委托代理关系，因此即使其努力程度再大，也不能增加项目总收益（进行了单一职能的假定）。相反，运营管理商的引入可能会因专业水平不足而增大决策成本，影响委托方与代理方的利益一致性，从而影响 PPP/BOT 项目的效益，

因此在发起阶段运营管理商理论上不宜作为股东参与。

在实际情况中，如果该 PPP/BOT 项目中的运营管理商兼营施工建设业务，则亦可将其引入作为股东参与发起阶段。此外，若运营管理商在未来项目竣工后的运营方面有特殊要求，亦可适量参与发起阶段，以避免重新改造等返工的情况发生。如果具有单一运营管理职能的机构希望参与发起阶段，建议仅提供资金发挥财务投资人的作用，而不参与项目决策。在这种情况下，运营管理商视同金融机构，不再作单独考虑和分析。

（5）最优股权比例分析。根据上述分析，PPP/BOT 项目在发起阶段，从项目发起人金融机构的角度看，引入承包商作为共同股东可以降低委托代理成本，提高自己的期望利润，并选择承包商的持股比例为 k^*，以实现自身获利最大，即求解：

$$\max(NI_{S_f})^* = \max\left\{(1-k)\left[(T-T_f)r + \frac{(\mu+kr)r\eta^2 t^2}{\lambda} - R_{S_c}\right]\right\} \quad (4.22)$$

对 k 求一阶导数，取值为零时，得到最优持股比例为

$$k^* = \frac{r-\mu}{2r} + \frac{\lambda R_{S_c} - \lambda r(T-T_f)}{2r^2\eta^2 t^2} \quad (4.23)$$

对于式（4.22），当 $0 \leqslant k \leqslant k^*$ 时，发起人金融机构的期望利润随着承包商占股比例的增大而增大；当 $k > k^*$ 时，金融机构期望利润随着承包商占股比例的增大而减小。因此，从金融机构角度出发，在达到最优比例前，承包商占股比例越大越好，如图 4.3 所示。

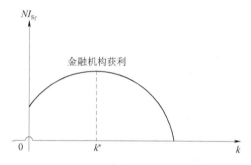

图 4.3　引入承包商的合理持股比例示意图

将式（4.23）代入式（4.17），得到发起人金融机构的最大化利润为

$$(NI_{S_f})_{\max} = \left[\frac{r+\mu}{2r} - \frac{\lambda R_{S_c} - \lambda r(T-T_f)}{2r^2\eta^2 t^2}\right]\frac{\lambda r(T-T_f) - \lambda R_{S_c} + r\eta^2 t^2(\mu+r)}{2\lambda} \quad (4.24)$$

图 4.3 和式（4.24）表明，在固定资产投资项目类型中，在承包商的最优持股比例之内，承包商成为发起人后，项目公司原股东的获利也将由于承包商的努力而获得更高收益。此时，承包商的努力程度越高、努力成本越低，对应的获利能力越强，在项目的发起阶段可实现其他股东的多赢。

通过上述分析，固定资产投资类 PPP/BOT 项目在发起阶段，可由发起人金融机构和承包商联合作为股东发起，相比由金融机构或承包商单独发起，可以降低委托代理成本，增大项目总收益及代理方收益。单一职能假定的运营管理商的参股可能影响委托方与代理方的利益一致性，因此可以不参与。

2. 运营阶段的股权结构调整

PPP/BOT 项目运营阶段即特许经营阶段，项目股东自行或委托专业运营商对项目进行运营，以回收前期投入的成本。参与这一阶段的主要机构，除发起人金融机构外，还有运营管理商。同样，参与方式既可以是仅通过委托代理关系提供运营管理服务，也可以作为股东扮演委托方和代理方的双重角色。下面基于委托代理理论，讨论运营阶段的股权结构调整问题。

（1）承包商继续充当股东。在单一职能假定下，工程承包商并不具备运营管理的经验与优势，因此若其继续充当股东，可能因专业水平的不足而增大决策成本，影响委托方与代理方的利益一致性，因此理论上应将股份全部转让。

在实际情况中，如果该 PPP/BOT 项目中的工程承包商兼营运营管理业务，则亦可将其引入作为股东参与运营阶段。如果具有单一施工建设职能的工程承包商希望参与运营阶段，建议仅提供资金发挥财务投资人的作用，而不参与项目决策。在这种情况下，承包商可视同金融机构，不再作单独考虑和分析。

（2）不引入新股东。若工程承包商退出后，仅由金融机构作为单一股东，则金融机构与运营管理商之间存在委托代理关系。设运营管理商为 S_0，BOT 项目在运营管理阶段的产出 π 为

$$\pi = \varphi\alpha + \theta \tag{4.25}$$

式中：α 为运营管理商的努力程度；φ 为产出系数，$\varphi > 0$；θ 为均值为 0、方差为 σ^2 的外生因素。

运营管理商的努力水平决定其产出均值，但与产生的方差无关。

根据委托代理理论的基本假设，委托人风险中性，而代理人风险规避。项目公司给运营管理商的合同额为

$$R_{S_0}(\pi) = \rho + \omega\pi \tag{4.26}$$

式（4.26）中 ρ 为运营管理商获得的固定收入，引入激励系数 ω 以体现出运营管理商的努力。

运营管理阶段，BOT 项目公司的期望利润为

$$E(NI_t) = E[\pi - R_{S_0}(\pi)] = \varphi\alpha - \rho - \omega\varphi\alpha \tag{4.27}$$

根据委托代理理论，由于运营管理商风险规避，引入 VNM 效用函数为 $u = -\alpha^{-\lambda i}$，其中 λ 表示与风险规避程度相关的变量，i 表示实际收入。设代表运营管理商的努力程度成本系数为 b，$b > 0$，则该函数中可以代表运营管理商成本的系统变量为 $C_{S_0} = b\alpha^2/2$。运营管理商的期望利润为

$$E(NI_{S_0}) = \rho + \omega\varphi\alpha - \frac{b}{2}\alpha^2 - \frac{1}{2}\lambda\omega^2\sigma^2 \tag{4.28}$$

式（4.28）中 $\lambda\omega^2\sigma^2/2$ 代表运营管理商的风险成本。例如，当 $\omega = 0$ 时，风险成本为 0，代表运营管理商不愿意承担任何风险。基于式（4.28），运营管理商通过选择努力程度来获得最大化利润，因此对 α 求解一阶导数，有

$$\alpha^* = \frac{\omega\varphi}{b} \tag{4.29}$$

项目公司则需要合理确定支付给运营管理商的固定收入 ρ 和激励系数 ω，以达到期望利润的最大化，即求 $\max[E(NI_t)] = \max(\varphi\alpha - \rho - \omega\varphi\alpha)$。设运营管理商获得的行业合理利润为 i，则有

$$\rho + \omega\varphi\alpha - \frac{b}{2}\alpha^2 - \frac{1}{2}\lambda\omega^2\sigma^2 \geqslant i \tag{4.30}$$

由于项目公司同样希望期望利润最大化，因此并无给运营管理商更高利润的激励，即

式（4.30）取临界情况。故将式（4.29）和式（4.30）代入式（4.28），对激励系数 ω 求一阶导数，取值为零时，可得

$$\omega^* = \frac{\varphi^2}{\varphi^2 + b\lambda\sigma^2} \tag{4.31}$$

将式（4.31）代入式（4.29），得到运营管理商的最优努力程度为

$$\alpha^* = \frac{\varphi^3}{b(\varphi^2 + b\lambda\sigma^2)} \tag{4.32}$$

将式（4.31）和式（4.32）代入式（4.30），得到运营管理商获得的固定收入为

$$\rho^* = i + \frac{b\lambda\sigma^2\varphi^4 - \varphi^6}{2b(\varphi^2 + b\lambda\sigma^2)^2} \tag{4.33}$$

将式（4.31）～式（4.33）代入式（4.27）和式（4.28），可得项目公司和运营管理商期望利润的最大值为

$$E(NI_t^*) = \frac{b\lambda\sigma^2\varphi^4 + \varphi^6}{2b(\varphi^2 + b\lambda\sigma^2)^2} - i \tag{4.34}$$

$$E(NI_{S_0}^*) = I \tag{4.35}$$

（3）引入运营管理商作为股东。金融机构与运营管理商共同作为股东时，运营管理商既是股东（即委托方）又是代理方，扮演双重角色。因此，其期望利润由运营管理服务合同利润和运营管理阶段的项目利润分红两部分组成，即

$$E(NI_{S_0}) = \rho - \omega\varphi\alpha - \frac{b}{2}\alpha^2 - \frac{1}{2}\lambda\omega^2\sigma^2 + k(\varphi\alpha - \rho - \omega\varphi\alpha) \tag{4.36}$$

式（4.36）中，$0 < k < 1$，代表运营商参股比例。项目原发起人金融机构的期望利润为

$$E(NI_{S_f}) = (1-k)(\varphi\alpha - \rho - \omega\varphi\alpha) \tag{4.37}$$

运营管理商追求利润最大化，因此式（4.36）对 α 求一阶导数，取值为零时，可求解得

$$\alpha^* = \frac{\varphi}{b}(\omega + k - \omega k) \tag{4.38}$$

为便于比较，假设项目公司给运营管理商的固定收入和激励系数不变，则将式（4.31）代入式（4.38）中，得运营管理商最优努力水平为

$$\alpha^* = \frac{\varphi}{b}\left[k + \frac{(1-k)\varphi^2}{\varphi^2 + b\lambda\sigma^2}\right] \tag{4.39}$$

进一步地，将式（4.31）、式（4.33）和式（4.39）代入式（4.27）、式（4.36）和式（4.37），得到项目公司、运营管理商以及金融机构的期望利润为

$$E(NI_t) = \frac{2b^2\lambda^2\sigma^4\varphi^2 k + b\lambda\sigma^2\varphi^4 + \varphi^6}{2b(\varphi^2 + b\lambda\sigma^2)^2} - i \tag{4.40}$$

$$E(NI_{S_0}) = \frac{b^2\lambda^2\varphi^2 k^2\sigma^4 + bk\lambda\sigma^2\varphi^4 + k\varphi^6}{2b(\varphi^2 + b\lambda\sigma^2)^2} + (1-k)i \tag{4.41}$$

$$E(NI_{S_f}) = (1-k)\frac{2b^2\lambda^2\sigma^4\varphi^2 k + b\lambda\sigma^2\varphi^4 + \varphi^6}{2b(\varphi^2 + b\lambda\sigma^2)^2} - (1-k)i \tag{4.42}$$

（4）两种股权结构比较。为便于比较，发起人金融机构作为单一股东时，可认为其引入的是与其作用相同的财务投资人，财务投资人占股比例为 k，则主发起人获得的利润为

$$E(NI_{S_f})^* = (1-k)\frac{b\lambda^2\varphi^4+\varphi^6}{2b(\varphi^2+b\lambda\sigma^2)^2} - (1-k)i \qquad (4.43)$$

首先比较两种股权结构下运营管理商的努力程度，有

$$\Delta\alpha = \frac{k\varphi\lambda\sigma^2}{\varphi^2+b\lambda\sigma^2} > 0 \qquad (4.44)$$

式（4.44）说明，当运营管理商兼具股东与代理方身份时，其努力程度高于仅作为代理方。

然后比较两种股权结构下项目的总利润（或项目公司的利润），有

$$\Delta E(NI_t) = \frac{b\lambda^2\sigma^4\varphi^2 k}{(\varphi^2+b\lambda\sigma^2)^2} > 0 \qquad (4.45)$$

式（4.45）说明，引入运营管理商作为股东，可以增大 PPP/BOT 项目总利润。

最后比较两种股权结构下主发起方的利润，有

$$\Delta E(NI_{S_f}) = (1-k)\frac{b\lambda^2\sigma^4\varphi^2 k}{(\varphi^2+b\lambda\sigma^2)^2} > 0 \qquad (4.46)$$

式（4.46）说明，引入运营管理商联合发起 PPP/BOT 项目，可以增大主发起人金融机构的利润。

综合式（4.44）～式（4.46），在委托代理理论框架下，金融机构和运营管理商作为股东共同发起 BOT 项目，相比仅由金融机构类的财务投资者发起，在运营管理商努力程度、运营管理商获得的利润以及项目总利润方面，前者都要优于后者。

（5）最优股权比例分析。根据上述分析，BOT 项目在运营阶段，项目主发起人金融机构理论上应引入运营管理商作为共同股东，以提高自己的期望利润。同时，金融机构会选择运营管理商参股的合适比例 k^*，以实现自己期望利润的最大化，即求：

$$\max E(NI_{S_f}) = \max\left[(1-k)\frac{2b^2\lambda^2\sigma^4\varphi^2 k+b\lambda\sigma^2\varphi^4+\varphi^6}{2b(\varphi^2+b\lambda\sigma^2)^2} - (1-k)i\right] \qquad (4.47)$$

对 k 求一阶导数，取值为零时，得到最优股份比例为

$$k^* = \frac{1}{2} + \frac{i(\varphi^2+b\lambda\sigma^2)^2 - b\lambda\sigma^2\varphi^4 - \varphi^6}{4b^2\lambda^2\sigma^4\varphi^2} \qquad (4.48)$$

当 $0 < k < k^*$ 时，发起人金融机构的期望利润随着运营管理商占股比例的增大而增大；当 $k > k^*$ 时，金融机构期望利润随着运营管理商占股比例的增大而减小。因此，从金融机构角度出发，在达到最优比例前，运营管理商占股比例越大越好。

将式（4.48）代入式（4.41）和式（4.42），得到发起人金融机构和后续加入的股东运营管理商的最大化期望利润为

$$E(NI_{S_f})^* = \left[\frac{1}{2} + \frac{b\lambda\sigma^2\varphi^4+\varphi^6-i(\varphi^2+b\lambda\sigma^2)^2}{4b^2\lambda^2\sigma^4\varphi^2 k}\right]\left[\frac{2b^2\lambda^2\sigma^4\varphi^2 k+b\lambda\sigma^2\varphi^4+\varphi^6}{2b(\varphi^2+b\lambda\sigma^2)^2} - i\right]$$

$$(4.49)$$

$$E(NI_{S_0})^* = \frac{b^2\lambda^2\varphi^2 k^2\sigma^4+bk\lambda\sigma^2\varphi^4+k\varphi^6}{2b(\varphi^2+b\lambda\sigma^2)^2} + \left[\frac{1}{2} + \frac{b\lambda\sigma^2\varphi^4+\varphi^6-i(\varphi^2+b\lambda\sigma^2)^2}{4b^2\lambda^2\sigma^4\varphi^2 k}\right]I$$

$$(4.50)$$

固定资产投资类 PPP/BOT 项目进入运营阶段，原股东工程承包商转让股东份额或仅发挥财务投资人作用，引入新股东运营管理商，相比由金融机构单独继续充当股东，可以降低委托代理成本，增大项目总收益及代理方收益。

4.2.3 综合运营管理类项目股权结构分析

基于一般意义的 VNM 效用函数和收益函数，来推导综合运营管理类项目发起阶段和运营阶段的最优股权结构。

1. 发起阶段的股权结构选择

运营管理类 PPP/BOT 项目的特点是项目运营专业性较强，涉及关联方众多，需求经验丰富的运营管理商参与。在分析这类项目的股权结构时，可首先假定运营管理机构作为发起人，基于委托代理理论，从项目总体及各方的收益、角度出发，探讨是否需要引入其他类型的股东作为联合发起人。同理，为了简化研究，将研究主体的数量控制在两个以内，仅研究工程承包商引入的问题，技术提供商可视为包含于工程承包商之中，类似于实际情况当中的总包与分包关系。

设运营管理机构和工程承包商分别为 S_0 和 S_c，在发起阶段，BOT 项目的建造工期为 T_t，T_t 除与刚性建造周期有关外，实际上受工程承包商努力程度的影响，因此有

$$T_t = T_f - \eta \alpha t \tag{4.51}$$

与式（4.1）相同，T_f 表示刚性建造周期，即与建设工程量相关的经验周期；t 表示单位时间，可认为是常量；α 表示工程承包商的努力程度，$\alpha > 0$；η 表示工程承包商努力的工期系数，$\eta > 0$，且随着 α 增加，总体上 η 是逐渐减少的，即工期不能无限缩短，为简化后续计算，可设 η 是 α 的分段函数，即不考虑 $\eta(\alpha)$ 的影响。当工程承包商投入努力少时，BOT 项目的实际工期更加接近刚性建造周期；随着工程承包商努力程度提高，工期逐渐缩短，但趋势渐缓，且存在最短工期，即各基本工序组成的时间。

与式（4.2）相同，设工程承包商从股东（可能包含工程承包商自身）处获得的合同总额为 R_{S_c}，总建造成本为 C_t，由固定成本 C_f 和可变成本 C_v 构成，有

$$C_t = C_f + C_v \tag{4.52}$$

其中，可变成本 C_v 与工程承包商努力程度及工期有关，根据委托代理理论，与式（4.3）相同，设 λ、μ 分别为努力程度与工期的成本系数，$\lambda > 0$，$\mu > 0$。需要说明的是，与 η 类似，λ 和 μ 分别随 α 和 T_t 的增加而减小，故同样做分段函数处理以简化分析。

$$C_v = \frac{\lambda \alpha^2}{2} + \mu T_t \tag{4.53}$$

为简化分析，可假设 PPP/BOT 项目公司获得的合同是总期限合同，总期限为 T，特许经营期内单位时间获得的利润为 r，则项目公司利润 NI 可表示为（静态利润，即不考虑资金的时间价值，下同）

$$NI = (T - T_t)r - R_{S_c} \tag{4.54}$$

（1）发起人运营管理机构作为单一股东。发起人作为单一股东时，工程承包商作为代理方与运营管理机构构成委托代理关系，则工程承包商获得的期望利润为

$$E(NI_{S_c}) = E(R_{S_c} - C_t) \tag{4.55}$$

将式（4.51）～式（4.53）代入式（4.55），可得

$$E(NI_{Sc}) = R_{Sc} - C_f - \frac{\lambda\alpha^2}{2} - \mu(T_f - \eta\alpha t) \tag{4.56}$$

基于式（4.56），工程承包商将选择最优的努力程度 α^*，以实现期望利润的最大化，因此将式（4.56）对 α 求一阶导数，取值为零，可求解得

$$\alpha^* = \frac{\mu\eta t}{\lambda} \tag{4.57}$$

将式（4.57）代入式（4.56），可得最大期望利润为

$$E(NI_{Sc}) = R_{Sc} - C_f - \mu T_f + \frac{\mu^2\eta^2 t^2}{2\lambda} \tag{4.58}$$

将式（4.57）代入式（4.51），可得在工程承包商期望利润最大化的情况下，相应的最优工期为

$$T_t^* = T_f - \frac{\mu\eta^2 t^2}{\lambda} \tag{4.59}$$

将式（4.59）代入式（4.54），可得 BOT 项目的最大化利润为

$$(NI)^* = \left(T - T_f + \frac{\mu\eta^2 t^2}{\lambda}\right)r - R_{Sc} \tag{4.60}$$

（2）引入工程承包商作为股东。运营管理机构与工程承包商联合发起 PPP/BOT 项目时，工程承包商既是股东（即委托方）又是代理方，扮演双重角色。因此，其期望利润由建造合同利润和项目总利润分红两部分组成，即

$$E(NI_{Sc}) = E(R_{Sc} - C_t) + kNI \tag{4.61}$$

式中：k 为工程承包商所占股份比例，$0 < k < 1$。

将式（4.51）～式（4.53）代入式（4.54），则有

$$E(NI_{Sc}) = R_{Sc} - C_f - \frac{\lambda\alpha^2}{2} + (\mu + kr)(\eta\alpha t - T_f) + krT - kR_{Sc} \tag{4.62}$$

同样的，工程承包商通过选择最优的努力程度，而获得最大利润，因此将式（4.62）对 α 求一阶导数，取值为零，可求解得

$$\alpha^* = \frac{\eta t(\mu + kr)}{\lambda} \tag{4.63}$$

将式（4.63）代入式（4.62），可得最大利润，即

$$E(NI_{Sc}) = (1-k)R_{Sc} - C_f - (\mu + kr)T_f + krT + \frac{(\mu + kr)^2\eta^2 t^2}{2\lambda} \tag{4.64}$$

将式（4.63）代入式（4.51），可得在工程承包商期望利润最大化的情况下，相应的最优工期为

$$T_t^* = T_f - \frac{(\mu + kr)\eta^2 t^2}{\lambda} \tag{4.65}$$

将式（4.65）代入式（4.54），可得 BOT 项目的最大化利润为

$$(NI)^* = \left[T - T_f + \frac{(\mu + kr)\eta^2 t^2}{\lambda}\right]r - R_{Sc} \tag{4.66}$$

作为项目发起人的运营管理机构，由于其所占股份为 $1-k$，因此其所获得的利润为

$$(NI_{S_0})^* = (1-k) \left\{ \left[T - T_f + \frac{(\mu + kr)\eta^2 t^2}{\lambda} \right] r - R_{S_c} \right\} \quad (4.67)$$

（3）两种股权结构比较。为便于比较，发起人运营管理机构作为单一股东时，可认为其引入的是与其作用相同的财务投资人，财务投资人占股比例为 k，则其获得的利润为

$$(NI_{S_0})^* = (1-k) \left[(T - T_f + \frac{\mu\eta^2 t^2}{\lambda}) r - R_{S_c} \right] \quad (4.68)$$

首先比较两种股权结构下工程承包商的努力程度，有

$$\Delta\alpha = \frac{\eta t(\mu + kr)}{\lambda} - \frac{\mu\eta t}{\lambda} = \frac{\eta t k r}{\lambda} > 0 \quad (4.69)$$

式（4.69）说明，当工程承包商兼具股东与代理方身份时，其努力程度高于仅作为代理方。

然后比较两种股权结构下项目的总利润（或项目公司的利润），有

$$\Delta(NI) = \left[T - T_f + \frac{(\mu + kr)\eta^2 t^2}{\lambda} \right] r - \left(T - T_f + \frac{\mu\eta^2 t^2}{\lambda} \right) r = \frac{kr^2\eta^2 t^2}{\lambda} > 0 \quad (4.70)$$

式（4.70）说明，引入工程承包商作为股东，可以增大 BOT 项目总利润。

最后比较两种股权结构下主发起方的利润，有

$$\Delta(NI_{S_0}) = (1-k)\frac{kr^2\eta^2 t^2}{\lambda} > 0 \quad (4.71)$$

式（4.71）说明，引入工程承包商联合发起项目，可以增大发起人运营管理机构的利润。

综合式（4.69）～式（4.71），在委托代理理论框架下，运营管理机构和工程承包商作为股东共同发起项目，相比仅由运营管理机构发起，在承包商努力程度、承包商获得的利润以及项目总利润方面，前者都要优于后者。

（4）引入金融机构作为股东。一方面，金融机构并不直接参与项目发起阶段的建造、安装等工作，因此即使其努力程度再大，也不能增加项目总收益；相反，金融机构的引入可能会因专业水平不足而增大决策成本，影响委托方与代理方的利益一致性，从而影响项目的效益。另一方面，若项目在发起阶段需要大量资金支持，则应引入金融机构作为股东以降低委托代理成本。因此，是否引入金融机构作为股东，应视运营管理类项目的实际而定。

（5）最优股权比例分析。根据上述分析，项目在发起阶段，项目发起人运营管理机构理论上应引入工程承包商作为共同股东，以提高自己的期望利润。同时，运营管理机构会选择工程承包商参股的合适比例 k^*，以实现自己期望利润的最大化，即求：

$$\max (NI_{S_0})^* = \max \left\{ (1-k) \left[(T - T_f)r + \frac{(\mu + kr)r\eta^2 t^2}{\lambda} - R_{S_c} \right] \right\} \quad (4.72)$$

对 k 求一阶导数，取值为零，可求得最优股份比例为

$$k^* = \frac{\mu - r}{2r} + \frac{\lambda r(T - T_f) - \lambda R_{S_c}}{2r^2\eta^2 t^2} \quad (4.73)$$

当 $0 \leq k \leq k^*$ 时，发起人运营管理机构的期望利润随着工程承包商占股比例的增大而增大；当 $k > k^*$ 时，金融机构期望利润随着工程承包商占股比例的增大而减小。因此，

从运营管理机构角度出发，在达到最优比例前，工程承包商占股比例越大越好。

将式（4.73）代入式（4.67），得到主发起人运营机构的最大化利润为

$$(NI_{S_0})_{\max} - \left[\frac{3r-\mu}{2r} \quad \frac{\lambda r(T-T_f)-\lambda R_{S_c}}{2r^2\eta^2 t^2}\right]\frac{(3\mu-r)r\eta^2 t^2+\lambda(1+2r\eta^2 t^2)(rT-rT_f-R_{S_c})}{2r\lambda\eta^2 t^2}$$

(4.74)

综合运营管理类 PPP/BOT 项目在发起阶段，可由发起人运营管理机构和联合发起人工程承包商共同作为股东发起，相比由运营管理机构单独发起，可以降低委托代理成本，增大项目总收益及代理方收益。若项目在发起阶段需要大量资金支持，则金融机构充当股东发挥财务投资人的角色。

2. 运营阶段的股权结构调整

综合运营管理类 PPP/BOT 项目进入运营阶段，对于技术、资金和工程建造的需求可能降低，而运营管理方面的要求可能提高，根据委托代理理论，可能需要对股权结构进行调整。

（1）工程承包商继续充当股东。工程承包商并不具备运营管理的经验与优势，因此若其继续充当股东，可能因专业水平的不足而增大决策成本，影响委托方与代理方的利益一致性，因此理论上应将股份全部转让。

在实际情况中，如果该 PPP/BOT 项目中的工程承包商兼营运营管理业务，则亦可将其引入作为股东参与发起阶段。如果具有单一施工建设职能的工程承包商希望参与发起阶段，则建议仅提供资金发挥财务投资人的作用，而不参与项目决策。在这种情况下，工程承包商视同金融机构，不再作单独考虑和分析。

（2）不引入新股东。综合运营管理类 PPP/BOT 项目在运营阶段成功与否，除与运营管理能力和经验有关外，可能还涉及核心技术或雄厚资本支持，因此可能需要引入设备（技术）供应商或金融机构以降低委托代理成本。不妨假设项目运营阶段需要雄厚设备和技术的支持，则需要讨论是否应引入设备（技术）供应商充当股东的问题。

若运营管理机构作为单一股东，则其与设备（技术）供应商之间存在委托代理关系。设设备（技术）供应商为 S_{ts}，BOT 项目在运营管理阶段的产出 π 为

$$\pi = \varphi\alpha + \theta$$

(4.75)

式中：α 为设备（技术）供应商的努力程度；φ 为产出系数，$\varphi>0$；θ 为均值为 0、方差为 σ^2 的外生因素。

设备（技术）供应商的努力水平决定其产出均值，但与产生的方差无关。

根据委托代理理论的基本假设，委托人风险中性，而代理人风险规避。项目公司给设备（技术）供应商的合同额为

$$R_{S_{ts}}(\pi) = \rho + \omega\pi$$

(4.76)

式（4.76）中 ρ 为设备（技术）供应商获得的固定收入，引入激励系数 ω 以体现出设备（技术）供应商的努力。

运营管理阶段，BOT 项目公司的期望利润为

$$E(NI_t) = E[\pi - R_{S_0}(\pi)] = \varphi\alpha - \rho - \omega\varphi\alpha$$

(4.77)

根据委托代理理论，由于设备（技术）供应商风险规避，引入 VNM 效用函数为 $\mu=$

$-\alpha^{-\lambda i}$，其中 λ 表示与风险规避程度相关的变量，i 表示实际收入。设代表设备（技术）供应商的努力程度成本系数为 b，$b>0$，则该函数中可以代表设备（技术）供应商成本的系统变量为 $C_{\mathrm{Sts}}=b\alpha^2/2$。设备（技术）供应商的期望利润为

$$E(NI_{\mathrm{Sts}})=\rho+\omega\varphi\alpha-\frac{b}{2}\alpha^2-\frac{1}{2}\lambda\omega^2\sigma^2 \qquad (4.78)$$

式（4.78）中 $\lambda\omega^2\sigma^2/2$ 代表设备（技术）供应商的风险成本。例如，当 $\omega=0$ 时，风险成本为 0，代表设备（技术）供应商不愿意承担任何风险。基于式（4.78），设备（技术）供应商通过选择努力程度来获得最大化利润，因此对 α 求解一阶导数，取值为零，可以得

$$\alpha^*=\frac{\omega\varphi}{b} \qquad (4.79)$$

项目公司则需要合理确定支付给设备（技术）供应商的固定收入 ρ 和激励系数 ω，以达到期望利润的最大化，即求 $\max[E(NI_{\mathrm{t}})]=\max(\varphi\alpha-\rho-\omega\varphi\alpha)$，设设备（技术）供应商获得的行业合理利润为 $\bar{i}$，则有

$$\rho+\omega\varphi\alpha-\frac{b}{2}\alpha^2-\frac{1}{2}\lambda\omega^2\sigma^2\geqslant\bar{i} \qquad (4.80)$$

由于项目公司同样希望期望利润最大化，因此并无给设备（技术）供应商更高利润的激励，即式（4.80）取临界情况。故将式（4.79）和式（4.80）代入式（4.78），对激励系数 ω 求一阶导数，取值为零，得

$$\omega^*=\frac{\varphi^2}{\varphi^2+b\lambda\sigma^2} \qquad (4.81)$$

将式（4.81）代入式（4.79），得到设备（技术）供应商的最优努力程度：

$$\alpha^*=\frac{\varphi^3}{b(\varphi^2+b\lambda\sigma^2)} \qquad (4.82)$$

将式（4.81）和式（4.82）代入式（4.80），得到设备（技术）供应商获得的固定收入为

$$\rho^*=\bar{i}+\frac{b\lambda\sigma^2\varphi^4-\varphi^6}{2b(\varphi^2+b\lambda\sigma^2)^2} \qquad (4.83)$$

将式（4.81）~式（4.83）代入式（4.77）和式（4.78），可得项目公司和设备（技术）供应商期望利润的最大值为

$$E(NI_{\mathrm{t}}^*)=\frac{b\lambda\sigma^2\varphi^4+\varphi^6}{2b(\varphi^2+b\lambda\sigma^2)^2}-\bar{i} \qquad (4.84)$$

$$E(NI_{\mathrm{ts}}^*)=\bar{i} \qquad (4.85)$$

（3）引入设备（技术）供应商作为股东。设备（技术）供应商与运营管理商共同作为股东时，设备（技术）供应商既是股东（即委托方）又是代理方，扮演双重角色。因此，其期望利润由技术支持服务合同利润和运营管理阶段的项目利润分红两部分组成，即

$$E(NI_{\mathrm{ts}})=\rho+\omega\varphi\alpha-\frac{b}{2}\alpha^2-\frac{1}{2}\lambda\omega^2\sigma^2+k(\varphi\alpha-\rho-\omega\varphi\alpha) \qquad (4.86)$$

式（4.86）中，$0<k<1$，代表设备（技术）供应商参股比例。项目原主要发起人设备（技术）供应商的期望利润为

$$E(NI_{S_f})=(1-k)(\varphi\alpha-\rho-\omega\varphi\alpha) \tag{4.87}$$

设备（技术）供应商追求利润最大化，因此式（4.86）对 α 求一阶导数，取值为零，可求得

$$\alpha^*=\frac{\varphi}{b}(\omega+k-\omega k) \tag{4.88}$$

为便于比较，假设项目公司给设备（技术）供应商的固定收入和激励系数不变，则将式（4.81）代入式（4.88）中，得设备（技术）供应商最优努力水平为

$$\alpha^*=\frac{\varphi}{b}\left[k+\frac{(1-k)\varphi^2}{\varphi^2+b\lambda\sigma^2}\right] \tag{4.89}$$

将式（4.81）、式（4.83）和式（4.89）代入式（4.77）、式（4.86）和式（4.87），得到项目公司、设备（技术）供应商以及运营管理机构的期望利润为

$$E(NI_t)=\frac{2b^2\lambda^2\sigma^4\varphi^2k+b\lambda\sigma^2\varphi^4+\varphi^6}{2b(\varphi^2+b\lambda\sigma^2)^2}-\bar{i} \tag{4.90}$$

$$E(NI_{S_{ts}})=\frac{b^2\lambda^2\varphi^2k^2\sigma^4+bk\lambda\sigma^2\varphi^4+k\varphi^6}{2b(\varphi^2+b\lambda\sigma^2)^2}+(1-k)\bar{i} \tag{4.91}$$

$$E(NI_{S_0})=(1-k)\frac{2b^2\lambda^2\sigma^4\varphi^2k+b\lambda\sigma^2\varphi^4+\varphi^6}{2b(\varphi^2+b\lambda\sigma^2)^2}-(1-k)\bar{i} \tag{4.92}$$

（4）两种股权结构比较。为便于比较，发起人运营管理机构作为单一股东时，可认为其引入的是与其作用相同的财务投资人，财务投资人占股比例为 k，则其获得的利润为

$$E(NI_{S_0})^*=(1-k)\frac{b\lambda\sigma^2\varphi^4+\varphi^6}{2b(\varphi^2+b\lambda\sigma^2)^2}-(1-k)\bar{i} \tag{4.93}$$

首先比较两种股权结构下设备（技术）供应商的努力程度，有

$$\Delta\alpha=\frac{k\varphi\lambda\sigma^2}{\varphi^2+b\lambda\sigma^2}>0 \tag{4.94}$$

式（4.94）说明，当设备（技术）供应商兼具股东与代理方身份时，其努力程度高于仅作为代理方。

然后比较两种股权结构下项目的总利润（或项目公司的利润），有

$$\Delta E(NI_t)=\frac{b\lambda^2\sigma^4\varphi^2k}{(\varphi^2+b\lambda\sigma^2)^2}>0 \tag{4.95}$$

式（4.95）说明，引入设备（技术）供应商作为股东，可以增大项目总利润。

最后比较两种股权结构下主发起方的利润，有

$$\Delta E(NI_{S_0})=(1-k)\frac{b\lambda^2\sigma^4\varphi^2k}{(\varphi^2+b\lambda\sigma^2)^2}>0 \tag{4.96}$$

式（4.96）说明，引入设备（技术）供应商联合发起项目，可以增大发起人运营管理机构的利润。

综合式（4.94）～式（4.96），在委托代理理论框架下，运营管理机构和设备（技术）供应商作为股东共同发起项目，相比仅由运营管理机构发起，在设备（技术）供应商努力

程度、获得的利润以及项目总利润方面，前者都要优于后者。

（5）最优股权比例分析。根据上述分析，PPP/BOT 项目在运营阶段，项目发起人运营管理机构理论上应引入设备（技术）供应商作为共同股东，以提高自己的期望利润。同时，运营管理机构会选择设备（技术）供应商参股的合适比例 k^*，以实现期望利润的最大化，即求：

$$\max E(NI_{S_0}) = \max \left[(1-k) \frac{2b^2 \lambda^2 \sigma^4 \varphi^2 k + b\lambda\sigma^2 \varphi^4 + \varphi^6}{2b(\varphi^2 + b\lambda\sigma^2)^2} - (1-k)\bar{i} \right] \tag{4.97}$$

对 k 求一阶导数，取值为零，可得到最优股份比例为

$$k^* = \frac{1}{2} + \frac{\bar{i}(\varphi^2 + b\lambda\sigma^2)^2 - b\lambda\sigma^2 \varphi^4 - \varphi^6}{4b^2 \lambda^2 \sigma^4 \varphi^2 k} \tag{4.98}$$

当 $0 \leq k \leq k^*$ 时，发起人运营管理机构的期望利润随着设备（技术）供应商占股比例的增大而增大；当 $k > k^*$ 时，运营管理机构期望利润随着设备（技术）供应商占股比例的增大而减小。因此，从运营管理机构角度出发，在达到最优比例前，设备（技术）供应商占股比例越大越好。

将式（4.98）代入式（4.91）和式（4.92），得到发起人运营管理机构和后续加入的股东设备（技术）供应商的最大化期望利润为

$$E(NI_{S_0})^* = \left[\frac{1}{2} + \frac{b\lambda\sigma^2 \varphi^4 + \varphi^6 - \bar{i}(\varphi^2 + b\lambda\sigma^2)^2}{4b^2 \lambda^2 \sigma^4 \varphi^2 k} \right] \left[\frac{2b^2 \lambda^2 \sigma^4 \varphi^2 k + b\lambda\sigma^2 \varphi^4 + \varphi^6}{2b(\varphi^2 + b\lambda\sigma^2)^2} - \bar{i} \right]$$

$$\tag{4.99}$$

$$E(NI_{S_{ts}})^* = \frac{b^2 \lambda^2 \varphi^2 k^2 \sigma^4 + bk\lambda\sigma^2 \varphi^4 + k\varphi^6}{2b(\varphi^2 + b\lambda\sigma^2)^2} + \left[\frac{1}{2} + \frac{b\lambda\sigma^2 \varphi^4 + \varphi^6 - \bar{i}(\varphi^2 + b\lambda\sigma^2)^2}{4b^2 \lambda^2 \sigma^4 \varphi^2 k} \right]\bar{i}$$

$$\tag{4.100}$$

综合运营管理类 BOT 项目进入运营阶段，原股东工程承包商应全部转让股东份额或仅发挥财务投资人作用，引入新股东设备（技术）供应商（或金融机构，视实际情况而定），相比由运营管理机构单独充当股东，可以降低委托代理成本，增大项目总收益及代理方收益。

在国内外 PPP/BOT 项目股权结构选择实践经验和案例分析的基础上，基于委托代理理论模型，对固定资产投资类、核心设备技术类和综合运营管理类的 PPP/BOT 项目在不同阶段（发起阶段、运营阶段）其股权结构应如何选择及合理调整进行了研究论证，并结合某 PPP/BOT 项目进行了应用探讨。主要结论如下：

1）PPP/BOT 项目的投融资、规划、设计、建造、运营管理等环节所涉及的相关专业机构，除可以通过委托代理关系参与项目外，也可以在发起阶段直接作为项目发起人或在运营阶段进行股权投资，而成为项目公司的股东。根据文献调研和案例研究，总结出了参与 PPP/BOT 项目的股东类型主要包括金融投资机构、工程承包商、技术（设备）支持机构和专业运营管理机构等，他们发挥的作用与各自目的紧密结合，通常包括项目公司股权投资和自身专业服务的两部分相关联的价值。随着发起人或股东在项目层面价值目标的实现或调整，项目公司股权结构也可能随之进行调整。

2）基于委托代理理论的 VNM 效用函数，对 3 类 PPP/BOT 项目在两个阶段的合理

股权结构比例进行了研究。研究结果表明，固定资产投资类项目在发起阶段，可由金融机构和工程承包商共同作为股东联合发起，进入运营阶段原股东工程承包商转让股东份额或仅发挥财务投资人作用，引入新股东运营管理商可以降低委托代理成本，增大项目总收益及代理方收益；核心设备技术类项目在发起阶段，可由设备（技术）供应商和金融机构共同作为股东联合发起，进入运营阶段原股东金融机构根据资金需求情况保留或转让股东份额，引入新股东运营管理商可增大项目总收益及代理方收益；综合运营管理类项目在发起阶段，可由运营管理机构和工程承包商共同作为股东联合发起，进入运营阶段原股东工程承包商全部转让股东份额或仅发挥财务投资人作用，引入新股东设备（技术）供应商（或金融机构）。研究结果表明，PPP/BOT 项目公司合理的股东组合和权益比例构成，可以降低委托代理成本，提高项目不同阶段的风险应对能力和实施效率；合理的权益结构调整，有利于提升股东和项目公司的价值、提高公共产品和服务的效率。

3）针对固定资产投资类、核心设备技术类和综合运营管理类这三类项目的发起和运营两个阶段，本章基于委托代理理论基本效用函数的推导，对应建立的各潜在股东 VNM 效用函数 [如式（4.25）] 和期望收益函数 [如式（4.28）] 等，均为一般意义的函数。实际应用时，应按照具体项目中各股东的实际意义（参数）进行期望效用函数的调整和设计。

4）某 BOT 项目案例的股权结构选择和调整方案设计，体现了合作各方均致力于"降低委托代理成本"的基本思想，可以较好地适应当今社会高度市场化、专业化的发展趋势，更体现了资本运作和专业运营相结合的综合优势。

4.3　多目标下 PPP/BOT 项目的债务水平选择

4.3.1　资本结构—债务水平特征

关于 PPP/BOT 项目资本结构—债务水平特征方面的研究，前面对国际典型案例进行了资本结构选择经验的研究，得出不同类型、不同物理特征 PPP/BOT 项目的资本结构股债比例通常存在差异，并表现有一定的特征。接下来将在前述研究的基础上，进一步总结和归纳 PPP/BOT 项目资本结构—债务水平的一般特征，为后续合理资本结构—债务水平的确定奠定基础。

1. 基本特征表现

对前述关于资本结构中"债本比"方面的研究进行总结，可以得出 PPP/BOT 项目资本结构的基本特征表现在以下 4 个方面：

（1）相同项目类型的债务水平表现有比例一致性或一致性趋势，通过国际典型案例可以看出，项目的类型特征影响着发起人、投资者对债务水平的需求或选择。对于固定资产投资大的项目，由于总投资规模大，通常具有较高的债务水平，而对于投资较小的技术型项目通常具有较低的债务水平，权益资本偏高。对于此次研究的 18 个国际案例，统计结果见表 4.11。

表 4.11　　　　　　　　国际典型 PPP/BOT 项目案例的债务权益比例分析

编号	项目类型	权益资本	债务资本	债务与权益比例
1	公路	19.0%	81.0%	4.3
2	公路	18.0%	82.0%	4.6
3	机场	8.0%	92.0%	11.5
5	港口	47.0%	53.0%	1.1
6	铁路	10.3%	89.7%	8.7
7	铁路	9.9%	80.1%	8.1
9	政府楼宇	9.8%	90.2%	9.2
10	医院	5.0%	95.0%	19
11	垃圾处理	55.4%	44.6%	0.8
15	水电站	18.1%	81.9%	4.5
16	水电站	30.0%	70.0%	2.3
17	水电站	36.5%	63.5%	1.7
18	水处理	18.7%	81.3%	4.3

可以看出，在国际 PPP/BOT 项目的实际应用中，对于固定资产类投资项目，债务资本比例通常都在 75% 以上，甚至接近 100%（如著名的 Danford 大桥项目的股本金几乎忽略不计[49]）。而对于技术型、运营型的项目，如垃圾处理、水处理、小型水电站等项目，总投资规模较小，债务的比例相对较低。同时，债务资本的规模大小，还体现了投资者或发起人在权益资本方面的融资能力和资本成本，例如，对于案例 5 的港口项目，麦格理基金已经为项目提供了来自于养老基金、保险资金的低成本权益资本，因而其债务资本规模反而较低。

（2）项目的收益特征与债务水平表现具有关联性。Koh 和 Wang 等[50]针对 BOT 项目本贷比例（E/D）的研究指出，项目收益、政府补贴、贷款偿还期是影响 BOT 项目债务水平（本贷比例指标）最重要的三个因素，而这三个因素归结起来就是项目的盈利能力或收益特征。Yescombe 等[42]提出 PPP/BOT 项目的收益特征、市场风险等影响着金融机构（银行）对债务水平的提供。放贷方对项目现金流的要求和项目杠杆比例的要求，为项目的债务水平提出了要求，他提出的经验建议见表 4.12。

表 4.12　　　　　　　　项目的收益特征与债务水平经验[42]

项　目　类　型	最高债务水平	市场风险
基本没有市场风险，已经签署项目购买或使用协议的基础设施项目，如医院和监狱等项目	90%	很低
已有包销协议的电厂或加工厂	85%	较低
有一定市场风险的基础设施项目，如收费公路或大型交通基础设施项目	80%	低
自然资源项目	70%	一般
无包销协议或价格对冲安排的项目，如商业电厂	50%	大

可以看出，对于具有可靠和稳定现金流、市场风险相对较小的项目，例如，已经签订

相关购买协议、包销协议或具有市场供应垄断性、政府定额补贴的项目，债务水平可以提高；而对于有一定市场风险的项目，例如，收费型高速公路、无包销协议的商业电厂项目，放贷方愿意提供的债务水平则相对较低。

（3）项目的不同阶段表现有不同的债务水平。简单而言，典型的 PPP/BOT 项目包含有准备阶段及招投标阶段（融资前阶段）、融资阶段及项目建造阶段（融资建造阶段）、运营管理阶段和移交后阶段等 4 个主要的阶段，也可以简单地认为包括发起阶段、运营阶段和移交后阶段。各个阶段均涉及"资本结构选择和调整"的具体工作，资本结构是贯穿全项目周期的核心问题，是履行特许权经营权利和实现特许权经营目标的关键要素。

PPP/BOT 的融资建造、运营管理和移交的基本特征，决定了项目资本结构—债务水平的基本趋势，如图 4.4 所示。在融资建造阶段，由于发起人、政府、放贷方等基于项目的发起目标达成了一致，负债比例基本确定，除特殊情况外（如不可抗力因素），项目的负债比例变化较小。在运营管理阶段，随着项目的逐步成熟运营，虽然过程中可能出现补充经营性现金流、项目改扩建等情况导致负债比例短期上升，但就总体趋势而言，由于移交无债务的前提条件，项目负债比例总体逐步降低，直至移交时降为零。项目移交后，公共部门或将根据项目改扩建、盘活存量资产等需要，可能逐步合理提高项目的负债比例，直至合理稳定的区间。

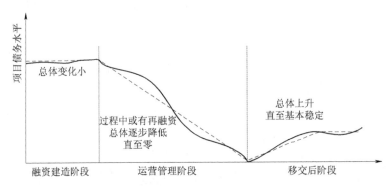

图 4.4 PPP/BOT 项目债务水平的变化过程示意图

（4）项目的目标债务水平表现为一定的区间特征。关于目标债务水平或目标最优资本结构的取值，实际应用界和学术界一直有较大的争议，主要有两种观点：①目标债务水平或最优资本结构可以是一个具体的数值；②目标债务水平或最优资本结构更多体现在多因素影响下的合理区间，并且更多的学者和实际应用界人员逐步认同和接受"区间"的概念。如张彦[51]认为由于受众多因素的影响，最优资本结构不是一个固定不变的值，而应是一个变动区间，在这个区间内，企业的财务管理目标能够得到最大限度的实现，而财务管理目标的主流观点是企业价值最大化。本书通过对我国部分行业上市公司资产负债率的研究，选取我国上市公司中的冶金业、商业和公用事业等三种行业分别确定对这三个行业的目标债务水平或最优资本结构的区间建议。

同样，对于 PPP/BOT 项目而言，最优资本结构同样表现为一个合理的区间，而不只是某一个固定的数值。

费尔·布瑞登（Phil Breaden）等[52]根据经验总结了部分项目类型常见的债务水平，

见表 4.13。可以看出，项目融资在不同的行业中，项目的债务水平大致分布在 30％～80％的区间内，并且一般比重均在 50％以上，更加符合投资者发起项目融资，更多希望发挥高杠杆的优势。

表 4.13　　　　　　项目类型与债务水平经验[52]

项 目 类 型	常见债务水平	项 目 类 型	常见债务水平
通信	30％～40％	电力和煤气输送	70％～75％
煤矿	40％～60％	已签订购买协议的燃气电站等项目	75％～80％
电厂、高速公路	60％～70％		

2. 资本结构—债务水平经验区间

综合上述成果，可以总结提出不同基础设施项目常见的债务水平区间，见表 4.14。实际应用过程中，可以根据项目的特征、收益测算等情况，参考区间建议，提出 PPP/BOT 项目的资本结构—债务水平初步建议。

表 4.14　　　　　　资本结构—债务水平经验区间

项 目 类 型	部 分 行 业	常见债务水平
总投资较大的固定资产投资类	公路、港口、机场、轨道交通等	60％～90％
投入大、要求高的核心设备技术类	电厂、电站、污泥处理、垃圾处理、环境工程	50％～70％
运营管理要求高的综合运营管理类	具有稳定收益的公用设施，水、燃气、供热等	50％～70％

表 4.14 的经验区间值，在实际应用中，可以为 PPP/BOT 项目的各参与方初步提出资本结构—债务水平方案、评估自身利益目标提供参考。

3. 我国项目资本金制度

然而，在我国的项目建设政策中，推行的是"一刀切"的项目资本金制度。项目资本金本质是项目发起人即投资者自身的出资额，首先主要特性是非债务性，投资者的出资对投资项目而言是非债务性资金，项目法人原则上应不承担资本金的任何利息和债务；其次是收益性，投资者可按其出资的比例依法享有项目的权益；第三是不可撤销性，资本金可以进行股权转让，但在清算以前不得以任何方式抽回[53]。可以看出，我国规定的项目资本金制度，实质是项目投资者、发起人在项目的"权益资本"投资。

目前，国家对各行业固定资产投资项目的最低资本金比例的规范见表 4.15[54]，从表中可以看出，国家对投资规模较大的固定资产项目，要求落实的项目资本金比例较大（大于 30％），而对于城市水务、环保等总投资规模较小的其他项目，通常要求落实的资本金比例反而较低（20％）。

表 4.15　　　　　　我国对项目资本金比例的最低要求

项 目 类 型	最低资本金比例	对应最高债务水平
钢铁、电解铝项目	40％	60％
水泥项目	35％	65％
煤炭、电石、铁合金、烧碱、焦炭、黄磷、玉米深加工、机场、港口、沿海及内河航运项目	30％	70％

续表

项 目 类 型	最低资本金比例	对应最高债务水平
铁路、公路、城市轨道交通、化肥（钾肥除外）项目	25％	75％
保障性住房和普通商品住房项目	20％	80％
其他房地产开发项目	30％	70％
其他项目	20％	80％

相比而言，世界银行对 2011 年世行 PPI 项目数据库 80 个 PPP 项目的债务/股本比例进行了统计[55]，如图 4.5 所示，可以看出，各国对 PPP 项目并无显著的最高债务水平或最低权益资金比例限制。但是，PPP 项目的本贷比例分布表现出了一定的集中度，约 57％项目的债务权益比例分布在 70∶30，16％的为 60∶40，10％的为 80∶20。

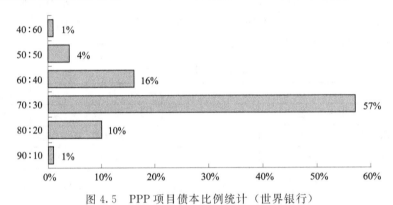

图 4.5　PPP 项目债本比例统计（世界银行）

我国 PPP/BOT 项目资本结构—债务水平的选择，与国家规定资本金比例一致，其中项目的权益资本一般大于 30％，债务资本通常限制在 70％以内，投资者根据项目类型、收益情况等项目特征和自身特征进行综合决策的自由度极小。因此，针对所有 PPP/BOT 项目，我国政府对于权益资本的投入比例要求相对严格。

诚然，实施项目资本金制度，对工程建设项目的实施有积极推动作用[56]，例如，国家有针对性地对不同领域设置门槛，可以极大地减少和避免"半拉子工程"和"尾巴工程"，一定程度上可以确保项目资金及时足额到位，对于提高工程质量、保证建设工期、尽早实现项目社会和经济效益都起到了积极作用；对于放贷方而言，项目发起人的资本金表明了发起人对项目市场前景的信心，也反映了项目公司股东实力情况；项目资本金能够对投资者形成一种约束，促进投资者提高风险意识、投入精力确保项目建设完工和运营，保证项目的债务偿还能力；此外，对于投资者而言，与资产负债率一样，合理的资本金比率可以使项目公司保持合理的负债比率，避免过重的财务负担，有利于项目的持续稳定运营。

但是，实际中政府、放贷方几乎对所有项目（不论项目类型与特征）都要求严格服从"资本金制度"，这对于具有低债务水平特征的项目，投资者可能因此而被动投入大量的高成本权益资本。这种现象，对于我国股本金短缺、资本金短缺的现状而言，更是"权益资本"的巨大浪费，"项目"和"资本"未合理对接和匹配，较不利于经济社会的更好发展。

4.3.2 资本结构—债务水平选择的框架思路

从 PPP/BOT 项目的基本特征和我国资本金制度都可以看出，项目的资本结构受到了项目发起人（投资者）、政府、放贷方（银行等金融机构）等多方目标的约束。基于资本结构的基本原理和各方的目标分析，结合综合评价方法和资本结构决策方法，研究 PPP/BOT 项目资本结构的各方目标和合理资本结构—债务水平的决策流程。

1. 各方利益目标与关键指标分析

PPP/BOT 项目的发起人和参与人，都有自己的利益和目标。例如，政府主要关心社会福利、物有所值等社会效益，发起人则重点关心项目风险和收益，具体的用户则关心项目的收费价格，放贷方则关心项目的贷款偿还能力和自身资本的获利[57]。作为 PPP/BOT 项目的发起人，投入权益资金，主要是便于项目公司进行外部融资，特别是债务融资，其次代表了发起人努力成功运作项目的信心，因为债务提供人（放贷方）往往不懂专业的开发、运营和管理，政府通过项目引来了长期资金支持[58]，所以发起人的权益资本将有利于各方的合作推进。但是由于权益投资相对高风险，投资者必然要求相对高回报，而 PPP/BOT 项目的回报主要基于项目未来的现金流，高风险、高回报必然要求项目具有高净现金流和较高的收费水平。反过来，投入大量的权益资本将影响产品或服务的效率[59]。因此，在 PPP/BOT 项目中，合理的本贷比例（权益资本与债务资本的比例）是资本结构选择的关键。

总体来看，PPP/BOT 项目的资本结构体现了发起人（或发起人联合体，投资者）对项目公司价值的判断，体现了政府（公共方）实施项目对社会效益的判断，体现了放贷方（银行）对项目偿债能力的判断，以及体现了用户对公平效应的判断。满足各方的利益目标是确定项目负债比例的前提和基础。本部分将基于财务分析、社会学理论和前述研究成果，构建出实现各方利益的目标函数和函数包括的关键量化指标，为后续的整体分析框架和计算模型提供基础。

（1）基于自由现金流模型的发起人项目价值最大化。在 20 世纪 80 年代，美国学者拉巴波特、哈佛大学詹森[60-61]等提出了公司价值评估的自由现金流（Free Cash Flow，FCF）概念。在此基础上，后续研究逐渐建立起了自由现金流公司价值评估的模型和体系，目前已发展成为价值评估领域广泛使用的重要指标。从发起人角度出发，项目公司的价值基于 FCF 的计算过程主要如下：

1）平均资本成本 WACC。WACC 反映了权益资本成本和债务资本成本水平：

$$WACC = w_e r_e + w_d (1 - r_{tax}) r_d \tag{4.101}$$

式中：w_e 为权益资本比例；w_d 为债务资本比例；r_e 综合反映了资本市场行情、利率风险水平和公司经营风险等内容，可通过 CAPM 模型进行计算。

当权益资本或债务资本有不同来源及不同结构时，可对各项进行加权，即

$$WACC = \sum_i w_{ei} r_{ei} + \sum_i w_{di} (1 - r_{tax}) r_{di} \tag{4.102}$$

2）自由现金流 FCF。计算企业的自由现金流量，目的是了解在不影响企业持续发展能力的条件下，企业可以分配给其资本提供者的最大现金金额。根据其基本概念，计算企

业自由现金流的方法是：扣除企业所有经营支出、投资需要和税收之后，在清偿债务之前的剩余现金流量，即可以表达为 $FCF = $ 息税前利润（$1-$税率）$+$折旧$-$资本性支出$-$追加营运资本，对于 PPP/BOT 项目而言，通常无资本性支出，因此可简化为自由现金流$=$税后净收益$-$运营投资。

由于 PPP/BOT 项目是在政府特许经营授权下进行，价格和实际公共服务或产品的需求是项目公司价值的根本，为此可以定义 P 为服务或产品价格、Q 为项目的产量或服务的需求，成本费用参数主要包括建安成本（C_{ct}）、运营维护成本（C_{Mot}）及还本付息费用（C_{lt}）。对于 PPP/BOT 项目而言，建安成本和运营维护成本通常与项目的设计规模和产量有关。

可以表述为

$$FCF = P_t Q_t - C_{ct} - C_{Mot} - L_t = P_t Q_t - C_t \tag{4.103}$$

式中：C_t 为第 t 年的成本费用总额；$L_t = K_t + I_t$（本息之和）。

3）计算项目公司的获利价值 P_{value}。

$$P_{value} = \sum_{t=n}^{T_{op}} \frac{FCF_t}{(1+WACC_t)^{t-n+1}} = \sum_{t=n}^{T_{op}} \frac{P_t Q_t - C_t}{(1+WACC_t)^{t-n+1}} \tag{4.104}$$

式中：T_{op} 为特许经营期年限（假定含建设期），在第 T_{op} 年，项目将无偿移交政府（无负债，不计剩余价值），即满足条件 $w_{dTop} = 0$。

同时 P_{value} 还通常以项目的自有资金内部收益率 IRR 进行反映，即当 P_{value} 值为零时的折现率。

基于现金流模型的发起人项目价值目标函数，可以进一步细化发起人的目标需求，更好反映项目的经营效益、财务风险和盈利能力。此部分涉及的财务指标，鲁由明、陆菊春等[62-63]指出，项目资本成本、经营效益和盈利能力可以通过以下指标列出：

1）发起人的资本成本，具体又包括权益资本成本 r_e、债务资本成本 r_d 以及加权资本成本 $WACC$。

2）项目的经营风险，可用经营杠杆系数（Degree of Operating Leverage，DOL）表示：

$$DOL = \frac{Q_n(P_n - C_{vn})}{Q_n(P_n - C_{vn}) - C_{Fn}} \tag{4.105}$$

式中：C_v 为单位变动成本；C_F 为固定成本；n 代表第 n 年。

3）项目的财务风险，通常用财务杠杆系数（Degree of Financial Leverage，DFL）表示，反映项目负债对权益价值的影响：

$$DFL = \frac{EBIT_n}{EBIT_n - I_n} \tag{4.106}$$

式中：$EBIT_n$ 为第 n 年的息税前利润。

4）项目的盈利能力，主要指标是自有资金投资的收益率和全投资内部收益率。

$$\sum_{t=1}^{T_{op}} (CI - CO)_t (1+IRR)^{-t} = 0 （或 P_{value} = 0 时，WACC = IRR） \tag{4.107}$$

式中：CI 为自有资金投资现金流量表中的现金流入；CO 为现金流出；IRR 为自有资金投资的内部收益率。

$$\sum_{t=1}^{T_{op}}(CI'-CO')_t(1+IRR')^{-t}=0 \tag{4.108}$$

式中：CI' 为项目全投资现金流量表中的现金流入；CO' 为现金流出；IRR' 为项目全投资的内部收益率。

（2）基于福利经济学的政府社会效益最大化。从政府角度看，采用 PPP/BOT 模式的作用是减轻财政压力，目标是提升社会效益、引进专业服务和提升服务质量及效率，最终的目标是最大化项目的社会效益。社会效益最大化被认为是 PPP/BOT 项目的主要追求目标[57,64]。社会效益的评价有定性和定量分析。例如，赵国富和王守清[65]通过对 BOT 项目特点和项目社会效益评价的研究，定性建立了 BOT 项目社会效益评价指标的筛选矩阵表，筛选出了一套社会效益评价指标体系，包括了社会方面和经济方面的综合指标。Yang 和 Meng[64]在需求假定下，从"有"或"无"BOT 项目的政府角度出发，对 BOT 项目的社会福利进行了定量分析，将社会效益定义为所有用户使用项目产品或服务的增值（愿意承受的价格与实际付出价格之差）与发起人项目成本的差额，以此建立了社会福利目标函数：

$$S=\frac{1}{\beta}\left\{\sum_{w\in W}\int_0^{d_w^n}D_w^{-1}(w)\mathrm{d}w-\sum_{a\in\bar{A}}v_a^n t_a^n\right\}-C_n \tag{4.109}$$

式中：第一项为社会用户愿意为服务支出的成本；第二项为用户在本项目中实际付出的成本；第三项为 PPP/BOT 项目的建造和运营成本[64]（其中 β 定义为资本价值的转换系数）。

Ucbenli[66]的研究认为，对于 BOT 项目而言，政府在 BOT 项目中的受益可以分为两阶段：首先是在特许经营期内作为社会成本降低、就业、税收等综合社会效益的获得者，而对于移交以后，则是作为项目的所有者和持续运营者。直观看，政府在运营阶段、特许期内的直接收益将低于直接经营的收益，因此，政府通常要求尽量减少特许经营期的年限来提高自身目标价值。

综合上述成果，对于 PPP/BOT 项目而言，其社会效益应全面考虑项目的阶段特征，即就政府而言，社会效益的最大化，应包括运营管理阶段和移交后的阶段，在式（4.109）的基础上，可将其目标函数表述为

$$S_{value}=\sum_{t=n}^{T_{life}}\frac{p_t'Q_t'}{(1+r_t)^{t-n+1}}-\sum_{t=n}^{T_{life}}\frac{p_tQ_t}{(1+r_t)^{t-n+1}}-\sum_{t=n}^{T_{op}}\frac{C_t}{(1+r_t)^{t-n+1}}+\sum_{t=T_{op}}^{T_{life}}\frac{CF_t}{(1+r)^t}$$

$$\tag{4.110}$$

式中：第一项为对项目全周期内，所有需求量 Q'、社会用户意愿支付价格 p' 的总社会成本，综合刘子玲、赵国富等的研究成果，所有需求量 Q' 可以根据项目覆盖区域范围内的需求进行预测，社会用户意愿支付价格 p_t' 可以基于社会评价、福利经济学等，根据对用户效率提升的综合评估确定（如节约时间的价值）[57,65,67]；第二项为在特许权经营期内实际用量 Q、实际价格 p 的社会用户实际支付成本；第三项为特许权经营期内发起人（投资者）为项目的开发建设运营投入的成本；第四项为项目移交后政府单方面获得的项目净现值，由于 PPP/BOT 项目多为公益性项目，享受有一定的税收优惠，本书研究政府获得的经济效益时，假设不考虑在特许权经营期内政府获得的税收收益。

当 S_{value} 值为零时，可得政府获得项目社会效益的 IRR。

在式（4.110）中，如何根据效率的提升，求解项目的社会用户意愿支付价格是一个难点工作，其目标是要将项目带来的效率提升转化为可量化的价值。本书中，对公路项目而言，综合刘子玲和吕永波等[67]的研究和介绍，社会用户意愿支付价格可以通过式（4.111）求解，式（4.111）直接和间接反映高速公路开通对社会的贡献。对于其他项目而言，原理相似，即将提升的效率反映为可量化的价值。

$$p' = W_L/L = (T_s A_w S + T_s A_l SC_l)/L \tag{4.111}$$

式中：W_L 为通过项目所节约的时间对劳动者可产生的总效益；L 为项目的收费里程；T_s 为劳动者通过项目往返的节约时间；A_w 为劳动者往返所节约时间中用于工作的比例（直接产生价值）；A_l 为劳动者往返所节约时间用于闲暇的比例（间接产生价值）；S 为劳动者平均工资收入；C_l 为劳动者闲暇价值系数。

国外的研究中，通常提取劳动者工资收入的一定比例为劳动者利用闲暇时间可以产生的价值，这个比例可以从 25% 到 150% 不等[67]。

基于公共方的目标函数，可以构建出评价社会效益的可量化指标：

1）在特许期运营阶段的社会价值获得，即社会成本节约（Social Cost Savings，SCS，即运营期内社会效益的净现值），集中反映了项目对社会成本（价格）和效率（量）的贡献：

$$SCS = \sum_{t=n}^{T_{op}} \frac{p'_t Q'_t}{(1+r_t)^{t-n+1}} - \sum_{t=n}^{T_{op}} \frac{p_t Q_t}{(1+r_t)^{t-n+1}} - \sum_{t=n}^{T_{op}} \frac{C_t}{(1+WACC_t)^{t-n+1}} \tag{4.112}$$

2）项目在移交后阶段的经济价值获得，即移交后价值 NPV_{trans}：

$$NPV_{trans} = \sum_{t=T_{op}}^{T_{life}} \frac{CF_t}{(1+r)^t} \tag{4.113}$$

3）项目寿命期内的社会效益内部收益率 IRR：

$$\sum_{t=1}^{T_{life}} \frac{p'_t Q'_t}{(1+IRR)^{t-n+1}} - \sum_{t=1}^{T_{life}} \frac{p_t Q_t}{(1+IRR)^{t-n+1}} - \sum_{t=1}^{T_{op}} \frac{C_t}{(1+IRR)^{t-n+1}} + \sum_{t=T_{op}}^{T_{life}} \frac{CF_t}{(1+IRR)^t} = 0 \tag{4.114}$$

（3）基于偿债能力的放贷方债权价值最大化。PPP/BOT 项目的债务资本大部分从商业银行和金融机构获得，如商业银行、出口信贷、多边机构（世界金融公司、世界银行、亚洲开发银行、欧洲开发银行）等。随着金融市场的逐步完善，债务资本来源还包括有养老基金、保险资金、政府基金和市场化专业化运作的基础设施基金等。显然，项目融资的有限追索、关注完工担保、未来现金流偿还本息等特点，决定了其与商业银行普通贷款有较大的区别。作为债务资金提供方，项目融资的安排方或参与方，关心的要素主要可以从三个方面进行考虑，分别是自身资本的获利能力（银行经营项目债务资本的获利）[68]、项目每年的偿债覆盖率（DSCR）和项目的贷款期覆盖率（CLLCR）。以银行为例：

$$L_{value} = \sum_{t=n}^{T_{op}} \frac{K_t + I_t}{(1+WMCF_t)^{t-n+1}} - \sum_{t=n}^{T_{op}} \frac{D_t}{(1+WMCF_t)^{t-n+1}} \tag{4.115}$$

式中：K_t 为第 t 年的本金偿还；I_t 为第 t 年的利息偿还；D_t 为第 t 年的贷款余额（含新增贷款）；$WMCF$ 为放贷方的资金边际成本，反映了银行风险资本与债务资本的综合[68]。

$$WMCF_t = R_w k_e \lambda + IR(1 - R_w \lambda)(1 - r_{tax}) \tag{4.116}$$

式中：IR 为银行同业利率；r_{tax} 为银行企业税率；k_e 为银行权益资本成本；λ 为银行最小资本充足率。

国际巴塞尔银行监管委员会在 20 世纪 80 年代就提出了银行最低资本充足率的要求，我国在 20 世纪 90 年代中后期开始的金融体制改革中也确立了这个风险控制指标，中国银监会发布的《商业银行资本管理办法（试行）》，明确我国商业银行的核心一级资本充足率不得低于 5%、一级资本充足率不得低于 6%、资本充足率不得低于 8%[69]。

式（4.116）中 R_w 为交易风险权重，可以通过监管机构就银行资本化要求的百分比得出，如 2012 年 6 月 7 日中国银监会《商业银行资本管理办法（试行）》规定，商业银行对一般企业债权的风险权重为 100%[69]。

当 $Lvalue$ 值为零时，体现了银行在此交易的 IRR。放贷方实现价值最大化，一定程度上反映了 PPP/BOT 项目的整体偿债能力。实际上，考量项目全过程，同样价值目标，都可以通过不同的现金流量组合得以实现。然而，就具体时点而言，由于债务的刚性支付特征，项目的经营现金流是否与项目的债务特征相匹配，是评估债务融资的关键。目前，通常用来评估偿债能力的指标主要有偿债覆盖率（$DSCR$）和贷款期覆盖率（$LLCR$）。

$$DSCR = \frac{OCF_n}{K_n + I_n} \tag{4.117}$$

式中：OCF_n 为第 n 年的经营现金流量。

此外，除单独计算具体时点 n 的偿债覆盖率以外，实际中还会计算出一定时间段的平均偿债覆盖率（$AYDSCR$），以此更好评价项目在一定区间内的偿债能力。

在考察某个时点或某个时间区间的偿债覆盖率基础上，还应考虑在时点 n 时，项目剩余经营现金流的折现值与在时点 n 的未偿还债务的比率关系，即贷款期偿债覆盖率（$LLCR$）。

$$LLCR = \frac{\sum_{t=n}^{n+T_d} \frac{OCF_t}{(1+r)^t} + DR_n}{\sum_{t=n}^{n+T_d} \frac{K_t}{(1+r_d)^t}} \tag{4.118}$$

式中：DR_n 为项目公司的可用偿债储备（如有）；K_t 为第 t 时间点的贷款本金偿还量；r_d 为项目的贷款利率。

显然，对于放贷方而言，在项目全过程中，$DSCR$ 和 $LLCR$ 的值均应大于 1，其中 $DSCR$ 反映的是某个时间点或区间经营现金流与债务本息之间的关系；现金流对于放贷方债务清偿能力，$LLCR$ 反映的是时间点之后，发起人自由可用的现金盈余对于放贷方的债务偿还能力。

根据 Gatti 等的研究，不同项目类型的偿债覆盖率经验值见表 4.16[68]。在实际应用中，可以根据不同放贷方的要求和项目实际进行综合确定。

表 4.16 利用项目融资的各领域偿债覆盖率及贷款期覆盖率

项　目　类　型	平均 DSCR 值	平均 LLCR 值
电力：商业电厂（无包销协议）	2.0～2.25	2.25～2.75
仅一个收费合同	1.5～1.7	1.5～1.8
在涉及管制业务的情况下	1.3～1.5	1.3～1.5
交通/运输	1.25～1.5	1.4～1.6
电信	1.2～1.5	—
水	1.2～1.3	1.3～1.4
废能发电	1.35～1.4	1.8～1.9
其他民间融资行为	1.35～1.4	1.45～1.5

此外，正如前述，对于 PPP/BOT 项目而言，另外的重要约束条件是，在移交时刻，即第 T_{op} 年，财务模型中的项目债务归零，即 $n=T_{op}$ 时：

$$L_{T_{op}}=K_{T_{op}}=I_{T_{op}}=D_{T_{op}}=0 \tag{4.119}$$

对于放贷方而言，基于其目标函数和对项目公司偿债能力的要求，其关键量化指标如下：

1）放贷方在项目上获得的投资收益率（IRR_l）：

$$\sum_{t=1}^{T_{op}}(CI_l-CO_l)_t(1+IRR_l)^{-t}=0 \tag{4.120}$$

2）放贷方要求项目具备的 $DSCR$：

$$DSCR=\frac{OCF_n}{K_n+I_n} \tag{4.121}$$

3）放贷方要求项目具备的 $LLCR$：

$$LLCR=\frac{\sum_{t=n}^{n+T_d}\dfrac{OCF_t}{(1+r)^t}+DR_n}{\sum_{t=n}^{n+T_d}\dfrac{k_t}{(1+r_d)^t}} \tag{4.122}$$

2. 资本结构—债务水平确定流程

上述构建了 PPP/BOT 项目的资本结构—债务水平三方目标的基本价值函数和各目标下的关键量化指标。在确定债务水平过程中，简单而言，各方目标总体表现为项目的三种能力和三方面的目标需求，即基于投资人角度的盈利能力和价值需求，基于公共部门角度的社会福利能力和社会效益需求，基于放贷方角度的偿债能力和资本盈利需求，三者表现的逻辑关系如图 4.6 和图 4.7 所示。按照层次分析 AHP 的思路，三者构成的 PPP/BOT 项目资本结构—债务水平选择指标体系如图 4.8 所示，由于目标体系均为客观指标，因此可采用熵权理论进行综合评价，而避免了目前大都采用的 AHP 主观赋权的综合评价方法。

斯特凡诺·加蒂[68]对发起人和贷款人识别可持续的债务/权益组合进行了论述，指出该问题可以通过一个反复试验的过程进行求解，即发起人建议的债务/权益比例方案，分别求解发起人和贷款人的目标需求，对比项目的能力，如果可行，则得到最优的债务/权益比例组合。显然，这种方法存在有两种不足：①没有考虑公共部门对社会效益的目标需

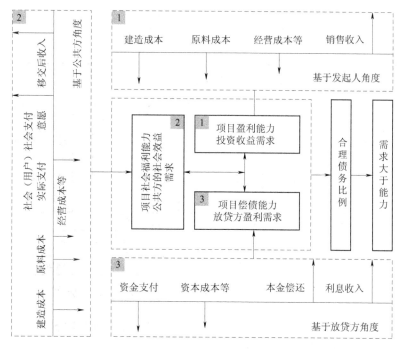

图 4.6　确定资本结构—债务水平的各方能力与需求逻辑

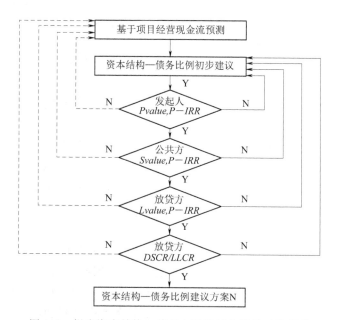

图 4.7　提出资本结构—债务水平建议方案的工作流程

求；②能够通过发起人和贷款人的债务/权益组合方案可能有多个，如何考虑多个"合理"资本结构（债务水平），无法解决。

在综合 Gatti 和本书研究成果的基础上，建议对 PPP/BOT 项目资本结构中的债务水平（即债务/权益组合值）按照"四步法"进行确定，最优债务水平的确定过程如下。

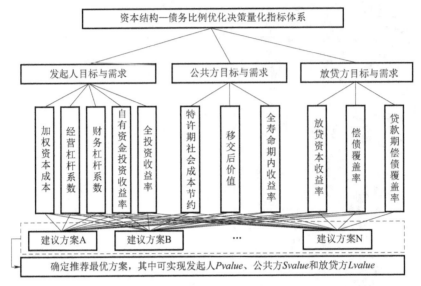

图 4.8 综合评价资本结构—债务水平方案的量化指标体系

第一步：提出初步建议方案。根据本书研究的项目类型、项目阶段和实际经验值，由各方分别提出债务水平的多个初步建议方案。

第二步：筛出建议可行方案。根据流程图（图 4.7），筛选提出分别符合三方目标的债务/权益组合的多个建议方案，完成对第一阶段初步建议方案的筛选。

第三步：综合评价最优方案。通过熵权理论的多目标决策方法（客观量化赋权），对第二步提出的多个建议方案进行多目标下的综合评价（图 4.8），评价得出项目的最优债务水平方案（最优债务/权益组合）。

第四步：动态调整与优化。针对项目的不同阶段进行动态监控、评价或调整（重复第一步和第三步）。

上述对资本结构中的债务水平决策过程和方法进行了研究，基于文献调研、案例分析、自由现金流模型、AHP 分析思路和熵权理论，构建了资本结构—债务水平确定的"四步法"，在全面总结本书各部分研究成果的基础上，最后梳理提出了 PPP/BOT 项目资本结构选择的"五步法"。本章主要结论如下：

（1）PPP/BOT 项目的资本结构—债务水平表现有四个明显的基础特征，即相同项目类型的资本结构特征表现有比例一致性或趋势一致性、项目的收益特征与资本结构特征表现具有关联性、项目的不同阶段表现有不同的资本结构特征、项目的最优资本结构表现为一定的区间特征。通过案例分析和文献调研，分别总结了与四个特征对应的债务水平，提出了资本结构—债务水平区间经验值，这为后续的债务水平选择和最优债务水平决策提供了基础。

（2）建立了 PPP/BOT 项目发起人项目价值、公共方社会效益和放贷方债权价值的不同目标需求函数，以及多目标下的量化指标、多层次指标体系模型。基于项目经营现金流和三方的目标函数，构建了资本结构—债务水平的"四步法"选择流程，即：①各方提出初步建议方案；②筛选提出分别符合三方目标的债务/权益组合的多个建议可行方案；

③通过熵权理论的多目标决策方法（客观量化赋权），对多个建议方案进行多目标下的最优评价，得出项目的最优债务水平最优方案；④针对项目的不同阶段进行动态监控、评价或调整。基于本章研究结论，最后选取某 BOT 高速公路的实际案例，对 PPP/BOT 项目资本结构—债务水平选择进行了实证分析，分析结果较好地验证了本书研究的实用性。

（3）在分析 PPP/BOT 项目资本结构选择的影响因素、了解 PPP/BOT 项目的投融资行为特征、掌握 PPP/BOT 项目发起人和发起人联合合理"股权结构"选择以及调整机制、合理"债务水平"求解和优化的基础上，本书最后梳理提出了 PPP/BOT 项目资本结构选择的框架和流程，即资本结构选择的"五步法"，分别是：①观察和评估影响因素；②确定联合体和合理的股权结构；③确定合理的债务水平；④按需动态调整优化股权结构；⑤按需动态调整优化债务水平。

（4）针对资本结构—债务水平的研究成果，对我国施行的项目资本金制度进行了介绍和对比。相比合理的负债比例决策方法、建议值或国际经验，我国政府对于基础设施项目的资本金比例"一刀切"的要求相对严格。从资本金来源的界定看，随着经济金融的不断发展，发起人筹资方式不断创新，PPP/BOT 项目的资金渠道正逐步多元化。为此，建议加快放开我国的资本比例制度，提倡通过市场主体来推进项目、通过科学的方法来选择合理资本结构，以避免阻碍基础设施、公用事业等项目的开发。

第 5 章

水生态文明城市建设项目风险管理

　　2013 年以来，我国启动了 100 多个水生态文明城市建设试点，目的在于完善水生态文明建设制度政策体系，因地制宜探索水生态文明建设途径，探索不同类型的水生态文明建设模式和经验。水生态文明城市建设作为我国城镇化建设发展过程中重要的社会性工程，是落实国家新型城镇化发展战略，提升人民群众幸福感和满意度，促进城市发展方式转型升级的系统工程。水生态文明城市建设涉及范围广且深，项目一旦出现风险，其社会影响将会是巨大的。因此，分析研究水生态文明城市建设项目可能面临的风险因素，提前做好风险处置和应对措施，降低风险水平，对于保障建设项目的成功具有重要意义。项目风险管理作为项目建设过程中重要的工作环节，对于水生态文明城市建设项目的质量有着非常大的影响。在这样的情况下，如何更好地进行水生态文明城市建设项目风险管理，是一个值得研究和探索的问题，对水生态文明城市的建设具有较大的意义。

5.1　项目风险管理

　　"风险"，用通俗的话来说，就是对于未来结果好与坏的不确定性，风险包括广义的风险和狭义的风险。广义的风险指的是事件的结果会有各种不同的可能，包括好的结果、坏的结果、不好也不坏的结果；狭义的风险则侧重结果是坏的方面，即事件的结果只能带来损失，不能带来收益。殷庆华[70]就"狭义的风险"指出风险是指在事件或活动中存在的，某种特定的危险事件发生的可能性及其造成的后果。风险一般具有四个要素：危险事件、危险事件发生的可能性、危险事件发生的后果和危险事件发生的原因。其中，危险事件发生的可能性以及危险事件发生的后果是项目风险管理措施制定的主要参照依据。按照危险事件发生的可能性高低以及危险事件发生后果的严重程度，可将风险划分为四种类型，如图 5.1 所示。

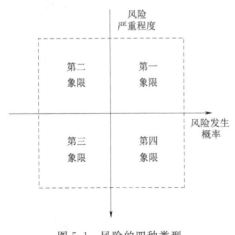

图 5.1　风险的四种类型

其中，处于第一象限的风险属于高风险问题，处于第三象限的风险属于低风险问题，处于第二象限和第四象限的两类风险的定性需要根据项目负责人的主观经验进行判断，不同的人判断结果有可能不同，因此很多时候需要借助该领域的专家针对不同的项目情况对风险进行较为合理的评价定性。

在本书中，项目风险管理中所涉及的"风险"指的是狭义的风险，风险管理是对影响结果发生的各种不确定因素进行发现和判断，并通过选择合适的方法使其影响不超出可以承受的范围。风险管理的最高境界是，用非常小的成本满足目标达成所需的保障[71]。现代风险管理起源于德国，20世纪30年代在美国兴起，20世纪50年代以后才发展成为一门独立的学科，近些年来更是逐步成为国际上关注的热点[72]。项目风险管理实际上是一种动态的管理过程，其目的是为了取得最理想的项目目标，在管理活动中综合性地识别判断、分配、控制项目流程中的各种风险。项目风险管理要做的是通过项目风险的识别与评估，结合实施各种风险管理措施，增加积极方面事件的发生概率与影响程度，减少消极方面事件的发生概率与影响程度，追求的是以最低的成本完成最大的项目任务。

目前，国际上对项目风险管理的定义还未统一，但其本质是一致的。Ibrahim等[73]认为，项目风险管理是由风险识别、风险分析与风险对策提出组成的一个系统。Boehm[74]认为，项目风险管理是包括风险评价（风险识别、风险分析、风险排序）和风险控制（风险管理规划、风险监控计划、跟踪和纠正措施）两个部分、六个要素的综合管理活动。李莉和孙攸莉[75]认为风险管理的一般分析框架与工作流程包括风险识别（风险因子、风险类型、风险触媒）、风险分析（风险发生频率、风险后果预测、风险应对策略）、风险分级（风险分级、确定重点、风险评估）、风险管理（风险监测、风险控制、风险决策）。彭春武和李翔宇[76]将风险管理定义为风险出现之前，通过对相关信息的收集、分析以及管理反馈，从而更好地判断工程项目可能出现的潜在风险。为更好地进行水生态文明城市建设项目风险管理，本书基于实际项目的研究从一般操作层面将项目的风险管理分为风险识别、风险评估和风险控制三个环环相扣的环节。

5.2 项目风险的识别

风险识别，简单来说，就是风险管理的主体运用一定的风险分析方法和技术，对研究对象的风险进行认识与类型辨别，在此基础上寻找导致风险出现的各种可能因素的过程。风险识别阶段对项目的风险管理是至关重要的。一方面，风险识别是风险管理的基础，风险管理的后续步骤都要基于风险识别的结果进行分析与评价，通过风险识别，一些已经浮现的风险问题能够得以及时发现，还有一些潜在的不确定性问题也能在一定程度上得以挖掘，并且通过对挖掘出来的风险进行总结和归类，可为风险管理人员采取风险应对措施提供便利，从而及时、有效地降低风险发生的概率以及由此带来的损失，提高项目建设效率。另一方面，风险识别也是基础工程项目高效、合理、健康运营的重要前提。通过加强风险识别的意识与力度，能够促进风险管理人员对项目建设的全方位了解，能够明确各参与单位在项目建设、运营与管理过程中的分工，提高各自工作责任的透明度，通过风险分担机制降低单一部门的风险承担力度，从而提高风险应对效率[77]。

5.2.1　项目风险识别方法

通过对不同文献研究进行整理分析，风险识别常用的方法主要有德尔菲法、头脑风暴法、SWOT 分析法、核对表法、图解技术法、情景分析法等。表 5.1 为以上几种方法的对比。

表 5.1　　　　　　　　　　　　项目风险识别方法对比

方　法	优　点	缺　点	适　用　范　围
德尔菲法	集思广益、准确性高；能表达出分歧点，扬长避短	分析结果易受组织者、参与者的主观因素影响；花费时间较长，费用较高	适用于大型工程
头脑风暴法	激发想象力，有助于发现新的风险和解决方案；让主要的利益相关者参与，有助于全面沟通；速度较快易于开展	形式相对松散，无法提出有效的意见；可能会出现特殊的小组情况；实施成本较高，要求参与者的素质较高	适用于问题比较简单、目标比较明确的情况
SWOT 分析法	考虑问题全面，分析直观，使用简单	受主观因素影响较大，对分析者能力要求较高	适用于有成功案例的项目
核对表法	简单，易于掌握	对单个风险的来源描述不足，没有揭示出风险来源之间的相互依赖关系	适用于一般项目风险识别
图解技术法	可识别技术风险和非技术风险；直观、逻辑性强	耗费时间长，不能详尽描述细节，缺乏定量分析；需要管理者有经验丰富	适用于识别技术风险和非技术风险的大型项目
情景分析法	对于未来变化不大的情况能够给出比较精确的模拟结果	操作复杂；有些情景可能不太现实	适用于持续时间长的大型项目
直接控制图法	不需要太多的历史数据，可减少常规控制图中搜集大量统计数据建立控制线的困难	适用范围狭窄，需要较精确地将项目工程划分为单个工程	适用于单一工程

（1）德尔菲法，又名专家意见法或专家函询调查法，起源于 20 世纪 40 年代末期，目前应用已遍及经济、社会、工程技术等各领域。其做法是众多专家就某一专题依据系统的程序，采用匿名的方式发表意见，调查者以反复问卷的形式，集结问卷填写人的共识以及多方面的意见，经过几轮征询，使专家小组的意见趋于集中，最终得到符合真实情况的结论。

德尔菲法的应用步骤如下：

1）挑选项目内部、外部的专家组成小组，专家们不会面，彼此互不了解。

2）要求每位专家对所研讨的问题进行匿名分析。

3）所有专家都会收到一份全组专家的综合分析答案，并要求所有专家在这次反馈的基础上重新分析，如有必要，该程序可重复进行。

（2）头脑风暴法，又称"集思广益法"，是通过邀请项目参与主管、管理专家，在一位主持人的主持推动下，诱发专家们产生"思维共振"，以达到互相补充并产生"组合效应"，获取更多的未来信息，最终得到项目风险因素的一种群体决策方法。

（3）SWOT 分析法，是从项目的内部、外部环境的优势（strength）、劣势（weakness）、机遇（opportunity）、威胁（threat）各方面进行分析，依据矩阵形式排列，通过系统分析的思想，将各因素相互匹配起来，从中得出一系列相应的结论的一种方法。

SWOT 分析一般分成以下五步：

1）列出项目的优势和劣势，可能的机会与威胁，填入 SWOT 矩阵的Ⅰ、Ⅱ、Ⅲ、Ⅳ区，见表 5.2。

2）将内部优势与外部机会相结合，形成 SO 策略，制定抓住机遇、发挥优势的战略，填入 SWOT 矩阵的Ⅴ区。

3）将内部劣势与外部机会相组合，形成 WO 策略，制定利用机会、克服劣势的战略，填入 SWOT 矩阵Ⅵ区。

4）将内部优势与外部威胁相组合，形成 ST 策略，制定利用优势、减少威胁的战略，填入 SWOT 矩阵Ⅶ区。

5）将内部劣势与外部挑战相组合，形成 WT 策略，制定弥补缺点、规避威胁的战略，填入 SWOT 矩阵Ⅷ区。

表 5.2

SWOT 矩 阵

项　　目	Ⅲ　优势 列出自身的优势	Ⅳ　劣势 具体列出弱点
Ⅰ　机会 列出现有的机会	Ⅴ　SO 战略 抓住机遇、发挥优势战略	Ⅵ　WO 战略 利用机会、克服劣势战略
Ⅱ　挑战 列出正面临的威胁	Ⅶ　ST 战略 利用优势、减少威胁战略	Ⅷ　WT 战略 弥补缺点、规避威胁战略

SWOT 分析有下面几个要点：

1）SWOT 分析重在比较，特别是项目的优势、劣势要着重与行业平均水平的比较。

2）SWOT 分析形式上很简单，但实质上是一个长期累积的过程，只有对项目自身和所处行业准确认识才能对项目的优劣势和外部环境的机会与威胁有一个准确的把握。

3）SWOT 分析必须要承认现实，尊重现实，特别对项目自身优劣势的分析要基于事实的基础之上，要量化，而不是靠个别人的主观臆断。

（4）核对表法，是将人们经历过的风险事件及其来源用一张核对表罗列出来，便于打开思路，找出该项目潜在的风险因素识别方法。例如，对涉及研究相关内容的且引用次数较高的文献进行风险因素的识别，通过采用文献频次分析法来保证风险识别的有效性和可靠性，在此基础上，对于不同描述的同类风险进行归纳总结，以设计文献频次大于 N 次的风险因素作为所研究项目的风险因素，以得出具体的风险识别清单。

（5）图解技术法，是指一类用图形分析项目风险的方法，包括因果图、系统或流程图、影响图等。其中，因果图又被称作石川图或鱼骨图，用于识别风险的成因；系统或流程图显示系统的各要素之间如何相互联系以及因果传导机制；影响图显示事物间的因果影响。

（6）情景分析法，也称为脚本分析法或前景描述法。假设某一现象或趋势将持续到未来，通过分析系统内外相关问题，设计各种可能的未来前景，然后用类似于剧本的写作手法，对系统的发展状态做出从头到尾的情景和画面的描述，如果一个项目持续很长时间，它通常会考虑到它的技术、经济和社会因素。可以通过情景分析来预测和识别项目的关键风险及其影响程度。

情景分析法可以通过筛选、监测和诊断，给出某些关键因素对于项目风险的影响。图5.2是一个描述筛选、监测和诊断关系的风险识别元素图。该图表述了风险因素识别的情景分析法中的三个过程使用着相似的工作元素，即疑因估计、仔细检查和征兆鉴别，只是在筛选、监测和诊断这三种过程中，这三项工作的顺序不同。具体顺序如下：

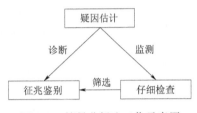

图 5.2　情景分析法工作示意图

筛选：仔细检查—征兆鉴别—疑因估计。

监测：疑因估计—仔细检查—征兆鉴别。

诊断：征兆鉴别—疑因估计—仔细检查。

（7）直接控制图法。直接控制图最早主要是用到小批量的工业生产中，可以大大减少常规控制图中搜集大量统计数据建立控制线的困难。在工程建设项目中，每个项目都有一次性的重要特性，在对单一项目进行风险识别时，想搜集到足够的前期数据是不可能的事情。因此，考虑到项目风险识别中涉及的数据较少，很难使用传统的统计过程控制。采用直接控制图法进行项目风险的识别，每个阶段每个指标都有最大和最小的预期值，可以直接用来建立直接控制图的控制线，从而在项目的实施过程中识别项目风险。由于直接控制图的建立不需要太多的历史数据，因此更适用于单一项目的风险识别。

直接控制图可概括为在项目建设规格中心线至上、下规格限的 1/2 处分别画一条线，这两条线称为控制线。两条线之间的区域称为绿色区域，两条线与规格限之间的区域称为黄色区域，规格限以外称为红色区域，如图 5.3 所示。

项目实施的过程可以分解为多个不同的阶段，每个阶段都有各自不同的特点，同样也都有几个指标，如时间、质量、费用等，在用直接控制图识别项目某个阶段的风险时首先要选出几个关键的指标，如项目实施时间，每个指标都会有一个范围，记第 i 个指标的预期最大值为 $X_{i\max}$，预期最小值为 $X_{i\min}$，预期均值为 X_{i0}。如某个项目第 i 阶段的预算时间为 8 天，实际实施时所需时间

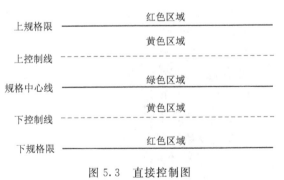

图 5.3　直接控制图

最长不能超过 10 天，由于施工的难度，最短可能不能短于 6 天。单个项目及每个项目各阶段的各个指标值的绝对值可能会有很大的差别，因此，单纯地用指标的绝对值来设计控制图是不可行的，也是不现实的。为此，选定相对指标 Y，其中 $Y_i = \dfrac{X_i - X_{i0}}{X_{i0}}$。对应 $X_{i\max}$ 和 $X_{i\min}$，分别有 $Y_{i\max} = \dfrac{X_{i\max} - X_{i0}}{X_{i0}}$ 和 $Y_{i\min} = \dfrac{X_{i\min} - X_{i0}}{X_{i0}}$。同理可求得该阶段所有关

键指标的相对值 $X_{1\max}$、$X_{2\max}$、$\cdots$、$X_{n\max}$ 以及 $Y_{1\max}$、$Y_{2\max}$、$\cdots$、$Y_{n\max}$，取算数平均值：

$$Y_{\max} = \frac{\sum_{i=1}^{n} Y_{i\max}}{n}, \quad Y_{\min} = \frac{\sum_{i=1}^{n} Y_{i\min}}{n}.$$

其中，$Y_{\max}$ 和 $Y_{\min}$ 均在区间 [−1，1] 内。定义 $Y_{\max}$ 和 $Y_{\min}$ 分别为该阶段风险指标允许的最大值和最小值，对应到控制图上即为最大预期限和最小预期限。在 $Y=0$ 处画一条线即为预期中心线。再在最大预期限和预期中心线以及预期中心限和最小预期限之间的 1/2 处分别画一条线，叫作上警示线和下警示线，这样就构建了项目某个阶段风险识别的控制图。控制图建立好之后还要对控制图上的区域进行划分，如图5.4所示。

在图5.4中，上下警示线之间的区域为运行平稳区，表示落在该区域的指标运行正常，暂时没有构成风险的可能；上警示线与最大预期线、下警示线与最小预期线之间的区域称为风险警示区，表示进入该区域的指标已经构成风险，要注意监控；最大预期线和最小预期线之外的区域称为风险高发区，表示进入该区域的指标已经构成风险，要重点监控。对控制图划分区域的目的是为了识别项目风险。

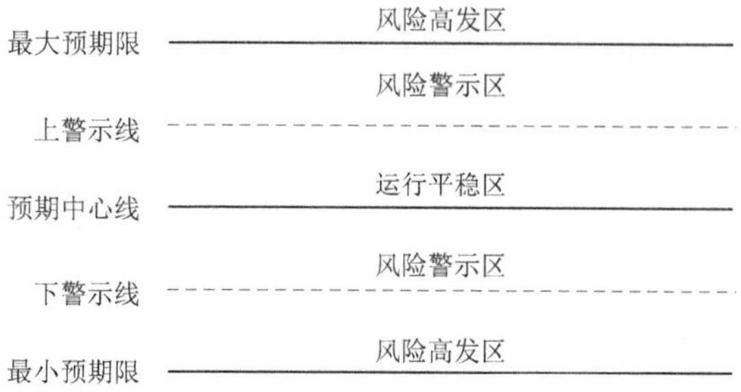

图 5.4　项目某阶段风险识别的直接控制图

用直接控制图识别项目风险时，要视风险指标的类别而定，主要的控制指标有以下三类：第一类为待考察的指标有一个变化范围，超出这个范围就视为风险，离边界线距离越远风险越大。对应到图5.4中，也即运行平稳区表示三级风险区域，风险警示区表示二级风险区域，风险高发区表示一级风险区域。第二类是指标值要求越小越好的指标，如进度指标。对这类指标进行控制时，风险区域的边界线与第一类风险指标的有所不同。如图5.4所示，上控制线以下的区域均为三级风险区，上控制线和最大预期限之间的区域为二级风险区，最大预期限之外的区域为一级风险区，预示着该区域的风险最严重。第三类是指标值要求越大越好的指标，如质量指标。对这类指标进行控制时，对风险区域的划分为：下控制线以上的区域均为三级风险区域，下控制线和最小预期限之间的区域为二级风险区，最小预期限之外的区域为一级风险区。

项目风险区域划分后，可以根据项目的实施情况，将项目的实际数据经过相对值转换后在控制图中描点，根据指标的类型和点的位置来判断该阶段某个指标的风险级别。如果是第一类指标，描点出现在图5.4的运行平稳区，说明该指标是三级风险，运行正常，暂无超标的可能；如果落在风险警示区，说明该指标尽管暂时没有超标，但未来有超标的可能；如果落在风险高发区，说明该指标已经超标，构成了风险，这就是风险识别的成果。

5.2.2　项目风险识别方法在水生态文明城市建设中的应用

1. 德尔菲法在水生态文明城市建设项目中的应用

水生态文明城市建设项目风险识别按照图5.5所示的流程进行。首先通过阅读大量相关领域的文献概括出风险因素，并对其进行必要的整合梳理，形成初步的风险清单；然后运用德尔菲法，邀请水生态文明城市领域的 10 位专家和业内实践者对初步的风险清单进行几次反复的评价反馈，剔除影响程度较小或重要性较低的风险，并对初步风险清单进行必要的补充，获取最终的风险清单。

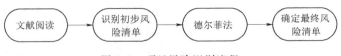

图 5.5　项目风险识别流程

2. 核对表法和图解技术法在水生态文明城市建设项目中的应用

在以往的风险识别研究中，往往采用一种风险识别方法，而这些方法都有一定的局限性和适用范围。所以，针对水生态文明城市建设项目，可以用核对表法和图解技术中的流程图进行风险识别。同时采用两种风险识别方法，既可以弥补两种方法的不足，又可以详尽地对风险因素进行识别。基于此，构建水生态文明城市建设项目风险识别流程如下：

首先，在风险识别开始时，一方面，通过核对表法对网络/文献资料中涉及的风险因素进行整理归纳，初步识别风险；另一方面，通过流程图法绘制流程图识别项目建设阶段过程中涉及的重要风险。其次，结合初步识别的风险和识别的重要风险，拟定初步风险清单。再次，通过增补项目的重大风险，确定最终的风险清单。其中，重大风险因素的来源可以出自行业规定，根据国家发改委《关于开展政府和社会资本合作的指导意见》对于政府和社会资本合作的重要意义、合作原则和合作模式及范围等方面的指导意见，旨在鼓励和引导社会投资，增强公共产品供给能力，促进调结构、补短板、惠民生。其中，在该意见中提取出主要的风险因素包括审查机制、价格管理、专业能力、绩效评价、回报机制等。最后，除考虑以往文献和国家政策条文中涉及的水生态文明城市建设项目风险因素外，还应根据实际项目的情况进行调整，使得本书的研究能理论与实践相结合，能兼顾学术界和实业界的共同经验与看法，不至于完全脱离实际，能够恰如其分地将理论与实践相结合。由于现阶段我国水生态文明城市建设项目较少，因此可选取国内外相关的基础设施建设项目，根据已有项目中出现的重大风险和导致项目最终出现问题的风险作为风险清单的增补风险。

3. 直接控制图法在水生态文明城市建设项目中的应用

在前面对项目单个阶段风险识别的控制图法做了介绍之后，再讨论用直接控制图法识别一个项目的整体风险就比较容易了。一个项目可以分解为不同的阶段，各个不同的阶段构成一个项目。但是整个项目的风险并不是各个阶段风险的简单累积，不可能靠把各阶段识别出来的风险简单加总得出整个项目的风险。单个阶段的风险识别注重的是个体的特性，主要考虑该阶段的特点，而整个项目的风险识别要能体现出项目的整体特征，概括项目的整体特点。

尽管单个阶段的风险识别不同于整个项目的风险识别，但是在建立整个项目风险识别的直接控制图时，还是要考虑项目的各个阶段，这样建立出来的控制图各个阶段的预算限就有所不同，从而控制线以及风险分区也就不同。图 5.6 是对水生态文明城市建设项目按照生命周期划分的整个项目风险识别的直接控制图。当然，项目各个阶段的划分要视具体

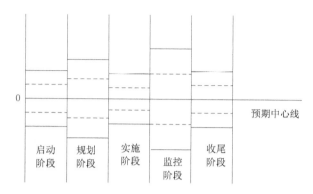

图 5.6 　整个项目风险识别的直接控制图

情况而定，除了按流程划分外，还可以有别的划分方法。

在项目的风险识别时，方法同上，也是将指标值进行相对值转换后在已做好的控制图中描点，根据点的位置判断是否构成风险。如果某个指标仅在项目的某个阶段构成风险，则只是在这个阶段的风险识别时作为风险处理；如果某个指标在项目的几个甚至所有阶段都构成风险，则需要在整个项目的风险识别时都要作为风险处理，并且要在该指标连续两次或总共三次构成风险时，采取必要的措施进行处理，以防影响之后的项目进程。

5.3 　项目风险的评估

水生态文明城市建设项目的风险识别只解决了项目中风险因素的发现问题，需要对这些风险因素进行更深的分析和评价才能科学地认识这些风险因素，并具体地反映出这些风险因素对项目目标的影响特点和影响程度。风险评价是指对已经识别出的风险因素，根据其对项目目标的影响程度、发生概率等综合地进行定量和定性的描述，风险评价的目的在于为风险应对与监控提供明确的参考依据。

在现有决策环境与管理条件下，评估小组要分析突发事件发生的可能性，以及可能的影响范围与后果；在加工整合处理各方面收集掌握到的信息情况的基础上，分析预测评估项目实施后可能出现的各种风险因素，对可能引发的矛盾冲突或损害程度做出评估预测，形成分析和评估报告；要确保评估研判过程中的客观性和科学性，不受外界因素干扰和影响。另外，从技术和管理两个层面进行全面审查；划定事故风险的标准值，并据此进行风险分级，评价事故风险的大小，以确定管理的重点；根据风险分级准确把握可能引发的损害事件大小及其激烈程度，对可能发生的风险做好防控和化解方案；认真调查研究评估报告涉及的相关不确定情形和问题，在深入分析研判的基础上，将相关工作建议提交有关部门[78]。风险评价的主要过程如图 5.7 所示。

1. 风险因素数据收集

风险评价是建立在风险评价指标体系之上的，而指标体系首先建立在对每一个风险因素的重要程度、发生概率的综合判断的基

图 5.7 　风险评价的主要过程

础之上。项目风险是一种需要结合类似开发项目的经验总结或历史经验得到的，或者根据项目的客观评价标准得到的，如经济指标、绿色建筑功能性指标等量化数据综合进行衡量。由于水生态文明城市建设项目具有综合性强、要求标准高、由于地区特点不同难以复制的特点，很难获得可靠、科学的历史资料，因此需要借助水生态文明城市建设项目的专家经验进行专业评判获得参考数据。

2. 选择风险评价模型

风险因素指标的评判数据是为度量风险评价指标提供依据，而要对整个项目进行风险评价还需要选择并建立合适的综合风险评价模型进行分析。水生态文明城市建设项目具有综合性强、高度复杂、涉及专业多的特点，在项目风险评价上不仅要考虑项目整体的评价，还要能对某一类风险进行独立评价。因此，针对水生态文明城市建设项目的风险评价，需要选择既能进行综合评价的分析模型，也能对专项风险进行分析的评价模型，只有这样，评价模型才能客观全面地分析水生态文明城市建设项目的风险。

3. 项目风险评价

风险评价模型对项目风险进行综合评价之后，得出的各项风险评价值将为风险应对、风险监控和处理措施的决策提供明确的依据。并且，决策者可以通过项目风险综合评价值了解项目的全面风险。2013 年以来，水利部启动全国水生态文明城市建设试点工作，截至 2018 年，已圆满完成试点验收城市 41 个。因此，我国可以结合相关成果，并结合一般项目的风险评价方法理论和实践研究的成果，进行水生态文明城市建设项目的风险评价。

5.3.1　项目风险评估研究

尹小延[79]在城市轨道交通项目融资风险评价中，提出了基于 IOWA－GRAY 的融资风险评价模型，将所构建的模型运用在郑州地铁 2 号线一期工程融资风险评价中，认为该工程融资安全等级高。Li 和 Liu[80]运用物元理论对 PPP 项目的风险评价进行了研究，在确定评价等级的基础上，确定了评价区物元矩阵、传统物元矩阵、评价指标权重和综合关联度。结果表明，该方法概念清晰，计算简单，能较好地评估风险因素的程度，具有较高的精度。王建波等[81]在城市地下综合管廊 PPP 项目风险评价研究中，提出基于集对分析理论的风险评价方法。将该模型应用到青岛高新区管廊 PPP 项目实际工程，结果表明该项目风险等级为"中等"，有向较低风险等级发展的趋势，同时验证模型具有可行性与合理性。肖建华[82]通过构建 PPP 项目风险指标体系，运用层次分析法研究了省域 PPP 项目的风险影响因素，结果表明经济运行环境是导致 PPP 项目风险的重要原因，其权重达到了 52.78％。要防范 PPP 项目风险，未来应从防范技术风险、预防与惩治腐败、完善 PPP 法律法规、合理划分市场收益等方面改进。韦海民和杨肖[83]在煤炭运输通道 PPP 项目风险评价研究中，依次采用等级全息建模（HHM）方法、解释结构模型（ISM）方法、OWA－灰色聚类评价模型方法对风险进行综合评价，结果表明，该模型能够有效评价煤炭运输通道 PPP 项目风险，可为煤炭运输通道 PPP 项目的投资者和管理者提供更科学、更有针对性的决策依据。谢飞等[84]在城市轨道交通 PPP 项目界面风险评价指标体系中，运用 ISM－ANP－Fuzzy 方法对城市轨道交通 PPP 项目的界面风险进行评价，从而得出城市轨道交通 PPP 项目界面的风险等级；最后，以某 PPP 项目进行实证研究，并根据界面的风险评价结果，给出具体的应对措施。王建波等[85]在城市轨道交通 PPP 项目风险评价研究中，提出基于改进熵权灰色模糊理论的风险评价方法。将该模型应用于青岛地铁 3 号线实际案例中，结果表明该项目风险等级为"中等"，评价模型具有合理性与有效性，同时提出相应的风险应对措施。宋博等[86]在城市轨道交通 PPP 融资风险评价方法研究中，提出基于 OWA 与灰色聚类的城市轨道交通 PPP 融资风险评价方法。应用构建的模型对郑州地铁 1 号线一期工程 PPP 融资风险进行评价，认为该地铁工程 PPP 融资风险等级高，应重点关注前期策划、社会资本、政策环境、设计质量、成本超支、建设质量、残值 7 个主要风险指标的控制。袁宏川等[87]在水利 PPP 项目投资风险评价中，提出基于云模型的模糊综合评价模型确定水利 PPP 项目投资风险模糊综合评价云模型，通过观察云图判断投资风险可接受程度等级。在湖南省莽山水库 PPP 项目的应用结果表明，该方法可为水利 PPP 项目投资风险论证提供一定的理论指导。李强等[88]在铁路 PPP 项目风险评价中，以山东临朐—沂水铁路工程 PPP 项目为案例进行分析，进行风险承担主体划分并提出风险控制措施，为我国铁路 PPP 项目风险分担与控制提供参考。李娟芳等[89]在建筑垃圾处理 PPP 项目融资风险评价中，提出基于相对熵理论的融资风险评价模型。首先，运用层次分析法和熵值法分别确定风险指标的主、客观权重；然后，运用博弈集结模型组合主客观权重，得到指标综合权重；最后，运用相对熵评价模型对建筑垃圾处理 PPP 项目主要参与方进行风险评价，为项目的风险控制管理提供参考依据。

Xu 等[90]在我国 PPP 项目风险评价模型的建立中，提出该研究旨在建立一个模糊综合评价模型，用于评估中国某一特定关键风险群体的风险水平和与 PPP 项目相关的总体风险水平。在研究的第一阶段，通过计算归一化值，筛选出最关键的 17 个危险因素。Zhang 等[91]在 PPP 风险评价中，提出了一种基于投影寻踪的 PPP 风险建模方法，称为投影寻踪风险评估模型。该方法在具体项目中的应用表明，该模型能够准确地估计 PPP 项目的风险水平，并能解释项目风险的趋势。Wang 等[92]在城市轨道交通 PPP 融资项目风险评价中，提出了一种基于 AHP 的 PPP 融资项目风险评价模式。本书首先从私营部门的角度对风险进行了全面、系统的风险识别，然后运用层次分析法对风险识别结果进行了风险评估，并对风险评估结果进行了分析，最后提出了相应的对策。Li[93]在 PPP 项目融资风险评估中，提出了一种基于风险矩阵的 BOT - BOC 风险评估方法，风险矩阵评价和风险预测的投资融资能力表明，当前此类项目的主要风险集中在政府项目融资管理水平低、相互合同中关键指标不合理、融资管理和工程实施中存在问题等。王苗苗[94]在 PPP 项目社会风险治理研究中，提出了一种基于 Agent 和系统动力学，采用计算实验的方法，系统性地对 PPP 项目社会风险治理进行研究。最后基于风险认知理论确定公众社会风险感知的影响因素，确定公众行为决策类型及决策转变路径，构建公众社会风险感知及感知削弱的测算 SD 模型，形成 PPP 项目社会风险治理的计算实验模型，并通过问卷调查获取数据进行实证分析，验证 PPP 项目社会风险治理计算实验模型的可行性，并探究影响 PPP 项目社会风险治理的影响因素。邵颖洁[95]在研究社会风险理论、脆弱性理论及社会网络理论中，明确了社会风险及脆弱性的内涵与特征，发现了脆弱性与风险之间的关系。在理论基础上，明确 PPP 项目社会网络构建方法，识别 PPP 项目利益相关方作为网络节点，分析利益相关方之间的关系强度为网络间的线赋值。针对 PPP 项目实施过程中网络个体受风险干扰后的情绪倾向与演化并分析利益相关方之间的关系强度影响因素因果关系，分别构建了离散选择模型和关系强度系统动力学模型，将两个模型整合，在 Anylogic 软件上构建 PPP 项目社会风险评估计算实验模型。将上述模型应用于香港西区海底隧道案例中，对该项目 PPP 合同期内的社会风险进行了评估，证明模型的适用性与可靠性均满足要求。

5.3.2　项目风险评估常用方法

项目风险评估常用方法有 IOWA - GRAY 赋权法、层次分析法、解释结构模型法、基于云模型的模糊综合评价模型法、基于投影寻踪的 PPP 风险建模法、基于风险矩阵的 BOT - BOC 风险评估法、离散选择模型法、系统动力学法等。以下是对部分常用风险评价方法的模型构建。

1. IOWA - GRAY 赋权法

有序加权平均（IOWA）算子是近年来发展的在多属性决策中用于集结各决策者的偏好信息或方案优选的方法。通过引进诱导 IOWA 算子，提出以误差平方和为准则新的组合预测模型，给出 IOWA 权系数确定的教学规划方法，该模型能有效提高组合预测精度。

在水生态文明城市建设项目中，首先通过先前步骤"风险识别"建立风险指标体系，利用 IOWA 算子区间数对评价指标进行量化处理，扩大专家对指标的认知范围，避免部分专家由于认知的局限性而导致在打分过程中容易出现极端值；然后对决策数据重新排序（由小到大），并结合 θ 函数进一步削弱边界极值的负面作用，提高赋权的科学性；最后从指标信息的灰色性出发，运用灰色白化权函数完成决策者评价过程的透明化，实现对目标的聚类评价。其具体步骤如下：

（1）令水生态文明城市建设项目风险评价指标的数量为 n，指标集 $A=\{a_i\}=\{a_1, a_2,\cdots,a_n\}$，根据区间数 $\overline{u}_{i,j}=[u_{i,j}^L,u_{i,j}^U]$ 求得指标 u_i 贡献度模糊评价值，$u_{i,j}^L$ 为决策者 j 对指标 i 根据区间数做的下限评价，同理上限评价值为 $u_{i,j}^U$。

（2）令指标 u_i 的决策数据为 $\overline{a}_i=[\overline{u}_{i1},\overline{u}_{i2},\cdots,\overline{u}_{in}]$，为消除极值的负面作用，对决策数据重新排序，构建出新的决策数据 $\overline{V}_i=[\overline{b}_{i1},\overline{b}_{i2},\cdots,\overline{b}_{in}]$。

（3）设变量的位置为 S，借助正态分布密度，计算新构建决策数据 v_i 的权重：

$$P_i=(p_s)=\frac{1}{\sigma\sqrt{2\pi}}e^{-\frac{(s-u)^2}{2\sigma^2}}$$

$$\mu=\frac{1}{n}\sum_{k=1}^{n}S$$

$$\sigma=\sqrt{\frac{1}{n}\sum_{s=1}^{n}(S-\mu)^2}$$

式中：μ、σ 分别为变量在位置 S 下的均值和标准差。

（4）根据权向量 P_i 的大小对数据进行加权处理，得到绝对权重区间 $[w_i^L,w_i^U]$，即

$$\begin{cases} w_i^L=\sum_{j=1}^{m}P_i b_{ij}^L \\ w_i^U=\sum_{j=1}^{m}P_i b_{ij}^U \end{cases}$$

（5）利用 θ 系数对区间边界的权重进行调整：

$$w_i = \theta w_i^L + (1-\theta) w_i^U$$

式中：θ 为区间下界权重所占组合权重的百分比；$1-\theta$ 为区间上界权重所占组合权重的百分比。

为缩小组合权值与区间上下边界权值的偏差，令 $\theta=0.5$。

（6）计算指标的相对权重：

$$W_i = \frac{w_i}{\sum_{i=1}^{m} w_i}$$

为方便决策者对水生态文明城市建设项目风险做合理的评价，将融资风险分为 5 个等级，用区间数表示，即安全等级低 (0, 2]，安全等级较低 (2, 4]，安全等级较高 (4, 6]，安全等级高 (6, 8]，安全等级很高 (8, 10]。

（7）决策者对水生态文明城市建设项目风险进行科学评价的前提是充分理解每个指标的信息，而风险评价指标往往较多，部分指标信息具有灰色性，造成决策者获取的信息充满不确定性，可将其视为一个灰色系统。因此，构建合适的灰色聚类评价模型是解决风险评价问题的关键。构建灰色白化权函数的前提是合理确定灰类中心点，为方便计算将最大值作为中心点。根据风险等级的范围，令中心点向量为 M (9，7，5，3，1)，构建适合水生态文明城市建设项目风险评价的灰色白化权函数 $f_5[d_{ijk}]$。

（8）确定评价矩阵。首先邀请 p 个专家根据自身的专业知识对指标 A_{ij} 进行打分，得到评价矩阵 $D_i=[d_{ijk}]_{s\times p}$。$d_{ijk}$ 表示专家 k 对 i 指标下分指标 j 大小的赋值，$k=1，2，\cdots，p$；s 为风险因子的数量。

（9）确定聚类权矩阵。令 $X_{ije}=\sum_{n=1}^{p} f_e[d_{ijk}]$ 为指标 A_{ij} 在灰类 e 下的聚类系数，总评价系数为 $X_{ij}=\sum_{e=1}^{5} X_{ije}$，聚类权向量为 $r_{ije}=\frac{X_{ije}}{X_{ij}}$，得到灰色聚类权矩阵：

$$R_i = \begin{bmatrix} r_{i11} & r_{i12} & r_{i13} & r_{i14} & r_{i15} \\ r_{i21} & r_{i22} & r_{i23} & r_{i24} & r_{i25} \\ \vdots & \vdots & \vdots & \vdots & \vdots \\ r_{ij2} & r_{ij2} & r_{ij3} & r_{ij4} & r_{ij5} \end{bmatrix}$$

（10）合成评价矩阵。二级指标聚类评价：$Z_i=W_i\times R_i$。之后，构建指标评价矩阵：$Z_0=[Z_1,Z_2,\cdots,Z_n]$，得到一级指标评价值：$M=w_0\times Z_0=[M_1,M_2,\cdots,M_n]$。

（11）计算指标评价值。为规避评价数据的二次丢失，对传统的聚类评估值进行改进，即将综合评价向量与测度阈值集结，得到目标风险等级。

$$M=w_0\times Z_0=[M_1,M_2,\cdots,M_n]$$

2. 层次分析法

层次分析法，简称 AHP，是把研究对象作为一个系统，按照分解、比较判断、综合的思维方式进行定性和定量分析的决策方法。即层次分析法是将决策问题按总目标、各层子目标、评价准则直至具体的指标层的顺序分解为不同的层次结构，然后用求解判断矩阵特征向量的办法，求得每一层次的各元素对上一层次某元素的优先权重。层次分析法比较适合于具有分层交错评价指标的目标系统，而且目标值又难于定量描述的决策问题。

在水生态文明城市建设项目中，需要建立风险指标评价体系，并将指标体系涉及内容按照层次分析法的规则分为目标层、准则层和指标层，如图 5.8 所示。

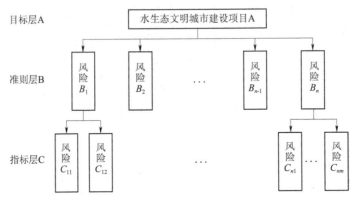

图 5.8 水生态文明城市建设项目风险指标体系

在此基础上，首先构造判断矩阵，即邀请水生态文明城市建设项目相关专家，按照水生态文明城市建设项目风险指标体系，采用德尔菲法对项目准则层涉及的风险因素进行重要性判定，确定各因素的相对重要性并赋以权重，采用 $1-9$（或 $1-5$）标度法构造目标层 A 到准则层 B 的判断矩阵 R_{AB}，并计算指标权重和进行一致性检验。计算步骤如下：

（1）构造判断矩阵。不同指标两两相互比较，根据重要性确定判断矩阵元素 r_{ij}，其中 $r_{ii}=1$，$r_{ij}=\dfrac{1}{r_{ji}}$。

（2）矩阵归一化。对矩阵 R_{AB} 的每一列进行归一化处理，得到新的矩阵 R'_{AB}，其中元素 $r'_{ij}=\dfrac{r_{ij}}{\sum_{i-1}^{n} r_{ij}}$，对 R'_{AB} 矩阵每一行求和，得出特征向量的元素 L_i，计算指标权重 W_i，对特征向量进行归一化处理，$W_i=\dfrac{L_i}{\sum_{i=1}^{n} L_i}$。

（3）一致性检验。计算矩阵最大特征值 $\lambda_{\max}$，并计算一致性指标 CI，$CI=\dfrac{\lambda_{\max}-n}{n-1}$，之后计算矩阵的一致性检验系数 CR，$CR=\dfrac{CI}{RI}$。对于 $1-9$ 阶判断矩阵，RI 为低阶平均随机一致性指标，RI 的取值通过查表得到，RI 取值见表 5.3。如果 $CR<0.1$，即保持显著性水平，判断矩阵是保持一致的；反之，未保持显著性水平，需要对判断矩阵权重进行调整。

表 5.3   *RI* 取 值

矩阵阶数	1	2	3	4	5	6	7	8	9
RI	0.00	0.00	0.58	0.90	1.12	1.24	1.32	1.41	1.45

通过确定的风险指标权重，便可为项目决策者提供风险控制的依据。

3．ISM－ANP－Fuzzy 模型法

ISM，即 Interpretative Structural Modeling Method（解释结构模型），解释结构模型法主要是将复杂的系统分解为若干子系统要素，利用人们的实践经验和知识以及计算机的帮助，最终构成一个多级递阶的结构模型。因此，较为适合分析比较在风险因素较多的情况下，风险指标对上级指标的解释程度，以确定风险指标体系建立的合理化。ANP，即网络层次分析法，是一种非独立递阶层次结构的决策方法，适用于指标因素间具有相关性的复杂决策系统。Fuzzy，即模糊综合评价法，其是根据隶属度理论把定性评价转化为定量评价，对受到多种因素制约的事物或对象做出一个总体的评价。因此，基于水生态文明城市建设项目构建 ISM－ANP－Fuzzy 模型的步骤如下：

（1）创建风险指标体系要素关系图。通过向水生态文明城市建设项目的相关参与人员发放调查问卷和专家访谈的方式挖掘要素间的相关性，创建要素间的关系图。以 V、T 来表示各指标因素间的逻辑关系，一般"V"用来表示上位要素对下位要素有影响，"T"用来表示下位要素对上位要素有影响。

（2）建立邻接矩阵。用"0""1"表示因素间的基本二元关系，由邻接矩阵通过编程计算求解可达矩阵，然后进行层级要素划分生成 ISM。

（3）计算未加权超级矩阵 W。设 ANP 的控制层中的元素为 P_1，P_2，…，P_n，而网络层有元素集 S_1，S_2，…，S_n，将控制层元素 P_i（$i=1$，2，…，n）作为准则，将 S_{jk}（$k=1$，2，…，n_j）作为次准则，对元素组 S_i 中其他元素对 S_{jk} 的影响大小进行比较，构成准则层 P_i 下的比较矩阵 W_{ij}，分别计算其权重向量。若两组元素相互无关则 $W_{ij}=0$。以此类推，可得到准则下各元素对元素组 S_i 影响大小的超级矩阵 W。

（4）计算加权超级矩阵 $\overline{W}$。通过比较在 P_i 中各组元素对准则 C_i 的重要性，得出加权矩阵 A，超级矩阵 W 的加权超级矩阵为：$\overline{W}=(\overline{W_{ij}})$，其中 $\overline{W_{ij}}=A_{ij}W_{ij}$。

（5）确定评语集并构建评价矩阵 R。确定评价对象的评语集，即确定风险指标的评价等级 $V=\{V_1，V_2，…，V_m\}=\{高，较高，一般，较低，低\}$，每个等级对应一个模糊子集。对上边建立的评语集 V 进行量化，赋值后的评语集为 $K=\{9，7，5，3，1\}$。确定评价因素集 $U=\{u_1，u_2，…，u_n\}$，其中 $u_i(i=1，2，…，n)$ 表示评价事物的第 i 个影响因素。之后，构建评价矩阵 R，如果在评价集中第 i 个因素的单因素评价集合为 $r_i=(r_{i1}，r_{i2}，…，r_{im})$，则其中 r_{ij} 代表评价集中第 i 个因素相对于第 j 个评语的隶属度。若对 U 中每个因素进行隶属度处理，就形成了 $U·V$ 的模糊评价矩阵。

（6）进行模糊评判。模糊评判矩阵的综合评价模型由前边 ISM－ANP 计算得到的权重集 W 和 Fuzzy 中得到的模糊评价矩阵 R 获得 $B=W·R$，其中 b_i 为模糊综合评价指数，然后进行归一化处理得到 $B'=(b'_1，b'_2，…，b'_m)$。最终对综合评价值进行计算：$D=B'T$。以此可知风险因素最高的部分属于控制层的某个部分，进而为项目决策者提供风险控制的建议。

4．基于云模型的模糊综合评价模型

云模型是由中国工程院院士李德毅于 1995 年提出的概念，是处理定性概念与定量描述的不确定转换模型。云模型是云的具体实现方法，也是基于云的运算、推理和控制等的基础。它可以利用正向云发生器表示由定性概念到定量表示的过程，也可利用逆向云发生器表示由定量表示到定性概念的过程。

　　事物的不确定性一般由模糊性、随机性和离散性等不同方面来表现，云模型在传统的概率论和模糊数学基础上，通过期望（E_x）、熵（E_n）和超熵（H_e）三个数值特征，将模糊性、随机性和离散性有机地结合起来，并实现了不确定性语言和定量数值之间的自然转换。由此可见，利用云模型改进多级模糊综合评价模型可较好地处理系统中的随机性和离散性。其中，期望 E_x 为评价数据的均值，是云滴在空间上分布的期望，能够代表定性概念的凝聚点；熵 E_n 可度量定性概念的不确定程度，熵值越大，表示定性概念越模糊，对应取值范围越广，云滴的离散程度越大；超熵 H_e 表征了度量熵的不确定程度。

　　在水生态文明城市建设项目中，首先需要确定指标重要程度标准云及评价等级标准云；其次在第一步的基础上建立项目风险模糊综合评价云模型。其步骤如下：

　　（1）设水生态文明城市建设项目的风险评价指标共有 n 个，对应风险评价指标的重要性程度集为 $W=(W_1, W_2, \cdots, W_n)$。评价指标的重要性程度一般可依次分为非常重要、较重要、一般、次重要、不重要等五个等级。项目风险的评价等级可分为可接受、有条件接受、接受风险大、不可接受等四个等级。而重要性程度与评价等级均为定性指标，具有一定的随机性和模糊性，各专家很难就评价指标的重要性程度给出一个具体的数值，只能根据以往工程经验做区间值估计，进行双边约束 $[C_{\min}, C_{\max}]$，$C_{\min}$、$C_{\max}$ 分别为专家认同的评语对应范围取值的下界最小值和上界最大值。云模型的三个基本特征参数计算公式为

$$E_X = (C_{\min} + C_{\max})/2$$
$$E_n = (C_{\max} - C_{\min})/6$$
$$H_e = k$$

式中：k 为常数，可根据模糊程度需要进行调整。

　　根据上述水利行业专家的反馈及公式可确定指标重要性程度标准表和风险评价等级标准表，见表 5.4 和表 5.5。

表 5.4　　　　　　　　　　　　　　　指标重要性程度标准表

重要性等级	$[C_{\min}, C_{\max}]$	E_x	E_n	H_e
非常重要	$[0.8, 1]$	0.900	0.033	0.002
较重要	$[0.6, 0.8)$	0.700	0.033	0.002
一般	$[0.4, 0.6)$	0.500	0.033	0.002
次重要	$[0.2, 0.4)$	0.300	0.033	0.002
不重要	$[0, 0.2)$	0.100	0.033	0.002

　　（2）确定风险指标评价云。邀请专家根据自身工程经验和评价规则对水生态文明城市建设项目风险评价中各个指标进行打分评价，记为 V_{mn}（m 为评价专家的人数，n 为评价指标的个数）。通过 Matlab 软件根据逆向云发生器算法获得各指标的评价云参数 V_j（$V_{Exj}, V_{Enj}, V_{Hej}$）（$j=1, 2, \cdots, n$）。

表 5.5　　　　　　　　　　　　　　风险评价等级标准表

风险可接受等级	投资方案评价标准	$[C_{min}，C_{max}]$	E_x	E_n	H_e
不可接受	风险无法预估、难以控制	$[0，3)$	1.500	0.500	0.010
接受风险大	风险可以预测、控制难	$[3，5)$	4.000	0.330	0.010
有条件接受	通过改进措施，风险明显降低	$[5，7)$	6.000	0.330	0.010
可接受	措施较完善，风险可以接受	$[7，8]$	7.500	0.167	0.010

（3）确定风险等级。根据确定的指标重要程度标准云 W_j（W_{Exj}，W_{Enj}，W_{Hej}）和指标的评价云参数 V_j（V_{Exj}，V_{Enj}，V_{Hej}），运用模糊综合评价方法，结合表 5.6 的运算规则，算得水生态文明城市建设项目风险的可接受程度级别 R。

表 5.6　　　　　　　　　　　　　　云 模 型 运 算 规 则

算符	E_x	E_n	H_e
$+$	$E_{X_1}+E_{X_2}$	$\sqrt{E_{n_1}^2+E_{n_2}^2}$	$\sqrt{H_{e_1}^2+H_{e_2}^2}$
$-$	$E_{X_1}-E_{X_2}$	$\sqrt{E_{n_1}^2+E_{n_2}^2}$	$\sqrt{H_{e_1}^2+H_{e_2}^2}$
$\times$	$E_{X_1}\times E_{X_2}$	$\|E_{X_1}\times E_{X_2}\|\cdot\sqrt{\left(\dfrac{E_{n_1}}{E_{X_1}}\right)^2+\left(\dfrac{E_{n_2}}{E_{X_2}}\right)^2}$	$\|E_{X_1}\times E_{X_2}\|\cdot\sqrt{\left(\dfrac{H_{e_1}}{E_{X_1}}\right)^2+\left(\dfrac{H_{e_2}}{E_{X_2}}\right)^2}$
$\div$	$E_{X_1}\div E_{X_2}$	$\|E_{X_1}/E_{X_2}\|\cdot\sqrt{\left(\dfrac{E_{n_1}}{E_{X_1}}\right)^2+\left(\dfrac{E_{n_2}}{E_{X_2}}\right)^2}$	$\|E_{X_1}/E_{X_2}\|\cdot\sqrt{\left(\dfrac{H_{e_1}}{E_{X_1}}\right)^2+\left(\dfrac{H_{e_2}}{E_{X_2}}\right)^2}$

5.4　项目风险的控制

风险控制是指风险管理者根据项目风险分析评估结果，采取各种措施和方法，消灭或减少风险事件发生的各种可能性或减少风险事件发生时造成的损失，其基本方法主要是风险回避、损失控制、风险转移和风险保留[96]。项目融资的风险控制是指在项目融资的风险识别、评估基础上采用各种合理的技术、经济手段对项目全过程中涉及的风险进行处理，以最大限度地减少或避免风险事件所造成的实际经济效益与预期经济效益的偏离，进而顺利实现项目预期效益的一种管理活动[97]。

5.4.1　项目风险控制概述

党的十八大以来，在水生态文明城市建设发展过程中，由于项目投资总额庞大，合同周期长的特点，各类风险也应运而生。这些特点和风险考验着在我国初步建设水生态文明城市阶段，政府、市场以及社会等各个群体应对各类风险的能力。当前水生态文明城市建设项目风险控制主要存在以下问题：

（1）缺少统一的法律及政府管理制度。任何项目的成功都离不开法律法规的保证，2014 年以来，PPP 模式在我国基础设施建设领域的广泛应用也充分体现了 PPP 模式在水生态文明城市建设方面可以大展拳脚。目前，国家发改委、财政部等部门相继出台了多项文件，大力支持 PPP 模式的发展，并且旨在规范 PPP 模式的持续运行。但是从目前的文件中，还是缺乏一定的系统性和全局性的考虑，这是 PPP 模式推行所面临的一个重大问题。

PPP 模式的应用必须依靠大量的合同来约束参与的各方，如果没有一个成熟的法律环境，无疑没有办法保障各方的责任履行和利益。我国在这条道路上才刚刚起步，因此法律法规相对较为欠缺，在遇到问题时，会无章可循、无法可依。这样就会给项目的风险控制带来难度。加之国家的不同政府部门出台的政策规定存在一定的区别，这样就会导致项目在出现风险时，依靠的法律依据混乱，加大了项目实施的难度。水生态文明城市建设项目属于准公益性项目，该项目在具备公益性的同时也具有一定的社会性。虽然政府通过 PPP 模式有效地撬动了社会资本，发挥了最大的效益，但是同时其必须做好监管工作，如果没有兼顾到效率和公平的话，也就失去了 PPP 项目最初设计的意义。目前也正是由于我国在水生态项目中的立法相对较为缺乏，导致了政府无法对水生态项目做到有效的监管。

（2）风险分担体系相对薄弱。银行的项目贷款风险主要是通过担保合同等有效法律文件转移给项目的其他参与方，使项目的各个参与方与自己一起形成有效风险分摊结构来共同承担项目的所有风险。这一过程涉及政府、投资者、供应商、金融机构等多个部门单位，这些部门单位和风险管理相关的业务工作的开展情况，是进行风险控制的必备基础，而我国这一基础相对薄弱，这在很大程度上制约了风险控制的快速发展。

（3）缺乏专业化机构人才，风险意识淡薄。水生态项目的风险控制是全流程的，各个阶段都有，如项目初期合同的谈判、项目资金的筹集、建设完成后运营的管理、项目获益后的计算和分配，这些都需要由专业的技术人员来操作才能保证项目的顺利实施。如果没有相应的专业化人才，就有可能无法保证项目的自身利益，甚至导致项目无法落地。

我国目前应该还是处于刚刚迈入 PPP 融资模式的起步阶段，无论是理论基础和实践经验都相对缺乏，人们对它的认识和研究还较少，我国在这方面的专业性人才也十分缺乏。随着近年来政府大规模地鼓励 PPP 融资项目的开展，现在该类项目已经由起初的单个投资者向多元化演变，一个项目中开始出现众多的参与方。但是，并不是参与方越多，对于项目的运行就更为有利。很多项目的参与方风险意识不强，相应的管理水平也不高，这样就有可能导致项目在运行过程中出现重大的问题，使政府承担更多的风险。

（4）金融市场开放程度不够。从国际上看，用于利率和汇率风险管理的金融衍生工具形形色色，种类繁多，且随着金融市场的发展不断有新的产品出现。而在我国，金融市场尚未完全开放，利用新型金融工具规避利率和汇率风险的手段比较少。例如，为了控制金融市场的波动风险，贷款银行可以采取一些掉期、期权、期货和远期等合约减少货币贬值风险，但目前我国仅开展了人民币对外币的远期外汇业务、择期业务，对外汇间的兑换开展了外汇期权、期货、择期业务，其他一些诸如掉期等业务在我国还没有开展，这无形中加大了我国境内项目金融方面的风险。

（5）银行融资贷前审查、贷后管理经验不足。从项目融资风险的识别、评价到风险的控制，每一环节都需要贷款银行有较高的整体驾驭能力和丰富的管理经验。这包括重点问题的判断能力、关键时刻的决策能力、内部关系的协调能力和在项目范围内技术经济、财务管理和预测等方面的能力。管理体制好的银行必定有较高的效率和效益，而缺乏经验和管理能力的贷款机构，可能导致融资项目风险丛生。

PPP 融资项目对于银行而言也是一个相对较新的事物，客户经理在接触这类项目时项目经验缺乏。一般 PPP 项目投资金额都比较大，项目在调研的初期参与方就会邀请银行等金融机构一同参与到方案的设计中来，所以在这期间内，银行需要进行详细的融资贷前审查，内容主要包括对参与主体的信用风险和经营能力的审查以及对项目合规性和未来收益能力的初步判断。但是由于客户经理此类项目经验的缺乏，就会有可能导致项目的风险审查不完善，从而影响决策。在项目的运营维护阶段，也就是项目的还款期内，银行必须充分考虑会影响项目收益的因素，任何一个市场风险点的变化都可能对还款能力造成影响，所以对商业银行而言，做好充分的市场风险调研工作是必要的。

水生态具备良好的行业背景，在经济下行、实业投资风险加大的市场环境下，在政府的积极倡导号召下，在政策红利的背景下，水生态文明城市建设项目成为资金追逐的目标，也是金融机构最青睐的项目。因此，很多政府融资都是围绕水生态做文章，如专项建设基金、政府投资基金、PPP、股权融资等投融资创新模式，近年来关于水生态的资本运营市场的投资力度逐步加大，随之而来的负债也是成倍增长，面临的融资风险管控问题不断加大。

随着债务违约风险也在不断增加，近年来中央出台的各种控制隐性债务的文件，将地方各级政府的融资渠道逐步封堵。在贷款到期时，企业如果无法收到投资收益或者没有新的资金进入。资本市场融资成本的不断上升将直接加重企业负担，从侧面加剧融资风险。

5.4.2 项目风险控制的意义

融资风险控制是 PPP 模式项目融资的核心问题，有效识别和评价 PPP 模式项目融资风险，提高融资风险控制水平，对 PPP 模式项目融资有重要的理论意义和实践价值。融资风险控制工具、手段和方法的运用，能有效控制项目融资风险，降低融资风险对项目的影响和损失发生的概率。融资风险控制的目标包括寻求成本与价值的平衡、树立项目良好的社会形象、维持项目的有效运营及减少员工的忧虑三个方面。

在项目建设过程中，应综合考虑多方面的因素，谨慎、客观地选择融资风险控制方法，例如，不能为了更好地控制风险忽略实施控制耗费的成本，给项目建设带来更多的负面效应。因此，在实施风险控制时，应对风险控制成本与挽回损失的价值进行比较，采取最佳的风险控制措施，减少项目整体风险损失，树立良好的社会形象。任何项目都会存在风险，只是风险的表现形式、时间等存在差异。风险发生使项目遭受损失时，往往会使人们对公司信誉、实力等有所怀疑，影响公司经营，同时还会给社会造成不同程度的危害。通过有效的风险控制措施，能有效减少风险事故和损失的发生，不仅能够保护公司利益，稳定员工的情绪，避免给社会造成危害，还能树立良好的社会形象。

维持项目的有效运营，减少员工的忧虑。一方面，现金流是保障项目有效运营的重要条件，而融资风险可能会对现金流产生不利影响，使现金流不能满足项目运营需求；另一方面，当出现重大风险事件时，往往给员工造成心理上的忧虑，严重影响员工的工作质量和效率。有效的风险控制能够缓解项目运营资金压力，减少员工的忧虑，维持项目的有效运营。

实施好风险管控具有以下积极的意义：

（1）在风险防范措施成本小和挽回损失的价值大上寻求平衡。在损失发生之前应分析、比较各种风险防范措施所需的费用，并进行全面财务分析，应在保证挽回损失的价值明显大于风险防范成本的前提下，用尽可能少的风险防范成本挽回尽可能多的损失价值，以谋求最为经济合理的风险防范措施。

（2）减少项目公司内部人员的恐惧和忧虑。风险事故带来的严重后果，会给人们心理上带来恐惧和忧虑。这种心理上的障碍无疑会严重影响人们的工作积极性和主动性，从而造成低效率甚至无效率的状况。通过风险控制措施能尽量减少人们心理上的恐惧和忧虑，消除后顾之忧，从而创造一个良好的生产和生活环境。

（3）消除不良的社会影响，树立良好形象。项目如果遭受风险损失，人们就会对项目公司实力、信誉和产品质量等产生怀疑，从而影响今后的生产经营活动的开展。另外，项目公司若遭受风险损失，无疑会对社会造成一定程度的危害。因此项目公司应该在损失发生之前实施防险、防灾计划，尽可能消除各种事故隐患，项目公司对自己负责任，对社会负责任，从而树立起良好的社会形象。

5.4.3 项目风险的控制研究

刘峰[98]以某污水处理厂为研究对象，运用定性与定量、理论与实际相结合和SWOT分析等方法，针对基础设施建设的投融资问题，尤其是基于BOT融资模式中的风险管理问题，进行了深入思考和研究，以期为企业的融资风险管理提供依据和参考。作者沿着"理论揭示—现状分析—方案设计—措施保障"的思路，对某污水处理厂的BOT融资风险管理问题进行了系统剖析，研究得出要规避风险应从组织、制度、管理等方面入手的建议。研究涉及的领域包括经济学、项目管理、金融学、会计等范畴，属于交叉性研究，并结合现实案例，提出一些应对策略。王丽杰等[99]以BOT项目融资理论为指导，从公共基础设施建设项目与我国项目融资模式运用实际入手，分析我国地铁建设过程中运用BOT融资模式遇到的问题和存在的风险，并探讨相应的解决方法及管控措施，进而以沈阳地铁建设项目融资模式的选用为案例，具体探讨了我国地铁建设项目采用BOT融资模式的可行性与路径选择，对我国地铁建设的BOT项目融资风险的控制具有积极现实的意义。谭颖[100]通过对某房地产公司的融资状况进行分析，选取11个财务指标作为对该公司进行融资风险评估的标准，采用专家打分法，最终得出风险评估模型，根据权重大小，确定该公司应重点控制的财务指标，评估出综合功效系数，评估出公司目前的融资风险状态。接着根据主要融资风险提出相应的控制策略。通过研究分析得出房地产公司在建立融资风险控制方案时应该系统统筹、综合考量，遵循系统性原则、合规性原则、重要性原则、适用性原则以达到降低公司债务违约风险、提升资金使用效率、优化融资结构、降低融资成本等融资风险控制目标。在控制目标的引领下，遵循风险控制的管理流程，由对公司融资风险的识别与评估，进一步到融资风险控制策略的选择，最后加以应用并设置相应保障措施用以完善整个控制方案，提高公司对融资风险的控制能力。

武培森[101]以压缩天然气项目融资风险管理作为研究对象，通过以定量分析和定性分析相结合、理论分析并重的研究方法，建立了融资风险管理的系统模型，同时通过对项目的风险进行识别与评价，通过专家调查法和层次分析法，判断项目中各种风险的权重，确定主要的风险因素，以便在风险控制时具有针对性。进而为项目融资进行科学决策，为有效防范融资风险提供理论和实践指导。作者根据所存在的问题，对项目融资风险进行识别，将风险分为非系统风险和系统风险，系统风险主要包括政策与法律风险、经济风险和自然环境风险，非系统风险主要包括施工与运营风险、环保与安全风险。然后对各风险进行评价，确定相应的风险防范手段和监控对策。顾曼[102]在 PPP 模式下城市轨道交通项目——公私双方风险管理研究中以公私双方共担风险为重点，逐个论述了公共部门和私人部门如何在城市轨道交通 PPP 项目风险管理上进行分工合作，并对于通货膨胀、不可抗力等风险的损失分配，提出了相应的博弈模型，为公私双方损失分配谈判提供借鉴。在识别城市轨道交通项目风险的基础上通过风险分担得到公私双方面临的风险，并进一步进行风险防范与处理措施的研究，一方面可以对项目风险进行全面管理，另一方面明确公私双方在风险管理上的合作要点和不同的侧重点，进而强化整个项目的风险管控能力。姜庆[103]在 PPP 模式融资风险管理研究中，以 A 污水处理厂升级改造 PPP 项目为例，在文献分析初次识别和头脑风暴二次识别后，定性地识别出 A 项目生命周期各阶段面临的融资风险；然后选用风险矩阵法定量地对风险进行评估，在此基础上分析风险分担规则，并对识别出的风险提出采取相应的控制策略，形成了一套在实际操作中可行的 PPP 融资模式融资风险管理的实施步骤及方法，为以后类似项目融资风险管理工作提供了参考。张智勇[104]通过对 PPP 模式下高速公路项目投融资风险管理的研究，提出采用文献分析对高速公路项目投融资的风险因素进行系统性识别，然后通过头脑风暴法对风险因素进行二次识别，再通过专家评审法对风险因素进行评分，完成风险因素的识别，进而确定了对 PPP 模式下高速公路项目投融资具有重要影响的风险清单。采用风险矩阵法对多个风险因素进行发生频率和发生后果重要性的评价，计算出各因素的风险度，识别出关键风险因素。最终对 PPP 模式下的高速公路项目投融资风险进行了合理有效的处理与把控。

丁凯[105]以中信银行贵州南明河污水处理项目为例，对 PPP 融资项目中的风险控制进行研究，针对项目融资风险的控制、项目价格风险的控制、项目收入风险的控制、政府支持风险的控制等方面进行分析，得出要对风险进行有效把控，需要从建立健全完善的水务 PPP 的法律体系、转变政府角色、设立 PPP 项目专职机构、培养专业人才、提高私营部门处理 PPP 项目的能力、重视贷前管理及项目贷款协议的管理、采取合理的风险分担方式等方面来提高风险的管控能力。罗刚[106]以成都市重大市政基础设施项目——金凤凰大道项目的融资决策为例，对地方政府基础设施建设项目的融资决策和存在的风险进行研究。作者采用理论研究和案例分析相互结合的方法，运用地方政府融资风险管理理论，分析成都市金凤凰大道项目的融资决策情况，识别评估该项目的风险因素，并且对风险的承担情况及控制手段进行研究。以便为政府在类似项目的决策和实施提供有益的参考。毕忠利[107]在城市基础设施 PPP 模式融资风险控制研究中，运用理论与实证研究相互结合的方法，对城市基础设施 PPP 模式项目进行分类，对融资风险进行识别，并建立了风险评价体系，通过优化层次模糊综合评价方法对其融资风险进行综合评价。最后，利用风险评价模型对固安县工业园区项目进行了研究，并提出我国城市基础设施 PPP 项目融资风险控制的政策建议。通过对基础设施 PPP 模式项目进行融资风险控制研究，为政府、私人等参与者建设和运营项目提供了理论依据。

陆敏明[108]以地方政府在 PPP 项目中融资风险控制为研究对象，主要采取文献分析法、案例分析法、归纳逻辑法等综合性研究方法，对 PPP 项目中融资风险进行深入的探讨分析。赵静[109]重点研究了环保 BOT 项目融资模式的风险管理。在明确了环保基础设施 BOT 项目风险管理这个概念的基础上，对环保 BOT 项目融资过程中可能出现的各个风险因素进行识别和进一步分类，之后运用创新的风险评估方法来对这些风险因素尤其是不确定性风险进行预估，在这个基础上我们再利用风险规避、自留、转移和抵消等手段来控制和防范项目融资风险，并创新地使用了风险价值模型对风险管理进行研究。在对 BOT 项目融资风险分析和评估的基础上，大量比较分析和风险评估的方法最终建立。通过引入多个图表介绍项目融资中可识别的风险，并针对每一个识别出的风险因素进行深入研究。然后用层次分析法的一般步骤构建出项目融资风险的评估模型。滕铁岚[110]在基础设施 PPP 项目残值风险的动态调控、优化及仿真研究中，通过基于风险传导理论分析了 PPP 项目的风险传导效应，并运用因果分析方法推论了 PPP 项目风险传导的因果假设，通过构建结构方程模型（SEM）进行因果检验，最终形成 PPP 项目的风险传导网络。选取残值风险（Residual Value Risk，RVR）作为 PPP 项目风险控制中的重要指标，将研究视角置于整个项目全生命周期内，运用系统的风险管理思想从过程上控制 PPP 项目风险，并提高风险控制的成效，最终目的是构建 RVR 的反馈控制系统和优化控制系统，以此来实现 RVR 的动态调控和优化。

李昭[111]在水利枢纽灌区工程 PPP 项目投融资风险管理研究中结合德尔菲法、层次分析法、灰色聚类法，从而量化决策过程，使得评价结果贴近项目的实际。基于以往的研究并结合水利枢纽灌区 PPP 项目的特殊性，构建了水利枢纽灌区 PPP 项目投融资风险评价体系，采用 AHP 法确定风险因子权重，并运用灰色聚类法评价项目投融资风险。以避免对风险较大的项目进行投融资，进而确保资金安全。

肖云锋[112]在松山湖大学创新城 PPP 项目融资风险控制研究中，通过研究项目融资风险，以及信息不对称和利益相关者理论，提出项目融资风险控制和项目融资风险主体利益关系理论基础；接着通过阐述 PPP 项目融资特点和运作，进行项目 PPP 融资风险影响因素分析，研究 PPP 项目主体间权责关系、风险分担和控制方法。作者通过将松山湖创新城项目与 PPP 项目融资模式相结合，构建了 PPP 模式在工程项目中的运作模式，进行了 PPP 项目融资成本收益分析，并基于各类风险影响因素分析进行松山湖创新城 PPP 项目融资风险类别识别及寻求应对融资风险的策略，进行有效的风险评估并提出相关对策建议，为 PPP 项目融资风险控制提供理论基础。杨燕[113]在城市基础设施 BOT 项目融资的风险控制与政策建议研究中，根据项目融资模式自身的特点，运用项目管理、风险管理、技术经济学、财务管理中的基础理论以及定性和定量分析相结合的研究方法，并结合具体国情，对我国城市基础设施项目融资分别从发展现状、风险识别与度量、风险防范以及政策建议等四个方面进行了全面深入的研究分析。陈春华[114]针对我国能源企业项目融资财务风险控制的实际情况，从内部风险控制的控制环境等及其内外部存在的问题方面进行了阐述和思考；借鉴国外企业项目融资财务风险控制的经验和做法，对我国能源企业项目融资财务风险控制提出问题与对策，进而达到对能源企业项目融资财务风险有效防范与控制的目的，并提出优化内部财务风险控制的科学措施。作者从项目公司内部制度、项目公司操作执行和政府制定政策三个角度提出了我国能源企业项目融资财务风险控制建议。廖小平[115]以政府平台公司风险控制为研究对象，通过财务报表分析理论，使用案例分析法，对云南某国有水务公司的融资现状进行了全面分析，主要是使用指标分析法对企业的财务报表进行分析。在企业层面，要增加现金流，预防债务风险，制定理性的融资方案，将财务杠杆、资金成本和融资风险综合考虑，多开展跨境业务，降低融资成本，控制融资规模，使其与企业资产相匹配，最终达到降低企业融资风险的目的；在政府层面，要多推广PPP项目模式来减轻政府融资压力，做好项目的审批，减少不合理投资，并完善对地方政府的考核体系，适当调整招商引资的考核分值占比，做好分税制改革和对地方政府资金方的监督。陈荣荣[116]在项目融资风险评估与控制的研究中，结合项目融资自身的特点对贷款银行的环境进行分析，指出了银行对项目融资风险进行管理的重要性。在简单介绍项目融资和风险管理理论的基础上，对贷款银行风险进行系统的评估和控制，重点介绍了风险评估的方法以及风险控制的措施。

5.4.4　项目风险控制的具体措施

5.4.4.1　项目风险控制的基本方法

风险控制是实现项目目标，进行风险管理的关键。美国质量管理大师威廉·戴明博士曾提出"产品质量是生产出来的，不是检验出来的"。这种管理理念反映了单纯依靠被动的控制，不能满足工程目标控制的要求。所以为确保项目目标的实现，还必须要对项目目标实现过程中的各种不确定因素、内外条件进行控制，即风险控制。建设项目风险控制的基本方法主要有风险回避、损失控制、风险分担、风险转移等几种。

1. 风险回避

风险回避就是在风险事件发生之前将风险因素完全消除，即中断风险源，从而完全消除这些风险对自身可能造成的各种损失，遏制风险事件的发生。但风险回避不是指盲目地一味地回避风险，而是在恰当的时候以恰当的方式回避风险。

它主要有以下两种途径：

（1）直接通过终止或放弃项目的实施来回避风险事件的发生。例如，经过可行性研究后，发现实施该项目将面临较大的风险，并且会超出本身的承受范围，应该立即停止项目的实施，从根本上避免风险事件发生。

（2）通过改变原项目的计划、组织方式或改变工作地点、工艺流程、原材料等行动方案来回避风险事件的发生。

2. 损失控制

损失控制是指要减少损失发生的机会或降低损失的严重性，使损失最小化。损失控制主要包括预防损失和减少损失两方面的工作，也可以称之为事前控制和事后控制。事前控制是在风险发生前采取有效的预防措施，降低风险发生的可能性或者减少风险发生后可能造成的损失；事后控制是在风险发生后，及时采取有效措施缩小风险影响的范围，降低风险损失的程度，或者弥补已造成的损失。

3. 风险分担

合营模式的内涵就是公共部门与私营部门进行合作，并在合作过程中对风险进行分担。建设项目的风险分担主要指政府部门和私营部门之间通过谈判确定在项目建设和运营中发生的各种风险双方该如何分担，明确双方在这种风险中所应承担的权利和义务。

王守清等[49]通过研究认为比较达成共识的建设项目风险分担原则有如下三条：

（1）风险应该由最有控制力的一方承担。控制力的概念则包括：是否完全理解所要承担的风险、能否预见风险、能否正确评估风险对项目的影响、能否控制风险的发生、风险事件发生时能否管理风险和风险事件发生后能否处理风险带来的危害。由最有控制力的一方承担可以通过其自身对风险的控制能力，减少该风险发生的可能、节约风险管理的成本、相对降低风险发生后造成的损失和产生的不良影响。

（2）风险分担与所获得的收益匹配。Humphreys等[117]认为对于融资风险，私营部门在承担一定程度风险损失的同时，也有权利享有全部风险收益。例如，当风险损失超过私营部门承担范围的时候，政府承担超额部分的风险；但是在私营部门获取超额利益的时候政府却并不享有获得相应风险收益的权利。这样设计风险分担，可以达到尽可能吸引私人的投资，同时也能增加项目经济性的目的。

（3）有承担风险的意愿。参与方有承担风险的意愿意味着其有对该风险进行管理的积极性，能够充分发挥自身的风险管理能力和潜能。双方承担风险的意愿将直接影响谈判的进程，有关的主要因素有以下几个方面：

1）对风险的态度，即对风险的态度是厌恶还是偏好，主要取决于决策者的主观意识和性格等。

2）对项目风险的认识深度，如果一方对风险的诱因、发生的概率、发生后的不良后果以及可采取的措施有足够的认识，对应风险分担与所获得的收益匹配的原则，则可能乐意承担较多的风险。

3）风险发生时承担风险后果的能力，这主要取决于各方的应对能力和经济实力等。

4）管理风险的能力，这取决于各方管理风险的经验、技术、人才和资源等。

4. 风险转移

风险转移是指风险承担者通过若干技术和经济手段将风险转嫁给其他承担者。转移风险并不会减少风险的危害程度，它只是将风险转移给另一方来承担。建设项目风险转移方式主要有以下两种：一是通过合同或担保，可以将部分或全部风险转移给一个或多个其他参与者；二是通过购买保险的办法将项目风险转移给保险公司或保险机构，这是目前使用最为广泛的风险转移方式。

5. 风险减免

风险减免是指在项目风险发生前采取预防措施，降低风险发生的可能性或者减少风险发生所造成的损失，在风险发生后，采取有效措施缩小风险影响的范围，降低风险损失的程度，或者弥补已造成的损失。这是一种为了最大限度地降低风险事故发生的概率和减小损失幅度而采取的风险管理措施。风险减免措施可以分为事前预防措施和事后减免措施。

事前预防措施包括制订项目风险管理制度，任命项目风险管理经理负责项目风险识别、分析与控制，提高项目承担主体本身的抗风险能力，对实施项目的人员进行风险教育以增强其风险意识，还应制定出严格的操作规程以控制因疏忽而造成不必要的损失，采取严格的安全管理制度、监督制度，强化施工现场管理等，保持规范的信息沟通和交流等。这些措施都能够在某种程度上降低风险发生的可能性，或者减少风险发生造成的损失。

事后减免措施主要有风险应急计划和项目风险金两种。风险应急计划是在风险发生时所采取的紧急处理措施，包括人力、物力、经费等资源的调配和合理使用等计划。如当城市基础设施项目面临偿债危机时，若判断其属于非流动性危机，银行等金融结构从自身角度出发，可以停止对其新增贷款。项目风险金是承包商在工程总价上另外附加的一笔费用，用于应付那些难于预见和控制的风险，以确保承包商的利益。当然，项目有关的各方都可以从自己的利益出发，建立各自的应急计划和风险金。应急计划和风险金是项目承包商在投标过程中必须考虑的内容，尽管这样考虑有时会使承包商丧失一定的价格竞争力，但是，为了避免遭受更大的损失，这样做仍然是可行合理的。

6. 风险分割

风险分割是指将项目的活动或作业内容在时间和空间上进行适当区域划分，当风险发生时，其影响的范围在空间上、时间上受到了限制，从而缩小风险的影响范围，减少风险发生造成的损失。对于大型建设项目，这样的措施有时候是非常有效的，因为大型项目往往具备这样的任务侵害时空条件，而小型项目实施起来就会难度较大。

7. 风险利用

风险利用是指项目管理者通过承担一些风险，对风险加强管理，获得承担风险应该获得的丰厚的利润回报。风险中往往蕴含着利润，也就是说利润与风险并存，这就构成了风险的可利用性。

当考虑是否利用某种风险时，首先应分析该风险利用的可能性和利用的价值，其次必须对利用该风险所需付出的代价进行分析，在此基础上客观地检查和评估自身承受风险的能力。如果得失相当或得不偿失，则没有承担的意义，或者效益虽然很大，但风险损失超过自己的承受能力，也不宜硬性承担。

当决定利用该风险后，风险管理人员应制定相应的具体措施和行动方案。既要研究充分利用、扩大战果的方案，又要考虑退却的部署，毕竟风险具有两面性。在实施期间，不可掉以轻心，应密切监控风险的变化。若出现问题，要及时采取转移或缓解等措施，若出现机遇，要当机立断，扩大战果。

利用风险中蕴藏的机会是完全必要的，不去冒这种风险，就意味着放弃发展和生存的机会。但风险利用本身就是一项风险工作，风险管理者既要有胆略，又要小心谨慎。

5.4.4.2　PPP 融资模式下水生态文明城市建设项目不可控制风险的防范

1. 政治风险的防范

政治风险是投资者所无法控制的，风险大小主要受以下两个因素影响：一是项目的性质，不同性质的项目对城市的经济和政治影响将会是不同的；二是世界银行或地区开发银行在项目中的参与程度，一般世界银行或地区开发银行的参与，会给政府以信心和动力来支持该项目的建设和经营。

政治风险一旦变为现实，将对城市基础设施项目投资者带来毁灭性的打击。因此，对于政治风险较大的水生态项目，投资者往往选择风险回避的措施，不参与其中。另外，还可以通过以下几种方式防范城市基础设施项目的政治风险。

（1）要求政府或有关部门做出一定的承诺或保证。政治风险主要是政府行为对项目造成的风险，因而政府对此风险负有较大的责任。私人投资者可以与政府谈判，寻求政府或有关部门包括中央银行、税收部门等做出书面保证或承诺。

（2）为项目的政治风险投保。对于一些特定的城市基础设施项目，要寻求政府的保证或承诺可能非常困难，只能向商业保险公司或官方机构投保政治风险或寻求担保。可以提供政治保险的机构有很多，如中国人民保险公司提供政治保险，而且费率较低，非常适合此类项目的要求。

2. 市场风险的防范

对于城市基础设施项目市场风险的防范，关键是在项目初期做好充分的可行性研究，可以大大减少项目的盲目性。

3. 金融风险的防范

（1）通货膨胀风险的防范。在城市基础设施项目中，项目贷款者和股本投资者应该要求政府提供某种机制来规避货币贬值带来的风险。国际上规避通货膨胀风险的通行做法是，在项目的长期承购合同中，规定项目公司可以根据某种有关当地通货膨胀的指数定期调整项目产品或服务的价格，以应对物价上涨给项目公司带来的损失。

（2）利率风险的防范。利率风险主要由项目公司承担。在融资模式中，由于政府以特许权或特许合约的形式介入，项目的未来市场状况相对比较清晰，项目现金流量具有比较稳定和预测比较准确的特点。因此，项目公司可以根据对未来现金流量的预测，采用利率掉期、期权等工具将浮动利率转换成固定利率，或者采用带有一系列逐步递增的利率上限的利率期权来降低利率风险。

对于不可抗力风险的控制，主要从三方面着手：第一，以预防为主，如在实施城市基础设施项目之前进行可行性研究，考查基础设施所在地是否处于震源附近，河道是否畅通，地质条件如何等，综合所有因素，选择合适的地点进行项目建设施工；第二，项目公司在与政府签订特许权协议时，可以要求获得在不可抗力发生时政府给予的支持或风险成本的分担；第三，通过投保将不可抗力风险转移给第三方，目前，许多国家的出口信贷机构、保险公司都提供保险，承保部分或全部不可抗力风险。

5.4.4.3　PPP 融资模式下水生态建设项目可控制风险的防范

1. 技术风险的防范

无论是项目设计原因、施工原因还是其他原因引发的技术风险，都可能使得项目遭受重大的损失。因此在对项目做技术论证的时候，应注意考察以下内容：第一，采用的工艺、技术设备是否先进，对项目是否适用，价格是否合理，是否符合国家的产业政策；第二，引进的技术和设备是否符合项目所在国国情，引进技术后有无消化吸收的能力；第三，技术引进和设备进口是否属于重复引进；第四，资源利用是否高效、节约，是否符合国家的能源政策；第五，设计、施工人员培训是否充分、到位。

2. 建设风险的防范

（1）土地拆迁与补偿风险的防范。在城市基础设施项目建设中，首先关系到项目能否准时开工和顺利实施的因素就是土地拆迁与补偿工作，它也是能否完成工期目标的关键。

征地拆迁工作仅靠项目公司和建设承包商是很难做好的，必须紧紧依靠各市、区政府。在实际工作中，征地拆迁工作的风险最具不确定性，征地拆迁的费用高、难度非常大。在项目的选址和设计上，应在考虑项目具体情况的基础上，遵循对人口密集、单位居民多区域"近而不进"的原则，结合城镇规划选择基础设施项目地址，尽量减少征地拆迁的工作量。

（2）按期完工风险的防范。在城市基础设施项目的建设中，项目公司应采取强有力的措施来保证项目按期完工。

PPP项目公司要加强对建设承包商的施工进度管理。首先是审查建设承包商制定的施工组织设计的合理性和可行性，对计划的执行情况进行追踪检查，当发现实际进度与计划不符时，及时提醒建设承包商，帮助其分析查找原因，督促其调整进度计划，监督和促进其采取行之有效的补救措施。

在项目建设中，可能经常由于外界地质条件或周围环境的变化，需要对工程设计进行重新调整和变更，从而导致工程竣工延期。对于此项风险，项目公司应与设计单位在设计合同中共同分担。对于勘察设计资料及文件出现的遗漏或错误，设计单位应负责修改或补充。由于设计单位错误造成的损失，设计单位除负责采取补救措施外，还应免收直接受损失部分的设计费并向项目公司支付赔偿金。让设计方承担设计失误的风险，有利于督促其提高设计质量，从而消减和化解变更设计增大工程成本的风险。

在项目建设过程中，地震、洪水、泥石流等自然灾害容易造成工期延误。在工程设计之初，做好项目所在地地质结构勘查工作，采取预防措施。在地质不利地段做好相应的施工工期延误准备。

（3）工程质量风险的防范。水生态建设项目的质量是项目建设的核心，也是项目管理的核心工作，必须认真贯彻"百年大计，质量第一"的方针和国家现行质量法规，防范工程质量风险。

在加强城市基础设施项目建设施工质量管理工作中，狠抓质量目标控制管理，建立质量管理体系，全面实行项目法人责任制、工程招标制、工程监理制和合同管理制、工程验收制等一系列制度和规定。

在施工建设的事前、事中、事后过程中，建立三级质量事故风险预防体系，严把工程质量关。在施工建设前把好施工原材料和预制件质量关。在施工建设中做好施工现场质量管理。对参与建设的员工反复进行"质量第一"的思想教育。加强质量管理的技术培训，树立"质量第一"的意识。把质量控制贯彻在建设过程中，严把施工质量"三关"，即图纸审查关、原材料和设备采购质量关、施工组织管理关。在施工过程中做到"三严"，即严格按图纸施工，严格按规范标准施工，严格按科学程序施工。同时，充分听取监理工程师在质量监督方面的意见，充分尊重专家在质量控制方面的指导性建议和要求。在项目建设任务完成后，抓好质量验收制度，做到承包商自查、现场监理工程师检查和质检站质检员督查三者的有机结合。

购买工程质量保险。在项目建设中，为减少和转移工程质量事故造成的损失，项目公司可以向保险公司购买包括永久和临时工程及所用材料的建筑工程一切险。

（4）成本超支风险的防范。成本超支也是该类PPP项目实施过程中重要的风险。如果成本失去控制，资金缺口变大，项目可能中断建设或拖延，也很难保证私人投资者今后的投资收益。因此，必须采取强有力措施，加强成本控制，减小成本超支的风险。除了考虑前文提到的控制因素和自然因素带来的风险措施外，还应该考虑以下几个方面：

1）在工程预算中预先将成本超支的风险考虑在内。对设计变更造成的工程量增加、工程财务成本的增加、部分原燃材料如钢材、水泥、汽油、柴油价格的上涨等风险应打足预算空间。

2）为应对可能出现的成本上涨导致的项目超支风险，项目公司还可以尽量争取和建设承包商签订总价合同，将成本上涨的风险转移给建设承包商。

3）强化发起人支持，将成本超支后弥补资金缺口的责任分摊给发起人，由发起人按照注资比例进行融资，是化解成本超支风险的有效手段。另外，城市基础设施项目还可以由项目投资者提供"资金缺额担保"，为建设中的资金周转提供备用信贷保证。如英法海峡隧道工程对因不可测因素造成的造价超支就准备了一笔大额的备用信贷。

（5）安全事故发生风险的防范。在项目建设过程中，应对参与建设的人员进行安全教育，加强施工现场的安全管理，建立安全事故责任制，防止出现安全事故造成项目工期延长、成本超支，并带来不良的社会影响。同时，还可以为参与项目的施工人员购买安全保险，适当转移安全事故发生风险。

（6）私人投资者违约的防范。在项目建设之前，若私人投资者不能按照股权协定约定的出资金额和时间进行项目的融资，将导致项目无法开工或开工延迟，因此，也必须加强项目建设中的信用管理。政府在与私人投资者进行洽谈时，应当利用各项信息来源和咨询渠道对投资人的资信状况、资金能力、技术实力、经营业绩和管理水平等重要指标进行细致的调查和评估，认定其是否具有足够的履约能力。在对项目当事人的履约能力进行调查和评估之后，还应注意完善股权协议，在明确私人投资人的权利与义务的同时，讲明合同违约的相应处罚措施。另外，还可以要求私人投资者取得一些信用程度较高的机构或公司的出资担保。

（7）承包商违约的防范。慎重选择承包者。PPP 项目的工程承包商应当具有良好的信誉、丰富的经验，承包过同样或类似的工程，并且成功地完成了承包合同。此外，项目公司还应对承包商的技术力量、财务状况等方面的情况进行审查，通过招投标方式对承包商进行公正透明的选择。

由项目公司和承包商签订固定价格的"交钥匙总承包合同"，工程建设费用一次性包干，不管发生什么意外情况，项目公司都不会增加对工程的拨款，由此控制成本超支导致的完工风险。另外，可以减少与不同的承建商之间发生纠纷和互相推卸责任的风险。

3. 运营风险的防范

在 PPP 项目建成后的试运营期，项目公司一般都要求承包商对该项目提供一个保证期限，通常是在项目建成移交后的 12 个月内，由承包商对其材料和工艺的缺陷进行修补，承包商必须对维修工作提供资金来源方面的担保。此后，项目进入正常运营期，除了采取上文所述的防范技术风险、市场风险的措施外，还可以通过以下管理措施来降低运营风险。

（1）选择适合的项目运营管理商，签订有利的经营管理合同。PPP 项目的运营管理商应当对项目及其产业领域比较熟悉，具有良好的资信与管理经验等，这有助于降低或减轻项目的运营管理风险。另外，项目运营商若为项目投资者或存在利润分成或成本控制的奖惩制度，可以在同等情况下优先选择。

（2）通过长期供应合同降低能源及原材料供应风险。能源和原材料的供应由两个要素构成价格及供应的可靠性。长期供应合同或协议是降低能源及原材料供应风险的一种有效措施。通常情况下，由项目公司和能源或原材料供应商签订固定价格的长期供应协议。

（3）要求政府提供后勤保证支持。PPP项目公司在与政府及其授权部门即行特许权协议谈判时，应要求政府在项目运营期间提供后勤保证支持。由政府保证向项目提供建设用地，保证长期持续便利地提供不低于目前水平的交通、通信以及其他公用设施条件，此外，政府还应保证与项目实施有关的技术及管理人员的入境，实施项目所需物资、器材的入境等。

（4）由项目发起人提供资金缺额担保，即由城市基础设施项目发起人向贷款人保证，由于各种原因引起项目收益不足，以致不能清偿全部贷款时，自己补足其差额，从而保证贷款人的利益。这种担保协议通常规定一个上限，或者按贷款原始总额的百分比确定，或者按预期项目资产价值的百分比确定。这种担保对项目发起人来说，是一种有限金额的担保方式。

5.4.4.4 环境风险的防范

在水生态项目建设中，环境风险的承担原则是谁负有环保责任，该风险就应由谁来承担。据此，可能出现两种情况：一种是环保责任由项目公司和贷款人共同承担；另一种是由项目公司单独负担。但不论哪种情况，环境风险最终会影响到贷款的偿还。所以，要采取切实可行的措施分散和降低项目环境风险。

1. 在项目设计中考虑环境因素

首先，城市基础设施项目的投资者应该熟悉项目所在地与环境保护相关的法律、法规，并在项目的可行性研究中充分考虑环境保护问题及可能存在的环境保护风险，并提交详细的环境报告，以取得政府和贷款人的认可，同时要对公众公开，以取得公众的支持，为项目的顺利开发奠定基础。环境报告一般要详细说明项目位置、空气状况、水资源状况、对生态环境的影响、对公众健康的影响、噪声情况、历史和文化因素、人口迁移问题等；其次，项目融资者应该拟订环境保护计划作为融资前提，并在计划中考虑到未来可能加强的环保管制；再次，应把环保评估纳入项目的不断监督管理范围之内，环保评估应该以环境保护的立法变化为基础。

2. 在合约中明确列出城市基础设施项目各参与方应采取的环境保护措施

项目公司在与承包商、运营商、供应商、贷款人等签订相关的建设承包合同、运营管理合同、能源及原材料供应合同、贷款协议中，应明确各方应采取的环境保护措施及对出现环境问题后对成本的分担状况。

3. 投保环境保险

项目发起人和贷款人也可以通过投保来降低环境风险。但是，在PPP项目环境风险管理中，保险的作用非常有限。因为，保险难以包括除事故以外的风险和损失。由于过去的污染、逐渐变化的污染或违约造成的损失都很难得到保险。由污染支付的罚金和污染给项目带来的损失将不能被保险所补偿，即便能得到保险，金额也是有限的，而重大的环境损害的潜在责任将是无限的。

第6章

水生态文明城市建设项目风险分担

6.1　案例的选取

本书选取了自 20 世纪 80 年代以来在我国实施的 PPP 项目中 16 个失败的案例，表 6.1 为这些案例的基本情况。这些项目主要涉及高速公路、桥梁、隧道、供水、污水处理和电厂等领域，基本涵盖了我国实行 PPP 模式的主流领域。

表 6.1　　　　　　　　　　　所选取案例的基本情况

案例编号	项 目 名 称	出 现 的 问 题
1	江苏某污水处理厂	2002—2003 年出现谈判延误、融资失败
2	长春汇津污水处理厂	2005 年政府回购
3	上海大场水厂	2004 年政府回购
4	北京第十水厂	Anglian 从北京第十水厂项目中撤出
5	湖南某电厂	没收保函，项目彻底失败
6	天津双港垃圾焚烧发电厂	政府所承诺的补贴数量没有明确定义
7	青岛威立雅污水处理项目	重新谈判
8	杭州湾跨海大桥	出现竞争性项目
9	鑫远闽江四桥	2004 年走上仲裁
10	山东中华发电项目	2002 年开始收费降低，收益减少
11	廉江中法供水厂	1999 年开始闲置至今，谈判无果
12	福建泉州刺桐大桥	出现竞争性项目，运营困难
13	汤逊湖污水处理厂	2004 年整体移交
14	延安东路隧道	2002 年政府回购
15	沈阳第九水厂	2000 年变更合同
16	北京京通高速公路	运营初期收益不足

通过对表 6.1 所示的 16 个案例失败原因的汇总分析，我们认为中国 PPP 项目的失败主要是由以下风险造成的：

（1）法律变更风险。法律变更风险主要是指由于采纳、颁布、修订、重新诠释法律或规定而导致项目的合法性、市场需求、产品/服务收费、合同协议的有效性等元素发生变化，从而对项目的正常建设和运营带来损害，甚至直接导致项目的中止和失败。PPP项目涉及的法律法规比较多，加之我国PPP项目还处在起步阶段，相应的法律法规不够健全，很容易出现这方面的风险[118]。例如，江苏某污水处理厂采用BOT融资模式，原先计划于2002年开工，但由于2002年9月《国务院办公厅关于妥善处理现有保证外方投资固定回报项目有关问题的通知》的颁布，项目公司被迫与政府重新就投资回报率进行谈判[119]。上海大场水厂[120]和延安东路隧道[121]也遇到了同样的问题，均被政府回购。

（2）审批延误风险。审批延误风险主要指由于项目的审批程序过于复杂，花费时间过长和成本过高，且批准之后，对项目的性质和规模进行必要商业调整非常困难，给项目正常运作带来威胁。例如，某些行业里一直存在成本价格倒挂现象，当市场化之后引入外资或民营资本后，都需要通过提价来实现预期收益。而根据我国《价格法》和《政府价格决策听证办法》规定，公用事业价格等政府指导价、政府定价，应当建立听证会制度，征求消费者、经营者和有关方面的意见，论证其必要性、可行性，这一复杂的过程很容易造成审批延误的问题。以城市水业为例，水价低于成本的状况表明水价上涨势在必行，但是各地的水价改革均遭到不同程度的公众阻力和审批延误问题。例如，2003年的南京水价上涨方案在听证会上未获通过；上海人大代表也提出反对水价上涨的提案，造成上海水价改革措施迟迟无法实施。因此，出现了外国水务公司从中国市场撤出的现象。比较引人注目的是，泰晤士水务出售了其上海大场水厂的股份，Anglian从北京第十水厂项目中撤出。

（3）政治决策失误/冗长风险。政治决策失误/冗长风险是指由于政府的决策程序不规范、官僚作风、缺乏PPP的运作经验和能力、前期准备不足和信息不对称等造成项目决策失误和过程冗长。例如，青岛威立雅污水处理项目由于当地政府对PPP的理解和认识有限，政府对项目态度的频繁转变导致项目合同谈判时间很长。而且污水处理价格是在政府对市场价格和相关结构不了解的情况下签订的，价格较高，后来政府了解以后又重新要求谈判降低价格。此项目中项目公司利用政府知识缺陷和错误决策签订不平等协议，从而引起后续谈判拖延，面临政府决策冗长的困境[120]。相类似的问题在上海大场水厂、北京第十水厂和廉江中法供水厂项目中也同样存在[122]。

（4）政治反对风险。政治反对风险主要是指由于各种原因导致公众利益得不到保护或受损，从而引起政治甚至公众反对项目建设所造成的风险。例如，上海大场水厂和北京第十水厂的水价问题，由于关系到公众利益，而遭到来自公众的阻力，政府为了维护社会安定和公众利益也反对涨价[120]。

（5）政府信用风险。政府信用风险是指政府不履行或拒绝履行合同约定的责任和义务而给项目带来直接或间接的危害。例如，在长春汇津污水处理厂项目中，汇津公司与长春市排水公司于2000年3月签署《合作企业合同》，设立长春汇津污水处理有限公司，同年长春市政府制定《长春汇津污水处理专营管理办法》。2000年年底，项目投产后合作运行正常。然而，从2002年年中开始，排水公司开始拖欠合作公司污水处理费，长春市政府于2003年2月28日废止了该管理办法，2003年3月起，排水公司开始停止向合作企业支付任何污水处理费。经过近两年的法律纠纷，2005年8月最终以长春市政府回购而结束[121]。再比如在廉江中法供水厂项目中，双方签订了《合作经营廉江中法供水有限公司合同》，履行合同期为 30 年。合同有几个关键的不合理问题：①水量问题，合同约定廉江自来水公司在水厂投产的第一年每日购水量不得少于 6 万 m³，且不断递增，而当年廉江市的消耗量约为 2 万 m³，巨大的量差使得合同履行失去了现实的可能性；②水价问题，合同规定起始水价为 1.25 元/m³，水价随物价指数、银行汇率的提高而递增，而廉江市每立方米水均价为 1.20 元，此价格自 1999 年 5 月 1 日起执行至今未变[124]。脱离实际的合同使得廉江市政府和自来水公司不可能履行合同义务，该水厂被迫闲置，谈判至今未有定论[122]。除此之外，遇到政府信用风险的还有江苏某污水处理厂和湖南某电厂等项目。

（6）不可抗力风险。不可抗力风险是指合同一方无法控制，在签订合同前无法合理防范，情况发生时，又无法回避或克服的事件或情况，如自然灾害或事故、战争、禁运等。例如，湖南某电厂于 20 世纪 90 年代中期由原国家计委批准立项，西方某跨国能源投资公司为中标人，项目所在地省政府与该公司签订了特许权协议，项目前期进展良好。但国际政治形势的突变，使得投标人在国际上或中国的融资都变得不可能。项目公司因此最终没能在延长的融资期限内完成融资任务，省政府按照特许权协议规定收回了项目并没收了中标人的投标保函，之后也没有再重新招标，从而导致了外商在该项目的彻底失败[125]。在江苏某污水处理厂项目关于投资回报率的重新谈判中，也因遇到"非典"中断了项目公司和政府的谈判[119]。

（7）融资风险。融资风险是指由于融资结构不合理、金融市场不健全、融资的可及性等因素引起的风险，其中最主要的表现形式是资金筹措困难。PPP 项目的一个特点就是在招标阶段选定中标者之后，政府与中标者先草签特许权协议，中标者要凭草签的特许权协议在规定的融资期限内完成融资，特许权协议才可正式生效。如果在给定的融资期内中标者未能完成融资，将会被取消资格并没收投标保证金。在湖南某电厂项目中，中标者就因没能完成融资而被没收了投标保函[125]。

（8）市场收益不足风险。市场收益不足风险是指项目运营后的收益不能满足收回投资或达到预定的收益。例如，天津双港垃圾焚烧发电厂项目中，天津市政府提供了许多激励措施，如果由于部分规定原因导致项目收益不足，天津市政府承诺提供补贴。但是政府所承诺的补贴数量没有明确定义[119]，项目公司就承担了市场收益不足的风险。另外，北京京通高速公路建成之初，由于相邻的辅路不收费，致使较长一段时间京通高速车流量不足，也出现了项目收益不足的风险[126]。在杭州湾跨海大桥和福建泉州刺桐大桥的项目中也有类似问题。

（9）项目唯一性风险。项目唯一性风险是指政府或其他投资人新建或改建其他项目，导致对该项目形成实质性的商业竞争而产生的风险。项目唯一性风险出现后往往会带来市场需求变化风险、市场收益风险、信用风险等一系列的后续风险，对项目的影响是非常大的。例如，杭州湾跨海大桥项目开工未满两年，在相隔仅 50km 左右的绍兴市上虞沽渚的绍兴杭州湾大桥已在加紧准备当中，其中一个原因可能是因为当地政府对桥的高资金回报率不满[127]，致使项目面临唯一性风险和收益不足风险。鑫远闽江四桥也有类似的遭遇，福州市政府曾承诺，保证在 9 年之内从南面进出福州市的车辆全部通过收费站，如果因特殊情况不能保证收费，政府出资偿还外商的投资，同时保证每年 18% 的补偿。但是 2004

年 5 月 16 日，福州市二环路三期正式通车，大批车辆绕过闽江四桥收费站，公司收入急剧下降，投资收回无望，而政府又不予兑现回购经营权的承诺，只得走上仲裁庭[128-129]。该项目中，投资者遭遇了项目唯一性风险及其后续的市场收益不足风险和政府信用风险。福建泉州刺桐大桥项目和北京京通高速公路的情况也与此类似，都出现了项目唯一性风险，并导致了市场收益不足。

(10) 配套设备服务提供风险。配套设备服务提供风险是指项目相关的基础设施不到位引发的风险。在这方面，汤逊湖污水处理厂项目是一个典型案例。2001 年，凯迪公司以 BOT 方式承建汤逊湖污水处理厂项目，建设期为两年，经营期为 20 年，经营期满后无偿移交给武汉高科（代表武汉市国资委持有国有资产的产权）。但一期工程建成后，配套管网建设、排污费收取等问题迟迟未能解决，导致工厂一直闲置，最终该厂整体移交武汉市水务集团[130]。

(11) 市场需求变化风险。市场需求变化风险是指排除唯一性风险以外，由于宏观经济、社会环境、人口变化、法律法规调整等其他因素使市场需求变化，导致市场预测与实际需求之间出现差异而产生的风险。例如，山东中华发电项目，项目公司于 1997 年成立，计划于 2004 年最终建成。建成后运营较为成功，然山东电力市场的变化，国内电力体制改革对运营购电协议产生了重大影响。第一是电价问题，1998 年根据原国家计委曾签署的谅解备忘录，中华发电在已建成的石横一期、二期电厂获准了 0.41 元/(kW·h) 这一较高的上网电价；而在 2002 年 10 月，菏泽电厂新机组投入运营时，山东省物价局批复的价格是 0.32 元/(kW·h)。这一电价不能满足项目的正常运营。第二是合同中规定的"最低购电量"也受到威胁，2003 年开始，原山东省计委将以往中华发电与山东电力集团间的最低购电量 5500h 减为 5100h。由于合同约束，山东电力集团仍须以"计划内电价"购买 5500h 的电量，价差由山东电力集团自己掏钱填补，这无疑打击了山东电力集团购电的积极性[131]。在杭州湾跨海大桥、鑫远闽江四桥、福建泉州刺桐大桥和北京京通高速公路等项目中也存在这一风险。

(12) 收费变更风险。收费变更风险是指由于 PPP 产品或服务收费价格过高、过低或者收费调整不弹性、不自由导致项目公司的运营收入不如预期而产生的风险。例如，由于电力体制改革和市场需求变化，山东中华发电项目的电价收费从项目之初的 0.41 元/(kW·h) 变更到了 0.32 元/(kW·h)，使项目公司的收益受到严重威胁[131]。

(13) 腐败风险。腐败风险主要是指政府官员或代表采用不合法的影响力要求或索取不合法的财物，而直接导致项目公司在关系维持方面的成本增加，同时也加大了政府在将来的违约风险。例如，由香港汇津公司投资兴建的沈阳第九水厂 BOT 项目，约定的投资回报率为：第 2~4 年，18.50%；第 5~14 年，21%；第 15~20 年，11%。如此高的回报率使得沈阳自来水总公司支付给第九水厂的水价是 2.50 元/t，而沈阳市 1996 年的平均供水价格是 1.40 元/t。到 2000 年，沈阳市自来水总公司亏损高达 2 亿多元。这个亏损额本来应由政府财政填平，但沈阳市已经多年不向自来水公司给予财政补贴了。沈阳市自来水总公司要求更改合同。经过数轮艰苦的谈判，2000 年年底，双方将合同变动为：由沈阳市自来水总公司买回汇津公司在第九水厂所占股权的 50%，投资回报率也降至 14%。这样变动后沈阳市自来水总公司将来可以少付 2 亿多元。其实对外商承诺的高回报率在很大程度上与地方官员的腐败联系在一起，在业内，由外商在沈阳投资建设的 8 个水厂被称为"沈阳水务黑幕"[130]。

　　以上为从 16 个案例中总结而来的导致 PPP 项目失败的主要风险，从对这些风险和案例的描述中也可以看出，一个项目的失败往往不是单一风险作用的结果，而是表现为多个风险的组合作用。

6.2　风险公平分担机制的构造思路

　　本书所提出的修正风险分担偏好的基本思路如图 6.1 所示，首先通过对有实际项目经验的专家进行面对面访谈，以搜集过去项目的实际风险分担，对两套风险分担进行对比分析，可能出现以下 3 种情况：

　　（1）对于某风险的分担偏好和实际分担，如果在各类（多类）项目中都存在显著性分担差异，需要考虑这个风险的分担偏好是否合理，如果不合理，则需要修改该风险的分担偏好。

　　（2）如果仅在一类项目中存在显著性分担差异，需要考虑该风险的实际分担是否更适合于该类项目，如果是，则进一步整理出适合于该类项目风险分担偏好。

　　（3）如果仅在单一项目中存在显著性分担差异，通过分析该风险在具体项目中实际分担的原因，归纳出影响风险分担的具体因素，为初步建立风险分担调整框架提供可能性。

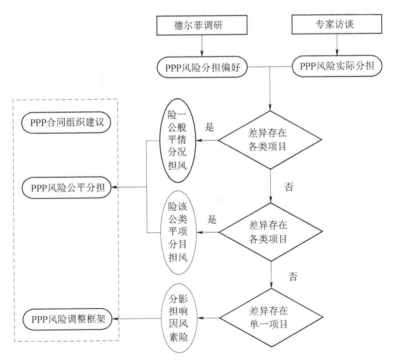

图 6.1　风险公平分担机制的构造思路

6.3 所有行业的实际分担与分担偏好的差异

如果某风险的分担偏好和实际分担，在所有行业项目中存在显著性分担差异，则需要分析这个风险的实际分担理由，并考虑这个风险的分担偏好是否合理，如果不合理，则需要修改该风险的分担偏好。如前所述，只有当实际分担数据与德尔菲风险分担数据的单样本检验存在显著性差异，且分担结论不一致时，才认为两者分担存在差异。所有行业的分担得分平均值根据各个项目的成功度得分进行加权平均，比较结果见表 6.2。从表 6.2 中可以发现，有的风险存在显著性差异，分别是"政治/公众反对""外汇风险""配套基础设施风险""组织协调风险"和"税收调整"。

"政治/公众反对"风险的分担偏好是双方共担，而在以往实际项目中，该风险的分担大部分都是由政府承担。例如，在案例 27 和案例 28 中，访谈专家认为这个风险的归责对象应该是政府，因为根据中国的基建项目管理程序，一个基础设施项目从立项、可行性研究、环评、初步设计、施工、运营等各个阶段都离不开政府的审批和核准，项目是完成立项批复、通过可行性研究和环评后，才进入招商阶段，个别项目甚至政府方都做到了初步设计或施工图设计才开始招商。也就是说法律上，这个项目的合法性毋庸置疑，在环评的公众意见征集环节，公众也拥有充分的知情权，环评通过也就意味着公众不反对。如果在实施过程中又出现政治原因或者其他原因的政府/公众反对，那么该风险理应由政府承担，因为是由于政府关于项目的前期工作不到位所致。但是，在案例 25 中，受访专家也提到一般污水处理项目中可能引起"政治/公众反对"的主要情形为：项目公司偷排污水造成环保事故（归责对象为项目公司）、污水处理厂臭气扰民（项目公司未采用适当除臭工艺）、兴建污水处理厂影响周边地区房地产价值导致居民抗争（虽然与规划有关，但如果规划是科学的，总会牺牲一部分人的利益，不能算政府方的责任）。因此，本书对于该风险的公平分担建议仍然是分担偏好的双方共担，具体操作是由项目公司负责调解，政府方予以配合，如果"政治/公众反对"的具体归责对象是项目公司，则由此事件导致的项目损失将得不到赔偿，如果具体归责对象是政府部门，则私营投资者有权要求恢复到风险事件之前的经济地位，如果没有具体归责对象，则由双方商议共同承担损失。建议在特许权协议中的赔偿机制内容中清楚地描述上述要求的权利义务分摊以及赔偿前提条件和操作过程。

"外汇风险"的分担偏好是双方共担，而实际项目中的分担大部分是由私营部门承担。在许多访谈的案例中，特许权协议中未对外汇风险进行说明（案例中可能未涉及外汇部分，如案例 12；投资者在支付交易款项中应该已经考虑了外汇部分，如案例 26，由于双方地位的不平等，未说明的风险都认为实际将由私营部门所承担）。案例 2 中的受访专家也提到，在中国外汇管制体制下，地方政府其实没有太多的决策权，在协议中承诺负责汇率风险没有太大实际意义，因此一般只约定政府在其权力范围内尽力协助。另外的一个现实情况是，国外企业或者对外贸易经验丰富的国内企业比地方政府更加能够理解和预计汇率变化。具体而言，像案例 25 中的专家所述，在操作中要规避利率和汇率变动等金融风险主要通过远期、掉期、互换、期货、期权等金融衍生品，进行套期保值。相对政府方而言，市场投资者更有能力通过上述工具对项目特许经营期内遇到的金融风险进行规避和控制。但是汇率风险本身的特异性较强，即使由私营投资者承担也存在定量困难，因此本书建议地方政府在权力范围内负责项目尽快通过国家外汇管理局的批准，承担外汇的可兑换风险，以保证私营投资者的外汇兑换和利润汇出权利不受影响。而私营投资者则有权根据外币与人民币之间的汇率变化，固定时期内调整产品价格的浮动部分，以最大限度地降低外汇汇率波动风险。此外，上述所述的金融衍生品一般也只能规避汇率的小范围变动风险，所以建议在特许权协议中设定一个上限比例，如汇率变化在某一基准值的以外则政府应提供部分补偿（当汇率变化造成损失）或收回部分收益（当汇率变化造成盈利），即汇率重大变化风险由双方共担。

"配套基础设施风险"的分担偏好是由政府承担，而实际项目中的分担大部分是由双方共担。回顾访谈记录，发现不少实际案例中（如案例26）政府方在招商前基本已经完成配套基础设施的建设，如红线范围外的管网、外电、通路等，因此私营投资者认为这个风险的发生概率已经很低了，在特许权协议谈判中并未涉及该风险。但是万一若在项目建设或者运营阶段发生该风险事件，实际操作中应该会由私营投资者负责建设，政府方提供相应的补偿。但是大多数受访专家都同意约定红线范围内的配套基础设施由投资人负责，红线范围外的配套设施由政府方投资、建设，政府方承担该风险。因此，本书对于该风险的公平分担建议仍然是由政府承担，具体而言，项目所在地政府有义务负责：①提供场地、完成项目前期工程和进场道路；②在建设期间协调和推进所有与有关政府部门相关的事宜；③保证该场地不设置任何留置或抵押，以使项目公司在特许期内有权免费和独占使用；④提供该项目所必需的其他配套设施，如电力项目中的输变电设施、起动电力和蒸汽，以及所有调试用燃料等。

6.4 单一行业的实际分担与分担偏好的差异

如果某风险的分担偏好和实际分担，仅在一类项目中存在显著性分担差异，则需要分析这个风险的实际分担理由，并考虑该风险的实际分担是否更适合于该类项目，如果是，进一步整理出该类项目风险分担偏好。每个行业的分担得分平均值根据各个项目的成功度得分进行加权平均，比较结果见表6.2。由于页面篇幅有限，未列出平均值数值和 T 检验数值，但如前所述，只有当实际分担数据与德尔菲风险分担数据的单样本 T 检验存在显著性差异，且分担结论不一致时，才认为两者分担存在差异。另外，由于数据的难以获得，垃圾处理、住宅办公、卫生医疗和体育场馆四个行业的项目数据都不大于3个，无法进行单一行业的分担比较，而电力能源、公共交通和水业的项目数量较多，分别是8个、7个和15个，表6.2只重点分析这三个行业。

表 6.2 单一行业的实际分担与分担偏好的差异

序号	风 险	偏好	电力能源		公共交通		水业	
			分担	比较	分担	比较	分担	比较
1	政府官员腐败	政府	共享	差异	政府		政府	
2	政府干预	政府	政府		政府		政府	

续表

序号	风　险	偏好	电力能源		公共交通		水业	
			分担	比较	分担	比较	分担	比较
3	征用/公有化	政府	政府		政府		政府	
4	政府信用	政府	政府		政府		政府	
5	第三方延误/违约	共享	共享		共享		共享	
6	政治/公众反对	共享	政府		共享		政府	差异
7	法律及监管体系不完善	政府	共享		政府		政府	
8	法律变更	政府	共享	差异	政府		共享	差异
9	利率风险	共享	私营		私营		私营	
10	外汇风险	共享	私营		私营	差异	私营	差异
11	通货膨胀	共享	共享		私营	差异	共享	
12	政府决策失误/过程冗长	政府	政府		政府		政府	
13	土地获取风险	政府	政府		政府		政府	
14	项目审批延误	政府	政府		政府		政府	
15	合同文件冲突/不完备	共享	共享		共享		共享	
16	融资风险	私营	私营		私营		私营	
17	工程/运营变更	私营	共享		共享		共享	差异
18	完工风险	私营	私营		私营		私营	
19	供应风险	私营	私营		私营		私营	
20	技术风险	私营	私营		私营		私营	
21	气候/地质条件	共享	共享		私营	差异	共享	
22	运营成本超支	私营	私营		私营		私营	
23	市场竞争（唯一性）	政府	共享	差异	共享	差异	政府	
24	市场需求变化	共享	共享		私营		共享	
25	收费变更	共享	共享		共享		共享	
26	费用支付风险	共享	共享		共享		共享	
27	配套基础设施风险	政府	政府		共享	差异	政府	
28	残值风险	私营	私营		共享		私营	
29	招标竞争不充分	政府	共享	差异	共享	差异	政府	
30	特许经营人能力不足	私营	私营		私营		私营	
31	不可抗力风险	共享	共享		共享		共享	
32	组织协调风险	私营	共享	差异	共享	差异	共享	
33	税收调整	政府	政府		共享	差异	政府	
34	环保风险	共享	共享		共享		共享	
35	私营投资者变动	私营	私营		私营		私营	
36	项目测算方法主观	共享	共享		共享		共享	
37	项目财务监管不足	共享	共享		共享		共享	

从表 6.2 中可以得知，电力能源、公共交通和水业项目存在显著性分担差异的风险分别有 5 个、8 个和 4 个。以下按不同行业分析该风险的实际分担是否具有普遍性且更适合于该类项目。值得注意的是，电力能源和公共交通两个行业的项目数量分别是 8 个和 7 个，仍属于小样本，由此所得的结论存在一定的偶然性，因此，在分析风险的实际分担原因时需结合实际情况，探讨该原因是否具有整个行业的普遍性。

1. 电力能源的实际分担与分担偏好的差异

"政府官员腐败"风险的分担偏好是由政府承担，而实际 PPP 项目中的分担大部分是由双方共担。回顾访谈记录发现，8 个电力能源项目中有 6 个项目的实际分担得分等于 2（政府承担大部分），仅有项目 3 和项目 4 的得分分别是 4（私营投资者承担大部分）和 5（私营投资者完全承担），由此可以发现该风险的分担差异并不具有普遍性，因此在电力能源行业中，本书关于"政府官员腐败"风险的公平分担建议仍然是由政府承担。

"法律变更"风险的分担偏好是由政府承担，而实际 PPP 项目中的分担大部分是由双方共担。8 个电力能源项目中有 5 个项目的实际分担得分为 3（双方共担），可以认为该风险的风险差异存在普遍性。对于电力能源行业而言，近期遭遇比较重大的变更包括：1998 年之后中央政府在基础设施领域的财政政策和 2002 年之后的电力体制改革。在案例 6 和案例 7 中，由于 1998 年以来中央政府投入了大量的基础设施建设国债，导致电力市场迅速饱和，该项目公司陷入困境，私营投资者无法获得合同签署的投资回报。在案例 8 的项目初期，电价定价权归地方电力公司，但是随着国家电力改革，数年后电价变为由省电力公司控制，并开始竞价上网，导致该项目的电价低于最初合同约定的特许价格，项目公司的运营收入不如预期。在这些项目中，上述的法律变更都超出签约的地级市政府的权力控制范围，私营投资者在特许权协议谈判中也未考虑到这些因素，因此在实际事件发生之后都是双方商量共同承担损失。事实上，自从 2002 年的《电力体制改革方案》发布之后，国家陆续出台的政策包括 2003 年的《电价改革方案》《关于区域电力市场建设的指导意见》，2005 的《上网电价管理暂行办法》《输配电价管理暂行办法》《销售电价管理暂行办法》《电力监管条例》等。时至今日，电力体制改革仍然是一个很热门的话题，2009 年 10 月，国家发改委、电监会、能源局联合发布了关于电价改革意见、用户与企业直接交易和电能交易等方面的办法和试点。本书建议对于电力能源行业，公营和私营部门双方应该对"法律变更"风险给予特别的重视。基于现在的电力体制，本书也建议如果签约政府是省级政府，该风险应该由政府承担大部分；如果签约政府是市级政府，该风险应该由双方共同承担。

"市场竞争（唯一性）"风险的分担偏好是由政府承担，而实际 PPP 项目中的分担大部分是由双方共担。8 个电力能源项目中有 7 个项目的实际分担得分选择 3（双方共担），可以认为该风险的风险差异存在普遍性。电力能源行业的类型很多，如火电、水电、风能、太阳能、氢能、生物质（秸秆、沼气等）能源形式。如果签约级政府满足了项目唯一性的激励要求，意味着政府某个区域内的漫长特许经营期内不许建造任意能源形式的项目，这与国家鼓励新能源项目建设投入的长期政策产生矛盾。此外，国家对新能源项目的政策倾斜（如减排指标控制、优先收购新能源电厂的发电量、一定比例补贴新能源企业等），对非新能源的 PPP 项目造成了实际上的竞争。因此，地方政府其实并无法在实际上满足"市场竞争（唯一性）"的要求，故在所访谈的8个项目中均没有在特许权协议中对该条件进行规定。值得注意的是，在所有项目中私营投资者都要求与政府签订或取或付的电量购买合同，此合同在很大程度上可以消除"市场竞争（唯一性）"的影响。基于上述解释，本书建议在电力能源行业中，该风险的公平分担建议是双方共担（前提是签订获取或付电力购买合同）。

"招标竞争不充分"风险的分担偏好是由政府承担，而实际PPP项目中的分担大部分是由双方共担。回顾访谈记录发现，8个电力能源项目中有6个项目的实际分担得分等于2（政府承担大部分），仅有项目1和项目4的得分分别是4（私营投资者承担大部分）和5（私营投资者完全承担），由此可以发现该风险的分担差异并不具有普遍性，因此在电力能源行业中，本书关于"招标竞争不充分"风险的公平分担建议仍然是由政府承担。

"组织协调风险"的分担偏好是由私营投资者承担，而实际PPP项目中的分担大部分是由双方共担。回顾访谈记录发现，8个电力能源项目中有6个项目的实际分担得分小于4（私营投资者承担大部分），可以认为该风险的风险差异存在普遍性。在项目6中，由于该项目是个试点项目，地方政府给予了充分的重视和干预，项目中的很多组织协调工作其实是由地方政府来完成的。在其他电力能源项目中也有类似情况，项目中的燃料供应、电力承购、电力运输等多个环节的合作伙伴是政府相关部门和下属企业，因此项目中政府在组织协调方面都有不同程度的参与和干预。基于此，本书建议该风险的公平分担是双方共担，但在实际操作中，私营投资者最好能够明确需要政府参与的内容和时机，以免导致政府的过分干预，影响私营投资者的决策自主权。

2. 公共交通的实际分担与分担偏好的差异

"外汇风险"的分担偏好是由双方共担，而实际PPP项目中的分担大部分是由私营投资者承担。回顾访谈记录发现，7个公共交通项目中有4个项目的实际分担得分大于3（双方共担），可以认为该风险的风险差异存在普遍性。在公共交通行业中，"外汇风险"的具体表现主要包括两方面：外资企业在公共交通项目中的收益汇出、私营投资者在项目中的国外设备/设施采购。但是在所采访的7个公共交通项目中并没有发生上述两种情况，特许权协议中也没有就这部分风险进行说明，专家所做的分担判断是基于双方在项目中的谈判地位。因此，本书建议该风险在公共交通行业的公平分担应与分担偏好一致。

"通货膨胀"风险的分担偏好是由双方共担，而实际PPP项目中的分担大部分是由私营投资者承担。回顾访谈记录发现，7个公共交通项目中有4个项目的实际分担得分大于3（双方共担），可以认为该风险的风险差异存在普遍性。"通货膨胀"风险的处置方法一般是通过签订固定总价合同将建设阶段的通货膨胀风险转移给承包商，或者通过调价机制来规避运营阶段的通货膨胀风险。但是对于公共交通行业而言，私营投资者只能通过运营阶段的票价收入等渠道收回合理的投资回报，而一般无法像电力能源行业与政府签订或取或付购买合同。以公共交通中的高速公路为例，国务院《收费公路管理条例》明确规定：车辆通行费的收费标准，应当依照价格法律、行政法规的规定进行听证，并由省（自治区、直辖市）人民政府交通主管部门会同同级价格主管部门审核后，报本级人民政府审查批准。而且车辆通行费的收费标准需要调整的，应当依照该条例第十五条规定的程序办理。这就意味着公共交通PPP项目的收费标准并非可以按照特许权协议规定进行定价或者适时调整，即通过调价机制来规避该风险在公共交通行业中无法切实落实。因此，在实际 PPP 项目中，该风险的实际分担都偏向于私营投资者承担。但是基于公平角度思考，本书对于该风险的公平分担仍建议由双方共担。在实际操作中，可以设置一个通货膨胀上限，当通货膨胀率超过上限时，则由政府提供部分补偿，以达到双方共同承担通货膨胀重大变化风险。

"气候/地质条件"风险的分担偏好是由双方共担，而实际 PPP 项目中的分担大部分是由私营投资者承担。回顾访谈记录发现，7 个公共交通项目中有 4 个项目的实际分担得分大于 3（双方共担），可以认为该风险的风险差异存在普遍性。但是这 4 个项目都是由国内商业银行贷款的典型 BOT 公路项目，"气候/地质条件"风险的发生概率和危害程度都较小，特许权协议中并未明确对该风险进行说明，受访专家根据双方的谈判地位，都认为该风险实际上是由私营投资者承担。而其他 3 个项目中有 2 个是地铁项目，受访专家认为地质条件是个不容忽视的风险，未勘探出来的地质异常或者发现文物等突发事件会导致成本增加或者进度推迟，基于公平角度应该双方共同承担该风险。基于上述解释，本书认为"气候/地质条件"风险的公平分担应该是由双方共担。在城市轨道交通、崇山峻岭间的高速公路等项目中需要对该风险足够重视，而一般的公共交通项目中也建议在特许权协议中明确该风险的分担细节。

"市场竞争（唯一性）"风险的分担偏好是由政府承担，而实际 PPP 项目中的分担大部分是由双方共担。回顾访谈记录发现，7 个公共交通项目中有 6 个项目的实际分担得分大于 2（政府承担大部分），可以认为该风险的风险差异存在普遍性。从访谈中也发现，对于不同的公共交通类型，该风险的发生概率和应对措施也有所不同。城市轨道交通项目由于投资额巨大和规划限制等多种原因，同类项目的唯一性很容易满足，该类项目的客流量更大程度上由社会经济等宏观环境决定，来自其他类别公共交通的竞争压力较小；桥梁项目的唯一性也相对容易满足，该类项目的竞争压力主要来自一定距离外的其他桥梁和轮渡（若有），竞争强度不大；收费公路项目与其他两类项目不同，公路项目的唯一性较难满足，即使特许权协议中保证了不再在某两地之间另建一条收费公路，但是其他非收费公路或已有的收费较低的收费公路仍会带来很大的竞争。注意到此次调研的实际案例样本大多数是公路类型，由于在收费公路项目中，即使在特许权协议中以条文保证了项目的唯一性，项目仍然受到其他类别项目的竞争压力，"市场竞争（唯一性）"风险实际上并非完全由政府承担。因此，本书建议在城市轨道交通和桥梁项目中风险的公平分担是由政府承担，而在收费公路项目中由双方共担。

"配套基础设施风险"的分担偏好是由政府承担，而实际 PPP 项目中的分担大部分是由双方共担。7 个公共交通项目中有 4 个项目的实际分担得分大于 2（政府承担大部分），可以认为该风险的风险差异存在普遍性。与电力能源或者水业项目不同，公共交通项目所需的配套基础设施相对简单，一般仅包括场地、完成项目前期工程、进场道路等。因此，在所采访项目的特许权协议中，都未对该风险进行明确说明，受访专家都是根据政府和私营投资者的谈判地位和合作关系做出风险实际分担判断。但是基于公平原则，本书建议该风险仍由政府承担。

"招标竞争不充分"风险的分担偏好是由政府承担，而实际 PPP 项目中的分担大部分是由双方共担。7 个公共交通项目中有 4 个项目的实际分担得分大于 2（政府承担大部分），可以认为该风险的风险差异存在普遍性。由于国内 PPP 法律法规框架尚不完善，特许经营招标还没有形成一套完整固定模式，公共交通项目中（以高速公路为例），一般地方政府都是按照特许经营招投标办法或者公路工程招投标办法进行公开招标[131]。尽管招标工作是由政府来负责，但是在过程中出现的问题如投标者串通压低中标价格、投标者资料造假、以 PPP/BOT 当成取得承包合同的台阶等，而导致项目运营后期成本超支、收入不如预期等，私营投资者也有部分的责任。因此，在所采访的项目中，部分专家认为在实际的公共交通 PPP 项目中是由双方共同承担该风险。但是也有部分专家认为投标者投机取巧的原因是招投标制度的不完善，归责对象应该是政府，随着 PPP 法律制度的不断完善，PPP 的招投标将会形成一套较为完整固定的模式。基于上述原因，本书建议在今后的 PPP 项目中，应该由政府承担该风险。

"组织协调风险"的分担偏好是由私营投资者承担，而实际 PPP 项目中的分担大部分是由双方共担。7 个公共交通项目中有 5 个项目的实际分担得分等于 3（双方共担），可以认为该风险的风险差异存在普遍性。与本书 6.3 节所述一致，认为实际分担由双方共担的项目都具有一个重要特点是项目中政府干预程度较大。但是与电力能源行业不同，公共交通项目中的合作伙伴大多是第三方的企业。基于此，本书建议应该由私营投资者承担该风险，以避免政府的过分干预影响投资者的决策自主权和经营效率。

"税收调整"风险的分担偏好是由政府承担，而实际 PPP 项目中的分担大部分是由双方共担。注意到在本书 6.3 节的论述中已经指出该风险的公平分担应该由双方共担，故此处不再做进一步探讨。

3. 水业的实际分担与分担偏好的差异

"政治/公众反对"风险的分担偏好是由双方共担，而实际 PPP 项目中的分担大部分是由政府承担。本书 6.3 节中对该风险已经有了详细分担讨论，专家认为这个风险应该由政府承担的理由是项目从立项、可行性研究、环评、初步设计、施工、运营等各个阶段都经过政府的审批和核准，从法律上说，这个项目的合法性毋庸置疑，在环评的公众意见征集环节，公众也拥有充分的知情权，环评通过也就意味着公众不反对。如果在实施过程中又出现政治原因或者其他原因的政府/公众反对，那么该风险理应由政府承担，因为是由于政府关于项目的前期工作不到位所致。但是，也有部分不同受访专家提到一般污水处理项目中可能引起"政治/公众反对"的主要情形为：项目公司偷排污水造成环保事故（归责对象为项目公司）、污水处理厂臭气扰民（项目公司未采用适当除臭工艺）、兴建污水处理厂影响周边地区房地产价值导致居民抗争（虽然与规划有关，但如果规划是科学的，总会牺牲一部分人的利益，不能算政府方的责任）。综上，本书对于该风险的公平分担建议仍然是由双方共担，具体操作是由项目公司负责调解，政府方予以配合，如果"政治/公众反对"的具体归责对象是项目公司，则由此事件导致的项目损失将得不到赔偿，如果具体归责对象是政府部门，则私营投资者有权要求恢复到风险事件之前的经济地位，如果没有具体归责对象，则由双方商议共同承担损失。

"法律变更"风险的分担偏好是由政府承担，而实际 PPP 项目中的分担大部分是由双方共担。与电力能源行业相似，水务市场的体制改革也是个热门话题，中央和地方政府相继出台行业管理政策、市场化政策、投资固定回报清理政策、企业改制与产权转让政策等，以促进和规范城市水业的市场化发展，但是我国现行政策法规体系远远不能满足城市水业市场化的发展需求。受访专家也提及行业中因为法律变更而造成项目损失的案例，如2002年9月发布的《国务院办公厅关于妥善处理现有保证外方投资固定回报项目有关问题的通知》造成许多正在谈判的BOT项目被迫进行重新谈判，部分运营中的BOT项目被迫进行重新谈判或者被政府回购。在电力体制改革中电力局将被拆分成发电公司和电网公司，而许多正在运营的电力BOT项目的电力承购合同是同省级电力局签订的，如何继续执行电力购买合同中的责任和义务是私营投资者们首先要考虑的。类似的问题也潜伏在水业当中，市政行业所属单位与私营投资者参与的水厂存在合同关系，类似的改革方案就会引起相当大的合同长期执行问题。法律变更的另外几个重点内容还包括水价和水质标准，同样也值得投资者的重点关注。因此，本书同样建议如果签约政府是省级政府，则该风险应该由政府承担大部分；如果签约政府是市级政府，则该风险应该由双方共同承担。

"外汇风险"的分担偏好是由双方共担，而实际PPP项目中的分担大部分是由私营投资者承担。主要的原因是在许多访谈的案例中，特许权协议未对外汇风险进行说明（即假设投资者在支付交易款项的报价中应该已经考虑了外汇部分，如案例26），由于双方地位的不平等，未说明的风险都认为实际将由私营部门所承担。外汇风险主要发生在以下两个情况中：外资企业在项目中的收益汇出、私营投资者在项目中的国外设备/设施采购。在水业项目中，前一种情况更为常见，在早期的水业市场化项目中有很多国际水务公司参与，如英国Anglian水务公司、法国Veolia水务公司等。鉴于中国的外汇储备连年增长，外资企业对汇率变化风险应该不用担心，不过需要注意的是，兑换货币的批准过程仍然存在很大风险，特别是获得批准时间的耽搁。因此，本书建议该风险由双方共担。

"工程/运营变更"风险的分担偏好是由私营投资者承担，而实际PPP项目中的分担大部分是由双方共担。受访专家认为在实际操作中，需要根据实际变更情况的归责对象来判断应该由谁来承担该风险。但是在水业项目中，工程和运营的技术难度都较低，最为常见的变更是前期设计的工艺选择错误或者因水质环保标准的提高而导致的工艺更新，这些事件的归责对象应该都是私营投资者。当政府在招标阶段对项目的输出（如处理水量、水质标准、水价结构等）做出明确合理要求后，私营投资者应该对特许经营期内的工艺选择、建造和维护更新有合理的规划设计。本书建议该风险的公平分担应该是由私营投资者承担。

6.5 风险公平分担机制的构造

如本书6.2节中所述，预期的风险公平分担机制将包括风险公平分担建议和分担调整机制。在本书6.3节和6.4节中，通过对比分析所有行业和单一行业的风险分担偏好和实际风险分担，得出了一般情况和具体行业的合理风险公平分担建议，结论如本书6.5.1节所述；为了提高结论的可应用性，在本书6.5.2节中将相应提出风险公平分担的合同组织建议；在本书6.4节中，通过比较分析单一项目中的风险分担偏好和实际风险分担，识别了实际操作中影响风险分担的具体因素，结合上述成果，将建立风险分担调整机制，具体如本书 6.5.3 节所述。以下将介绍本书得出的风险公平分担机制的时点安排和实际操作流程。

PPP 项目过程一般包括准备阶段、招投标阶段、合同组织阶段、融资阶段、建造阶段、经营和移交阶段。其中，准备阶段的里程碑事件包括可行性报告的制定和招标文件的拟定；招投标阶段的里程碑事件是中标人的确定；而合同组织阶段的里程碑事件则是特许权协议的签订[133]。图 6.2 表示风险分担管理在 PPP 项目中的时点，在项目准备阶段，公营部门需要在详细调查项目需求的基础上，通过对以往类似案例的学习或者咨询行业专家等方法，在本书所提供的带排序风险清单基础上，识别出项目潜在的风险因素并进行评估（不是所有风险都能在计划阶段识别出来[134]，因此各方在风险管理计划中都应该做好应对新风险的准备），从而制定项目的可行性研究报告。评估风险并计算风险价值的目的在于：①在可行性研究阶段判断项目应该采用 PPP 模式还是传统的政府自建模式；②在确定采用 PPP 模式后，为选择最佳投标者提供评标依据[134-135]。公营部门在本书所提供的公平分担建议（如本书 6.5.1 节所述）基础上，根据本书所提供的风险分担调整机制（如本书 6.5.3 节所述）进行风险的初步分担，在此基础上制定招标文件并发布招标公告，在此建议附上包括风险公平分担建议和风险初步分担结果的风险矩阵。

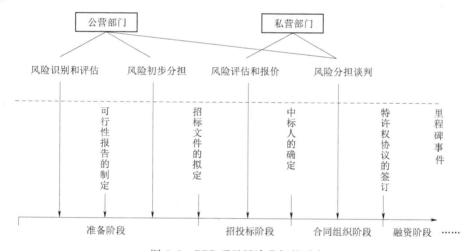

图 6.2　PPP 项目风险分担的时点

在招投标阶段，私营部门首先就招标文件的初步风险分担结果进行自我评估，主要评估其拥有的资源（包括经验、技术、人才等），据此判断对公营部门转移的风险是否具有足够控制力或者是否能进一步转移给更有控制力的第三方。如果认为对该风险具有控制力，则对其进行风险报价，并反映于投标报价中；如果认为对该风险不具有控制力，则可以选择转移给第三方，并初步估计转移成本，同时也反映于投标报价中。此外，本书也建议私营投资者根据自身以往的项目经验和积累资料对拟投标项目进行进一步的风险识别，风险清单依据可选择公营部门在招标时提供的风险矩阵。公营部门则根据自己在准备阶段的风险价值计算，比较各投标人的投标报价以及投标人的经验、能力等其他非价格因素，最后确定一个最合适的中标人。

采用 PPP 模式并不意味着公营部门可以将所有风险都转移给私营部门，本书的实际案例调研都证明了政府也需要主动承担一定的风险，才能达到风险的合理分担，并可降低风险管理成本。而双方对于风险的分担主要通过权利义务的界定和付款机制的确定来实现，也就是说，风险分担是通过合同条款来定义的[14]。在合同组织阶段，政府和项目公司首先就特许权协议进行合同谈判，确定双方的权利和义务、服务定价和调整机制。在谈判过程中，务必确保特许权协议已经覆盖双方在前期所识别的风险，谈判依据可选择如本书 6.5.3 节所述的风险分担调整机制。在签订特许权协议之后，项目公司再与其他专业分包商、放贷方、保险方等进行合同谈判，将自己掌控不了的风险转移给对该风险更有控制力的第三方。

6.5.1　我国 PPP 项目的风险公平分担建议

如前所述，在本书 6.2.3 节，通过对比分析所有行业的风险分担偏好和实际风险分担，得出了一般情况下的风险公平分担建议，结论见表 6.3。

表 6.3　　　　　　　　　　　我国 PPP 项目风险因素的公平分担

序号	风险因素	层次	重要性	层次排序	总体排序	公平分担
1	政府官员腐败	国家	12.41	4	6	政府
2	政府干预	国家	15.20	1	1	政府
3	征用/公有化	国家	8.40	13	34	政府
4	政府信用	国家	13.02	3	4	政府
5	第三方延误/违约	市场	10.29	6	26	共担
6	政治/公众反对	国家	8.73	12	33	共担
7	法律及监管体系不完善	国家	12.05	5	9	政府
8	法律变更	国家	10.94	7	20	政府
9	利率风险	市场	12.10	3	8	共担
10	外汇风险	市场	11.72	5	11	共担
11	通货膨胀	市场	11.79	4	10	共担
12	政府决策失误/过程冗长	国家	13.84	2	2	政府
13	土地获取风险	国家	10.44	8	25	政府
14	项目审批延误	国家	11.63	6	14	政府
15	合同文件冲突/不完备	项目	11.13	7	18	共担
16	融资风险	市场	13.73	1	3	私营
17	工程/运营变更	项目	10.89	9	21	私营
18	完工风险	项目	11.65	2	12	私营
19	供应风险	项目	8.79	14	32	私营
20	技术风险	项目	7.94	15	36	私营
21	气候/地质条件	国家	8.20	14	35	共担
22	运营成本超支	项目	11.64	3	13	私营

序号	风险因素	层次	重要性	层次排序	总体排序	公平分担
23	市场竞争（唯一性）	市场	9.49	7	29	政府
24	市场需求变化	市场	12.84	2	5	共担
25	收费变更	项目	11.63	4	15	共担
26	费用支付风险	项目	10.48	12	24	共担
27	配套基础设施风险	项目	11.24	5	16	政府
28	残值风险	项目	7.49	16	37	私营
29	招标竞争不充分	项目	10.59	10	22	政府
30	特许经营人能力不足	项目	10.57	11	23	私营
31	不可抗力风险	国家	9.03	11	31	共担
32	组织协调风险	项目	9.99	13	27	私营
33	税收调整	国家	9.24	10	30	共担
34	环保风险	国家	9.85	9	28	共担
35	私营投资者变动	项目	11.03	8	19	私营
36	项目测算方法主观	项目	12.12	1	7	共担
37	项目财务监管不足	项目	11.21	6	17	共担

在本书 6.4 节中，通过分析单一行业的风险分担偏好和实际分担的差别，进一步整理出该类项目风险分担偏好。

（1）电力能源项目的公平分担调整建议。在电力能源行业，公营和私营部门双方应该对"法律变更"风险给予特别的重视，建议如果签约政府是省级政府，则该风险应该由政府承担大部分；如果签约政府是市级政府，则该风险应该由双方共同承担。在已经签订获取或付电力购买合同的前提下，私营投资者可以与政府共同承担"市场竞争（唯一性）"风险。"组织协调风险"的公平分担是双方共担，但在实际操作中，私营投资者最好能够明确需要政府参与的内容和时机，以免政府的过分干预，影响私营投资者的决策自主权。

（2）公共交通项目的公平分担调整建议。在城市轨道交通和桥梁项目中"市场竞争（唯一性）"风险的公平分担应该由政府承担，而在收费公路项目中应该由双方共担。

（3）水业项目的公平分担调整建议。如果签约政府是省级政府，则"法律变更"风险应该由政府承担大部分；如果签约政府是市级政府，则该风险应该由双方共同承担。

6.5.2　风险公平分担的合同组织建议

如前所述，公营和私营部门双方对于风险的分担主要通过权利义务的界定和付款机制的确定来实现，即通过合同条款来定义[14]。因此，为了更好地提高本书所提出的风险分担建议的可应用性，本节相应提出各个风险分担的合同组织建议，具体见表 6.4。

6.5.3　风险分担调整机制的构造

虽然本书已经提供了一般情况下的风险公平分担建议和不同行业的具体调整建议，

但是从上述的实际项目中的风险分担偏好与实际分担的差别比较分析中可以看出，在实际操作中，本书的风险公平分担建议不见得完全适合所有 PPP 项目。因此，在本书6.2.5 节所识别的影响实际风险分担因素的基础上，本节构造了一个风险分担调整机制，具体如图 6.3 所示。当谈判双方识别出本书的风险清单以外的风险，或者双方认为本书建议的某一风险的公平分担不适合所负责的 PPP 案例的实际情况时，进入以下风险分担调整机制。

表 6.4 风险公平分担的合同组织建议

序号	风险因素	分担	合 同 组 织 建 议
1	政府官员腐败	政府	建议政府部门在特许权协议中做出保证，例如，在广西来宾 B 电厂项目中，广西政府声明政府部门在项目中既未要求或收到过不合法的报酬或佣金，也未在将特许权协议授予项目公司方面行使或利用过任何不合法的影响。但是腐败往往不是公开的，因此很难使用合同语言阻止腐败的发生。此外，即使合同条款有效，条款的执行也将是一个问题。故建议在争议解决/赔偿机制等相关条文中涉及该项风险
2	政府干预	政府	在建设部所提供的特许经营协议示范文本中的政府部门的一般义务中，明确指出政府部门不得干预项目内部管理事务，除非本协议条款的执行受到影响。但是，如遇上述风险，该条款的执行也是一个问题。故建议私营投资者在确定特许权协议时需明确政府部门在其参与的事务中的参与时点和方式，且在争议解决/赔偿机制等相关条文中涉及该项风险
3	征用/公有化	政府	在建设部所提供的特许经营协议示范文本中，关于项目"终止"的条件和程序已经有了较为明确的界定，因此在实际操作中，该风险的重要性已经不再重要。特别值得提醒的是，私营投资者切勿利用政府部门的暂时无知或者对项目的迫切要求，而签订不平等条约或者违反中央长期发展目标的项目条件，因为这会加大出现该风险的发生概率
4	政府信用	政府	可以在特许权协议中要求政府部门做出相应声明和保证，例如，在鸟巢项目中，北京市政府明示作为一方当事人的各项目文件项下的义务，依照该文件各自的条款，对于北京市政府而言是有效、有约束力并可强制执行的。此外，本书建议私营投资者可采取的其他措施包括与政府打好交道、争取更高一级政府的支持和建立与政府部门共享获益的机制等
5	第三方延误/违约	共担	特许权协议中应明确规定双方在工程或其任何部分与所规定的质量或安全要求严重不符时，有权自己进行或令第三方进行必要的纠正，根据实际情况，有权就延误或违约事件向第三方（和/或对方）提出索赔
6	政治/公众反对	共担	项目公司负责调解，政府予以配合，如果"政治/公众反对"的具体归责对象是项目公司，即因为项目公司操作不当（如偷排污水造成环保事故、除臭工艺不当等）引起的公众反对，则由此事件导致的项目损失将得不到赔偿，如果具体归责对象是政府部门（如选址规划不当等），则私营投资者有权要求恢复到风险事件之前的经济地位，如果没有具体归责对象，则由双方商议共同承担损失。建议在特许权协议中的赔偿机制内容中清楚地描述上述要求的权利义务分摊以及赔偿前提条件和操作过程
7	法律及监管体系不完善	政府	与其他风险不同，该风险主要造成的危害包括合法操作程序无法完全适应 PPP 项目（如现行招投标法的相关规定对基础设施 PPP 项目采购不具备兼容性）、争端纠纷处理无法可依（如项目参与者双方谈判地位不平等）等问题，因此很难通过特许权协议中的条文来界定，本书建议协议方面可以将争端解决程序、双方的权利义务等关键内容描述清楚，尽可能减少该风险所导致的危害

序号	风险因素	分担	合 同 组 织 建 议
8	法律变更	政府	建议在特许权协议中明确说明,当已发生或即将发生的法律变更对项目的正常运营产生影响时,任何一方可致函另一方,表明对其可能造成后果的意见,包括对项目运营的任何必要变动、是否需对本协议的条款进行任何变更以适应法律变更、导致的任何收益损失、导致的项目成本变动等,并应提出实施变动的全面具体的办法。在收到任何一方发出的任何通知后,双方应在可能的情况下尽快进行讨论并达成一致意见
9	利率风险	共担	利率风险对于私营投资者的影响是通过财务费用来作用的,可以在价格调整公式上对利率变化加以调整。私营投资者可以通过相应的金融工具来规避利率风险,比政府更有控制力,因此与以往的PPP项目稍微不同,本书建议应该设置一个界限值,当利率变化大于该界限值时,调价公式才起作用
10	外汇风险	共担	在使用外资情况下,特许经营权授予方应明确项目公司、建设承包商和运营维护承包商在中国境内开立、使用外汇账户,向境外账户汇出资金等事宜和条件。与利率风险类似,本书建议双方应该设置一个界限值,当汇率变化大于该界限值时,可以通过调价公式来调整价格收费,从而实现双方共同承担重大的汇率变化
11	通货膨胀	共担	通货膨胀对于项目的直接影响是导致项目成本的增加,通常可以在调价公式设置相应的调整系数。例如,在北京第十水厂的定价结构中,运营水价的固定部分从第四个运营年1月1日起调整,此后每两年调整一次,每次调整后的固定部分水价适用于随后的两个运营年度。调价公式的主要参考依据是中国综合物价指数,如果综合物价指数大于10%,则按10%计算[134]
12	政府决策失误/过程冗长	政府	建议在特许权协议中设置相应的前提条件,例如,在国家体育场项目中,双方规定在本协议项下所享有的权利与承担的义务,受制的前提条件包括北京市政府已获得了其作为一方签署本协议所必需的一切批准,本协议项中提及的北京市政府前期工程已经完成等。前提条件的设置可以有效防止政府决策过程冗长所带来的危害,而私营投资者与政府部门的充分沟通,以双方互赢为目标地进行项目条件的谈判设置,也可以尽量减少政府决策失误而避免增加将来的政府信用风险
13	土地获取风险	政府	PPP项目的土地使用一般是通过行政划拨方式,项目公司在特许经营期内无须缴纳土地相关费用。与配套基础设施类似,为了避免土地获取延误对项目现金流产生影响,可以在特许权协议中将土地的获取设为特许权协议生效的前提条件
14	项目审批延误	政府	同上述两个风险的建议相似,可以在特许权协助中明确要求政府部门协助项目公司完成相应的审批程序,尽量提前列出所有需要的批准,整理出合理的申报顺序和所需的材料
15	合同文件冲突/不完备	共担	建议在特许权协议中设置诚信谈判声明和程序说明,当发生严重不利项目正常运营的事件,且该事件在协议中没有明确的处理办法说明时,双方将秉承诚意进行协商,若双方未能达成一致意见,则进行争议解决程序
16	融资风险	私营	要求项目公司做出融资手续完成的保证,此外,本书建议政府部门可以在特许权协议中明确要求私营投资者完成融资工作的期限,并交付所签署的融资文件复印件及其他相关证明文件,同时将融资文件副本的提交设置为政府部门付费义务的先决条件
17	工程/运营变更	私营	一般而言,项目公司有权对已获批准的项目工程/运营设计提出改动,但是建议双方在特许权协议中应该明确对工程建设和运营变更的通知、答复、确认、批准、实施等过程的流程和期限
18	完工风险	私营	应该明确设计、建设过程中的定期进度、质量检查的期限和流程,以期适时对建设过程进行监督管理,并应该明确延误事件发生后的应对方案。私营投资者可以通过施工总承包等方式将完工风险转移给更为专业的承包商

序号	风险因素	分担	合 同 组 织 建 议
19	供应风险	私营	在特许权协议中明确甲方的主要责任应包括如期输送符合质量规定的材料等，例如，城市污水处理项目中，应确保在整个特许经营期内，收集和输送污水至污水处理项目交付点，如期达到本协议规定的基本水量和进水水质
20	技术风险	私营	建议在项目前期对项目范围、规模、前景等项目条件进行合理测算，选择最为合适的技术方案，并在特许权协议中将所选用的方案、应遵循的技术规范和要求等技术细节都明确规定
21	气候/地质条件	共担	建议在特许权协议中明确说明，当发生的合理勘测外的气候/地质问题（如工程建设用地上发现考古文物、化石、古墓及遗址、艺术历史遗物及具有考古学、地质学和历史意义的任何其他物品）影响到项目的执行时，有关的进度日期应相应延长，同时，甲方应选择支付补偿金，或调整供水价格，或相应延长特许经营期
22	运营成本超支	私营	建议在特许权协议中明确说明，政府部门有权对私营投资者的经营成本进行监管，并对其经营状况进行评估。政府部门往往为了提高项目的吸引力，可以允许私营投资者在因非自身原因造成的经营成本发生重大变动时，提出城市供水收费标准调整申请，政府部门核实后向有关部门提出调整意见
23	市场竞争（唯一性）	政府	在特许权协议中必须明确规定，在特许经营期内，对于新的竞争性开发项目或对某一现有竞争性项目进行改扩建，政府部门或其下属政府机关原则上将不予批准
24	市场需求变化	共担	建议设置一个界限值，当市场需求减少超过界限值时，政府部门可以通过调整收费等方式给予私营投资者全部或部分补偿；当市场需求增加超过界限值时，私营投资者按照事先约定返回全部或部分收益，从而实现双方对该风险的共担。此外，对于水业项目，建议双方约定水方有年限或取或付义务，或取或付水平对应的水费一般情况下应满足私营投资者支付运营成本和偿还本息的要求
25	收费变更	共担	建议在特许权协议中明确调价原则和公式。但是对于国内许多公用事业而言，价格调整往往需要通过公开的价格听证程序，本书因此建议特许权协议中明确说明当价格无法调整时，政府部门可以通过补贴等其他方式对投资者做出合理的补偿
26	费用支付风险	共担	建议在特许权协议中明确费用的支付时间表和延期付款责任，保证私营投资者支付运营成本和还本付息，建立月和半年费用最低支付水平和年底结算的机制，要求付款方建立费用特别账户，提高费用支付保证度
27	配套基础设施风险	政府	与土地获取风险类似，为了避免配套基础设施延误对项目现金流产生影响，可以在特许权协议中将配套基础设施的齐全设为特许权协议权利义务生效的前提条件
28	残值风险	私营	建议在特许权协议中明确要求私营投资者在运营阶段的定期维护，明确移交前的交接工作，明确移交的范围、资产标准等
29	招标竞争不充分	政府	由于目前特许经营的法律建设尚未完善，从现有法律和法规层面来看，对于特许经营招投标的操作过程是否必须适用公开招标模式等问题，目前尚无明确答案。公开招募、协议转让、直接委托等其他方式将有可能成为今后特许经营项目实施可选择的其他途径。但是这个风险发生在特许权协议签订之前，故无法通过协议条文来预防
30	特许经营人能力不足	私营	建议在特许权协议中明确规定构成项目公司违约事件的范围（如项目公司发生债务危机、在实际完工日的当日或之前没有实现实际完工、没有按照协议规定进行运营、维护和修理等能力不足），以及发生这些违约事件之后政府部门应该采取的通知、答复、处理等措施

续表

序号	风险因素	分担	合 同 组 织 建 议
31	不可抗力风险	共担	在特许权协议中需要明确对不可抗力事件做出定义,明确发生不可抗力事件之后的应对措施,如明确相应的赔偿计算方法、支付程序等,此外也需要明确不得声称为不可抗力的事件
32	组织协调风险	私营	在很多行业中(如电力能源行业),项目中的供应、承购、运输等多个环节的合作伙伴是政府相关部门和下属企业,因此本书建议私营投资者在项目谈判时,可以争取政府部门在本项目建设和运营过程中协调项目公司协调与项目设施场地周边所涉及的有关单位的关系
33	税收调整	共担	私营投资者可以要求政府部门尽最大努力使项目公司有权根据国内有关法律、法规、规章获得税收优惠,并给予签约级政府在其权限范围内的地方税收优惠
34	环保风险	共担	特许权协议中一般都要求项目公司在项目的建设、运营和维护中应遵守环境保护的法律、法规的规定。因环保问题所遭受或产生的损害、费用、损失,根据归责原则,由过错归属的那一方做出相应的赔偿
35	私营投资者变动	私营	在过往 PPP 项目中,有许多私营投资者将参与 PPP 模式作为取得工程建设合同的台阶。因此,建议在特许权协议中明确规定未经政府部门的事先书面同意,项目公司不得转让其在本协议项下的全部或任何部分权利或义务
36	项目测算方法主观	共担	在签署特许权协议之前,建议投资者已为项目公司(及其他人)的利益进行了必要的调查及检查,包括对项目设施场地进行细致而全面的检查、评估,以确定与本项目有关的风险,该调查及检查的实施状况令项目公司满意;在签署本协议时,建议投资者切勿依赖由政府部门做出的或提供的任何陈述、信息或数据
37	项目财务监管不足	共担	建议在特许权协议中明确说明,政府部门需要对投资者特许经营过程实施监管,包括产品和服务质量,项目经营状况和安全防范措施,以及协助相关部门核算和监控企业成本等。此外,鼓励公众参与监督,及时将产品和服务质量检查、监测、评估结果和整改情况以适当的方式向社会公布。同时受理公众对乙方的投诉,并进行核实处理

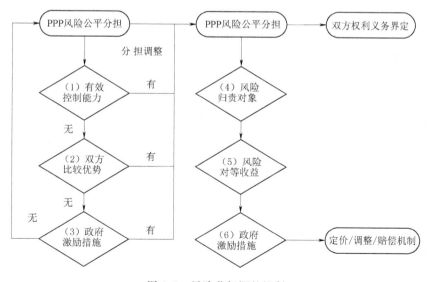

图 6.3　风险分担调整机制

（1）第一步骤是检查双方对于该风险的有效控制能力是否有明显差距，若不存在明显差距，则进入下一步骤。对于已有分担建议的风险，若存在明显差距，检查具有控制能力优势的一方是否已经承担了该风险，若否，则建议修改为由该方承担该风险。对于新识别的无分担建议的风险，若存在明显差距，建议由具有控制能力优势的一方承担该风险。这里的风险有效控制力的概念可以细分为能否预见风险的存在、能否正确评估风险发生的概率和影响程度、能否减少风险的发生概率、能否控制风险事件本身、能否控制风险发生的危害程度以及管理风险所需付出的成本大小。值得注意的是，这一步骤所要求的控制能力差异应该是显著的。

（2）第二步骤是检查双方在项目中的比较优势是否有明显差距，若不存在明显差距，则进入下一步骤。对于已有分担建议的风险，若存在明显差距，检查处于劣势的一方是否已承担了该风险，若否，则建议修改为由该方承担该风险。对于新识别的无分担建议的风险，若存在明显差距，建议由处于劣势的一方承担该风险。此处比较优势的概念包括双方的风险态度、对项目的需求程度、双方的合作历史、各自的项目经验、该项目的竞争程度和双方的谈判能力等。

（3）第三步骤是检查政府部门是否愿意提供激励措施，若否，则进入下一步骤。对于已有分担建议的风险，政府部门若愿意提供激励措施，检查是否已经承担了该风险，若否，则建议修改为由政府部门承担该风险。对于新识别的无分担建议的风险，政府部门若愿意提供激励措施，建议由政府部门承担该风险。这一步骤中政府部门检查的激励措施主要包括政府投资赞助、政府对融资的协助、政府担保、税收减免优惠和开发新市场等。

（4）第四步骤是检查该风险的归责对象，如果归责对象已经承担了该风险，则进入第六步骤。如果归责对象没有承担该风险，则进入第五步骤，归责对象须给予风险承担方相应的补偿。公营和私营部门对于风险的分担主要通过权利义务的界定和付款机制的确定来实现[14]，此后步骤与以往文献研究有所不同，本书认为归责原则不能作为权利义务界定的依据，以避免在建设/运营阶段出现风险控制力不足的情况，因此归责原则在本调整机制中仅作为定价/调整/赔偿机制的参考依据。

（5）第五步骤是根据风险收益对等原则，计算所承担的风险相对应的收益，或者在定价结构/调整机制中增加考虑该风险。在此步骤，本书同样提出与以往研究不同的看法，强调风险收益对等原则应用于合理的权利义务界定的基础上，即该原则应该用于计算承担合理风险所对应的收益，但切勿反向操作，为了获得更多收益而承担更多的风险。

（6）第六步骤是检查政府部门是否愿意提供激励措施。第三步骤中的激励措施主要是政府部门在权利义务的主动承担，与之不同，这一步骤中政府部门的激励措施主要是放弃所承担风险对应的收益，以提高项目对于投资者的吸引力。

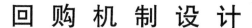

第 7 章

回 购 机 制 设 计

文献研究表明，建设项目投资控制的研究已经开始从具体的管理层面投资控制向制度层面投资控制的方向发展。针对 BT 项目的特点，本书认为应该抓住 BT 项目最终要被"回购"这一关键点，从制度层面研究 BT 项目的投资控制问题。而 BT 项目回购总价款由 BT 项目回购基价和回购期融资费用构成，通过研究可知存在众多因素影响 BT 项目回购总价款，即影响 BT 项目回购总价款的参数，这些参数对于 BT 项目回购总价款的影响并不能完全一致，因此本章将对影响 BT 项目回购总价款的参数进行研究，寻找出 BT 项目回购总价款的关键参数，从而对 BT 项目回购总价款的确定进行研究。在此基础上对 BT 项目回购总价款的调整进行研究。

7.1 基于回购契约优化设计的 BT 项目投资控制研究框架

7.1.1 以控制权传导为主线的 BT 项目投资控制系统构建

公共项目治理通常是国家所有权和私人所有权混合或者联合的治理[136]，公共项目的投资控制涉及公私双方；而不完全契约理论（GHM）认为，应由提供重要投资的一方拥有控制权[137]，即在投资控制中起到主导作用。因此，公共项目投资控制的主体通常为政府（如企业型代建项目）或其通过契约授权的私营企业（如 BOT 项目），而 BT 项目的特殊性即在于其具有双重的投资控制主体。

（1）在 BT 项目建设期间提供重要投资的为 BT 项目投资人，这是因为项目投资人所拥有（或可以融资到）的大量资金是在政府资金短缺的情况下进入 BT 项目的。BT 项目投资人毋庸置疑地拥有 BT 项目建设期间的控制权，直接对其进行投资控制。依据项目所有权配置的一般原则，需做到剩余控制权与剩余索取权相对应[138-139]，然而，BT 项目投资人拥有 BT 项目的剩余控制权，但却由于 BT 项目的公有产权约束以及非（准）经营性不可能拥有（即使是如 BOT 项目那样在一定特许期内暂时拥有）与之对应的剩余索取权，因此，BT 项目投资人的投资控制动力不足，甚至可能恶意扩大投资规模。

（2）BT 项目发起人（政府授权）是回购契约中约定的回购者，从回购契约所涵盖的整个时期（即"建设期间＋回购期间"）来看，BT 项目发起人才是提供重要投资的一方。BT 项目发起人是 BT 项目最终的出资者和所有者，具有充足的投资控制动力，然而，其在 BT 项目建设期间并没有直接提供重要投资，因此，BT 项目发起人只能在事前通过设计合理的回购契约获得 BT 项目建设期间的控制权，从而能够作用或者影响于 BT 项目投资人，间接地对 BT 项目进行投资控制。双重投资控制主体之间的委托代理关系必然伴随着控制权的转移和行使，因此，BT 项目控制权沿着其委托代理链条逐级传导，致使 BT 项目的投资控制成为一项多层次、多主体的复杂系统工程，通常情况下如图 7.1 所示。

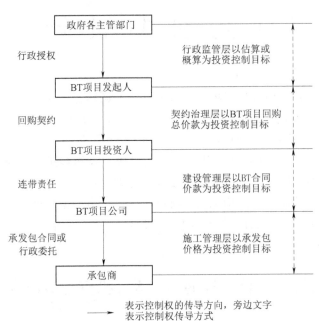

图 7.1　以控制权传导为主线的 BT 项目投资系统控制

7.1.2　BT 项目投资控制系统中回购契约的重要性分析

通过上述分析可知，在 BT 项目中提供重要投资的涉及公私双方：①在 BT 项目建设期间提供重要投资的为 BT 项目投资人（主要是其组建的 BT 项目公司），它毋庸置疑地拥有 BT 项目建设期间的控制权，直接对 BT 项目进行投资控制；②而从 BT 项目回购契约所涵盖的整个时期（即"建设期间＋回购期间"）来看，政府（主要是其授权的发起人）才是提供重要投资的一方。BT 项目投资控制主体可分为公、私两大阵营，而两大投资控制阵营的目标却迥然不同：①公共部门阵营的目标是为了最大限度地满足公众的利益诉求，且公共部门是 BT 项目最终的出资者和所有者，具有充足的投资控制动力；②私人部门阵营的目标仅为了获取利润，私人部门作为独立核算、自主经营的经济实体，其天然具有利用自身的专业优势和所拥有的项目控制权追逐个体利益的动机，因此，其投资控制动力不足，甚至可能有恶意扩大投资的倾向。由图 7.2 可以看出，回购契约是衔接投资控制公、私两大阵营的关键节点[140]，因此，BT 项目回购契约的优化设计对于其投资控制至关重要。

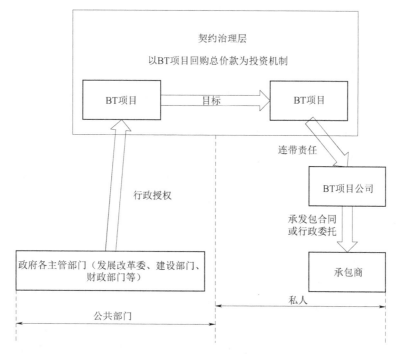

图 7.2 BT 项目投资控制系统中的重要性图示

如前所述,从 BT 项目投融资—建设—回购的整个过程来看,BT 项目发起人才是提供重要投资的一方。BT 项目投资人拥有 BT 项目投融资建设过程中的控制权,包括特定控制权和剩余控制权,BT 项目发起人只是回购契约中的回购方。因此,BT 项目发起人需要在签订回购契约前通过设计合理的回购契约获得 BT 项目投融资建设过程中的控制权,以此来作用于 BT 项目投资人,运用间接方式对 BT 项目进行投资控制。如果 BT 项目发起人设计的回购契约不合理,则导致 BT 项目发起人无法获得必要的 BT 项目投融资建设过程中的控制权;或者 BT 项目发起人掌握着太多的项目控制权,而影响了对 BT 项目投资人的有效激励作用。因此,回购契约设计的合理与否,是 BT 项目发起人对 BT 项目投资控制是否成功的关键,BT 项目发起人应充分利用其在回购契约签订之前所拥有的主导优势,对 BT 项目的回购契约进行合理设计,从而适当掌握 BT 项目建设期间的特定控制权,在 BT 项目的投资控制中扮演最终控制人的角色。

7.1.3 回购契约优化设计原则的确定

契约经济学认为,契约可以理解为节约交易成本的协调形式,其核心内容即支付、权利和责任[141],BT 项目的回购契约也是如此。从时间维度不完全契约理论将契约分为初始契约和再谈判,因为未来是不确定性的,或者出于节省交易成本的考虑,初始契约具有天然的不完全性,这就要在自然状态实现后,通过再谈判来弥补契约的这种不完全性。

目前学术界关于契约最优设计的原则主要有以下三种观点[142]:

(1) 交易费用理论。交易费用理论认为契约交易费用的大小是契约设计优劣的体现。该理论指出,契约是一个用于分析交易过程的方法论工具,可被理解为交易双方为了实现交易而进行的制度安排，在这种制度安排下的总交易费用（交易费用分为事前的交易费用和事后的交易费用）越低，表明其效率越高[143]。虽然这一原则具有的认可度较高，但难以准确度量出交易费用的大小，即使是对不同契约安排中的交易费用进行"比较分析"也很困难，致使该原则无法广泛应用于实践中。

（2）行为经济学理论。行为经济学理论认为最佳的契约形式是内生的，是在保护权利感受的刚性与促进事后效率的灵活性之间进行权衡后取舍。行为经济学理论将契约看作是一种"参照点"，即当事人判断利益得失的主观标准，交易双方会以事前的竞争性缔约收益为参照点在精细的契约和粗糙的契约之间进行取舍：精细的契约是刚性的，有利于遏制双方的投机行为，但是会导致丧失事后的灵活性；粗糙的契约会带来投机行为，从而损失当事人的利益，但能通过增强灵活性而促进事后效率[144]。对于交易双方而言，准确地了解对方的感受并在此基础上进行权衡与取舍都是非常难以做到的，因此，该原则也只是引入了一个新的视角。

（3）项目治理理论。项目治理理论认为当利益相关者"权责利对等"的时候，契约设计最优。治理的本质即"协调利益相关者之间的关系"，而契约的核心内容支付（利）、权利（权）、责任（责）是界定与反映交易双方之间关系的重要途径。依据项目治理理论[144]，权利是为一定责任而设立的，配置权利必须对等于所分配的责任；责任意味着需要承担一定的风险，承担风险的同时也应承担由此风险所带来的损失，当然也享受风险收益[145]，也就是说契约的最优设计应做到"权责利对等"。

比较上述三个契约最优设计的原则，"权责利对等"原则的可操作性较强，用于 BT 项目回购契约的优化设计较为合适。

7.1.4 依据权责利对等原则的回购契约优化设计方案

BT 项目发起人通过与项目投资人签订回购契约间接对 BT 项目进行投资控制，具体表现为[140]：①回购契约中的回购总价款（对应"支付"）就是项目投资人设定的投资控制目标；②回购契约中的风险分担（对应"责任"）对于投资人的投资控制具有激励和约束作用；③回购契约中的权利配置（对应"权利"）为项目发起人和项目投资人调整回购总价款规定了权限。为了有效实现对 BT 项目的投资控制，BT 项目发起人应依据"权责利对等"原则合理确定 BT 项目回购契约中的支付（即利益分配）、责任（即风险分担）和权利（即权利配置），以便通过设计合理的回购契约适当地掌握 BT 项目建设期间的特定控制权，如图 7.3 所示[140]。

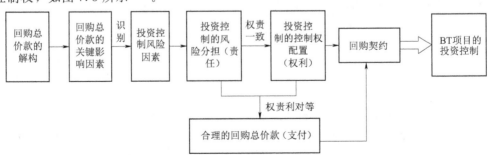

图 7.3 "权责利对等"原则下的 BT 项目回购契约优化设计

7.2 BT 项目投资控制设计

7.2.1 BT 项目回购契约中的风险分担

BT 项目的风险分担需要 BT 项目发起人和 BT 项目投资人双方共同博弈后才能确定。BT 项目发起人简单地把项目风险都转嫁给 BT 项目投资人，并不能更好地激励 BT 项目投资人进行投资控制，反而会促使 BT 项目投资人担心项目风险带来的损失而提高 BT 项目回购总价款。因此，BT 项目风险分担应该是 BT 项目发起人和 BT 项目投资人共同确定合理的风险分担方案。

（1）BT 项目回购总价款的解构与 BT 项目的风险因素。BT 项目的整个实施过程面临着很多风险因素，这些风险因素影响着 BT 项目回购总价款的调整。因此，本部分内容在分析 BT 项目回购总价款的解构、BT 项目回购总价款的关键影响因素以及 PPP 项目风险因素的基础上，结合 BT 项目的运作过程以及对 BT 项目关键控制要素识别的基础上，识别出 BT 项目的风险因素，作为后续研究的基础。

（2）BT 项目风险分担的实证分析。BT 项目风险分担采用问卷调查的研究方法，根据风险因素设计调查问卷，调查问卷需要能够分析出不同风险因素是如何在 BT 项目发起人和 BT 项目投资人之间分担的。最后，分析 BT 项目风险分担问卷的调查结果，对 BT 项目发起人和 BT 项目投资人的风险分担偏好进行对比。

7.2.2 BT 项目回购契约中的控制权配置

要分析 BT 项目的控制权配置，首先需要做的就是识别 BT 项目的关键控制要素。在识别出 BT 项目关键控制要素的基础上，设计控制权配置的调查问卷，根据问卷调查结果得出 BT 项目的控制权配置。

1. 公共项目的控制权配置

一般情况下，BT 项目大多是政府部门或政府授权机构发起的公共项目，研究 BT 项目的控制权配置问题，首先需要分析公共项目控制权的概念及其特征。因此，这部分内容需要对控制权的概念和特征、控制权的配置进行文献分析。

2. BT 项目决策节点的识别

为了识别出 BT 项目有哪些控制权，需要识别 BT 项目的决策节点。BT 项目需要完成建设和移交两个阶段，其中建设阶段是 BT 项目过程的主体。但是 BT 项目还有移交阶段，这使得 BT 项目和一般的工程建设项目有所区别。

首先，BT 项目的利益相关者较多。BT 项目的利益相关者总体而言是公共部门和私营部门，其中公共部门主要包括政府部门和 BT 项目发起人，通常 BT 项目发起人是政府授权的机构；私营部门包括 BT 项目投资人、BT 项目投资人设立的项目公司、设计单位、承包商、材料设备供应商、金融机构等。

其次，BT 项目利益相关者的法律地位复杂。BT 项目包括了投融资、设计、施工和移交等过程，项目的所有权是一个状态依存所有权，即这个所有权是动态变化的，也因此才出现了 BT 项目在移交的过程中出现了二次纳税的问题。因此，合理确定 BT 项目各利益相关者的法律地位及其相互之间的法律关系，有利于分析 BT 项目的所有权状态，进而有利于分析 BT 项目的控制权如何合理配置。

最后，BT 项目的回购契约体系复杂。BT 项目涉及的合同较多，如勘察设计合同、投融资建设合同、BT 项目回购协议、项目建设合同以及项目担保合同等。BT 项目的成功实施有赖于合理的合同管理，BT 项目各利益相关者之间的权利责任关系，也需要通过一系列的合同加以明确。明确的 BT 项目合同体系，有利于 BT 项目控制权的合理配置。

因此，通过分析 BT 项目的利益相关者、利益相关者之间的法律地位、合同体系，明确 BT 项目的运作方式和运作过程，在此基础上才能识别出 BT 项目实施过程中的关键控制要素，作为后续控制权配置问卷设计的基础。

3. BT 项目控制权配置的实证分析

BT 项目控制权配置采用问卷调查的研究方法按照 BT 项目的运作过程，识别出 BT 项目的关键控制要素。根据关键控制要素设计调查问卷，调查问卷需要能够分析出这些关键控制要素是如何在 BT 项目发起人与 BT 项目投资人配置的。最后，分析 BT 项目控制权配置问卷的调查结果，对 BT 项目发起人和 BT 项目投资人的控制权配置的偏好进行分析。

7.2.3　BT 项目回购总价款的确定与调整

1. BT 项目回购总价款的关键参数

对于 BT 项目回购总价款关键参数确定的研究，本书将通过文献研究与实际案例分析相结合的方法，从文献分析、各地政府规定、实际案例三个方向逼近寻找出影响 BT 项目回购总价款的关键参数。

2. 关键参数对 BT 项目回购总价款的影响

依据识别出的 BT 项目回购总价款的关键参数，对每一个关键参数进行理论或实际案例的分析，得出关键参数对 BT 项目回购总价款的影响机理。

3. 其他因素对 BT 项目回购总价款调整的影响

BT 项目在建设过程中存在众多的不确定性，因此影响 BT 项目回购总价款调整的因素众多，本章也会对其他影响回购总价款调整的因素进行分析。

7.3　BT 项目回购总价款关键参数的确定

对于 BT 项目回购总价款关键参数确定的研究，本书将通过文献研究与实际案例分析相结合的方法，从学者分析、各地政府规定、实际案例三个方向逼近寻找出影响 BT 项目回购总价款的关键参数。

7.3.1　BT 项目回购总价款关键参数的文献分析

理论界和实务界的学者都对 BT 项目回购总价款参数进行了众多研究，本书对这些文献进行研究分析，总结出现有对于 BT 项目回购总价款参数的研究主要分为两类：第一类是学者们首先对 BT 项目回购总价款进行分解，通过分解后的回购总价款对影响参数进行分析；第二类是学者们对 BT 项目本身的研究或者某几个方面或者某一方面进行研究，寻找出一个或几个影响 BT 项目回购总价款的参数。

对 BT 项目回购总价款进行分解的学者的研究内容如下。

余礼林[146]对 BT 项目回购总价款进行分解，指出施工期、回购期、贷款偿还期影响投资收益的计算，并且缩短回购期会降低回购总价款。严玲等[147]对 BT 项目回购总价款进行分解，指出影响 BT 项目回购基价的主要因素有资金投入方式、建设工期、工程变更、回购支付方式、基准利率与投资回报率、回购期限，并分析了资金投入方式对回购基价的影响，回购支付方式、回购期限对回购总价款的影响。钟炜、王博[148]在确定 BT 双方风险分担方案的基础上，分析了 BT 项目回购总价款的构成，给出了影响回购总价款的因素，包括基准利率、国家税收政策、资金的投入方式、回购方式、融资成本的确定、回购期计息方式、工程变更、建设工期、回购期和回购价款的支付方式，并通过案例说明了回购期和支付方式会对回报率产生影响，进而对 BT 项目回购总价款产生影响。钟炜、高华、王博[149]通过对回购基价和回购期投资收益的确定，分析投资回报率和投资期限对回购总价款的影响，并通过实际案例进行了分析验证。高华[150]对 BT 项目回购总价款的组成进行了详细的分解，并探讨了等额本息和等额本金、利息实付两种回购方式对回购总价款的影响，用实际数据比较了不同回购期限和投资回报率对回购总价款的影响，并运用单因素套利模型和变形的收益现值法分别确定了投资回报率，并建立了回购定价模型。欧阳红祥等[151]在分析 BT 项目回购总价款构成的基础上，提出影响回购总价款的因素包括资金使用计划、工程项目变更、费用索赔、工期延误、回购期限、回购方式、通货膨胀与利率变动、投资回报率、税收政策等，并对其进行了研究。

对 BT 项目回购总价款参数进行研究的学者的研究内容如下。

冉萍[152]对 BT 模式应用于高校项目的可行性进行了研究，并指出回购期的计息方式对回购支付产生重要影响。邓中美[153]探讨了 BT 项目在不同的投资回收期和投资回报率的情况下对政府支出数额的影响，指出缩短回购期限，增加回购支付单期数，有利于减少项目回购总价款。林平等[154]揭示了工期延误对回购基价的影响机理，并提出防范可原谅工期延误造成回购基价增加的措施。谢莎莎[155]提出影响 BT 项目回购总价款的因素包括经济影响、政策影响、回购时期影响、工期影响四部分，并探讨了回购期、支付方式、投资回报率对回购总价款的影响。李慧英[156]认为 BT 项目的招标人应慎重考虑回购方式的选择，回购方式会对政府财政产生影响。叶苏东[157]认为 BT 项目的偿付机制包括偿付时间计划、基准回购价格和风险补偿机制三个要素，并探讨了不同偿还计划对 BT 项目回购总价款的影响，以及提出了 BT 项目承包商承担风险应和补偿相匹配的合理风险补偿机制。高喜珍[158]通过分析两种 BT 模式测算出一次回购和分期回购情况下的投资回报率，并分析出影响投资者收益水平的因素：风险、社会折现率以及银行贷款利率。高华、谢强[159]对回购模式和付款方式进行了分析，通过案例研究回购模式和付款方式对 BT 项目回购总价款的影响，通过敏感性分析指出投资回报率是影响回购总价款的关键因素，并提出了减少和避免"二次纳税"的方案。黄建玲、杨丽明[160]给出了 BT 回购期限确定的原则：当 BT 项目投资数额不大或 BT 项目发起人经营状况较好时，可采用一次付款回购；

反之，当 BT 项目本身很难预测现金流量时，可采用分次回购的模式。姜敬波[161]基于风险分担理论对回购定价进行研究，寻找并分析了影响回购总价款的关键因素，对回购时间节点、回购支付方式进行研究，并建立基于 VAR 模型的投资回报率定量模型。杜亚灵、尹贻林[140]从回购契约视角研究得出 BT 项目契约中的回购总价款（利）、权利配置（权）以及风险分担（责）相互匹配能改善 BT 项目投资控制效果。罗为艾[162]指出 BT 项目回购方式与回购价款支付方式会对回购总价款产生影响，在其研究的实例中指出工程建设费用会按照一定下浮比率下浮。王将军[163]在其研究中对回购期及支付方式对回购价款的影响进行了比较。丁国璇[164]在其研究中指出工程建设费用、回报率（包括回购支付方式）、项目工期（包括回购期）是影响 BT 项目回购总价款的主要因素，并认为 BT 项目存在下浮造价的情况。

分析以上学者的研究可以看出，学者们提出了众多影响 BT 项目回购总价款的参数，但是主要集中在回购期限、回购方式、投资回报率这三个参数，此外也提出了其他参数，如下浮率、施工期、贷款偿还期、国家税收政策、建设工期等。这些参数都会影响 BT 项目回购总价款。

7.3.2　BT 项目回购总价款关键参数的相关文件分析

本书分析了我国部分省市关于 BT 项目回购的具体规定，其中也包括对回购总价款的规定，并对这些规定进行了对比分析，具体内容见表 7.1。

通过对表 7.1 的分析可以看出，所有列出的省市政府都对 BT 项目的回购方式和回购期限进行了规定，广东省、分宜县、北海市、宁国市、郎溪县等地对投资回报率的相关内容进行了界定。有的地区对回购期限进行了明确规定，但是这些地区对投资回报率和回购方式并没有明确规定，原因就是由于回购方式和投资回报率涉及较多因素，也影响回购总价款，需要 BT 项目双方共同商定。

7.3.3　BT 项目回购总价款关键参数的实例分析

在深圳地铁 5 号线 BT 项目中，项目发起人和投资人签署 BT 合同，在签署的 BT 合同中，明确地对深圳地铁项目的回购过程进行了规定[161]，包括对回购方式、回购期限和投资回报率的规定。对于该项目的回购方式，不同于以往的标准型 BT 项目回购方式，采用了一种新型的回购方式，即在项目建设期间就进行回购，把项目的回购期提前。而项目的回购价格根据项目每年的建设费用和融资费用计算。对于该项目的回购期限，BT 合同中规定为建设过程中每一年年末和下一年年初进行回购，回购间隔为一年，最后一次回购视具体情况而定[161]。对于该项目的投资回报率，合同中建立了基于风险的投资回报率，即项目的投资回报率与 BT 项目投资人承担的风险相匹配。

在规定这三个回购参数的基础上，又引进了下浮率的概念，即该 BT 项目合同总价以项目作为计价基础，根据以往的类似工程造价及市场情况确定在初步设计概算基础上的下浮率以及投融资费用来确定 BT 合同价格。该项目确定了工程费用计算的下浮率，即初步设计概算下浮一定比率[165]。该 BT 项目通过确定合理的下浮率，既减少了项目建设投资，降低回购价款，也保证了 BT 项目投资人能够获得很好的投融资回报。因此，在该 BT 项

表 7.1　我国部分省市关于 BT 回购价款的规定

内容 \ 城市	广东省	天津滨海新区	重庆市	分宜县	北海市	宁国市	郎溪县	宜城市
回购承诺	回购方式、回购金购年限、回购金比例分阶段支付内容等	合同双方的权利和义务；项目投资、质量、进度的监控措施；结算支付方式；结算支付资金测算、来源、依据	主要以经政府部门批准的未来收益作为回购资金来源；项目建成后由项目业主按合同约定支付回购价款	回购方式、回购年限、回报率、回购金分阶段支付内容，并在 BT 建设项目投资协议书中予以明确	回购方式、回购年限、回购金分阶段支付内容等内容	回购方式、回购年限、回报率、回购金分阶段支付内容，并在 BT 建设项目合同中予以明确	回购方式、回购年限、回报率、回购金比例等内容，并在 BT 建设项目投资协议书中予以明确	回购方式、回购金购年限、回购金比例分阶段支付内容等
承诺	回购款支付期限一般为 3～6 年	建成后 5 年内能够结算支付；有具体的结算支付计划	建成后的 2 年左右完成回购	投资额为 2000 万元以下的，其回购年限为 2 年；投资额为 2000 万元及其以上的，其回购年限为 3 年	建设期间不计利息和回报，项目回购期限为 3～5 年	投资额为 5000 万元以下（不含 5000 万元）的，回购年限为 3 年；投资额为 5000 万元以上的（含 5000 万元），回购年限为 5 年；投资额为 1 亿元以上的（含 1 亿元），回购年限为 8 年	投资额为 5000 万元以下的（含 5000 万元），工程竣工验收之日起分 2 年 3 期回购完毕；投资额为 5000 万～10000 万元的（含 10000 万元），自工程竣工验收并办理移交手续之日起分 3 年 4 期回购完毕；投资额为 10000 万元以上的（含 1 亿元），自工程竣工验收并办理移交手续之日起分 5 年 6 期回购完毕	BT 建设项目回购年限为 3 年
回购价格	回购费用＝BT 合同承包费用＝项目建设期已拨付的各级财政投资补助＋投资收益	决算总额	决算总额	决算总金额为回购金	市财政局指定具有相应资质的评审机构进行审核，并经财政部门确认，作为确定投资人实际投资的依据	决算总额	决算总额	决算总额

续表

城市 内容	广东省	天津滨海新区	重庆市	分宜县	北海市	宁国市	郎溪县	宣城市
回购权利义务	项目法人工程竣工验收（或合同工程完工验收）合格后应地收购投融资单位购资建设的工程项目	发展改革、财政、建设、规划、国土、环保、审计、工商行政管理等部门要积极支持BT模式的推行	市建设、规划、国土、环保、审计等部门应根据各自职责，协同投资方做好项目BT融资管理工作	项目法人在回购该项目全部清偿款之前，投融资单位保留该项目融资金所占比例的项目产权，但不能以此为由影响业主的正常使用，且不得以该项目法人作担保	市财政、发展改革、建设、监察、审计等政府职能部门要根据各自的职责，加强对BT项目建设过程监督检查，确保项目建设规范运作，早日建成投入使用，提高投资效益	项目法人可提前清偿收购款项，但通知投融资单位前1个月应应单位。自项目开始，至回购期全部清偿止，项目法人必须承担偿还回购款的相应责任	未规定	未规定
其他	因项目法人或其他原因造成未能按期支付回购款的，按照合同条款承包合同条款处理	融资建设合同中应明确项目的结算支付条件和结算支付程序	回购期不得在工程质量保修期内结束	信用保证金交纳实行工程量清单招标	未规定	合同履约金	未规定	合同履约金和资金保两方法

目中，项目回购总价款的关键就是回购方式、回购期限、投资回报率以及下浮率等参数的确定。

通过以上分析可以看出，学者的研究和各地方政府的规定都提出了众多的确定和影响回购总价款的参数，主要集中在回购期限、回购方式、回购价格和概算下浮率这四个方面。因此，基于以上研究，本书认为 BT 项目回购总价款关键参数是回购期限、回购方式、投资回报率和下浮率。

7.4 关键参数对 BT 项目回购总价款的影响

下面对回购期限、回购方式、投资回报率和下浮率这四个 BT 项目回购总价款关键参数对回购总价款的影响进行分析。

7.4.1 BT 项目回购方式对回购总价款的影响

BT 项目投资人需要通过投资和融资建设 BT 项目，在项目发起人回购时获得投资回报和融资回报。而政府部门（项目发起人）则要通过采用 BT 模式缓解政府投资在基础设施项目建设方面的财政资金压力，提高财政资金的使用效率，因此必须要保证回购总价款的合理和节约。BT 项目的回购方式影响着 BT 项目回购总价款的确定和支付。BT 项目的回购方式就是回购价款的支付方式，是指 BT 项目在回购期间，确定回购次数、每次回购的金额以及回购的间隔[148,158,162]。BT 项目的回购方式可分为标准型 BT 项目回购方式和非标准型 BT 项目回购方式，本书将对这两种模式分别进行介绍。

1. 标准型 BT 项目回购方式

本书定义的标准型 BT 项目回购方式是指现在学者普遍认同的回购支付方式。回购次数分为一次性回购和分期回购。一次性回购就是指 BT 项目发起人只支付给 BT 项目投资人一次回购款，这次回购款也就形成了回购总价款；分期回购是指 BT 项目发起人分多次支付给承包人回购价款，全部支付回购价款的总和就是 BT 项目的回购总价款。由于回购总价款中包括回购期的融资费用，而一次回购的时间要低于分期回购的时间，因此一次回购的回购期融资费用要低于分期回购的融资费用，因此一次回购的回购总价款要低于分期回购的回购总价款。但是由于一次回购的回购总价款要明显高于分期回购的每一次的回购价款，因此对于政府来说，一次回购会对政府产生较大的财政压力。所以 BT 项目发起人（政府部门）要依据自己的财政情况，确定 BT 项目回购的次数。当政府部门财政情况较好，能够承担一次回购的财政压力时，发起人可以采取一次回购的方式；如果发起人的财政状况并不能承担一次支付的财政压力时，则应该选择分期回购的方式。

对于 BT 项目回购金额的确定方式，现在普遍认同两种方式，分别是等额本息方式和等额本金、利息实付方式。

（1）等额本息方式。等额本息方式是指在项目回购期内，回购价款即每期支付的本金和投资收益之和是相等的，但每期支付的本金数额和投资收益数额却均不相等。计算步骤如下：

1）计算建设期末的回购基价 I。

2）根据等值计算原理，考虑资金的时间价值，采用资金回收系数计算每期等值的偿还额度 A。

$$A = I \times \frac{i(1+i)^n}{(1+i)^n - 1}$$

式中：n 为回购付款的期数。

3）计算每次支付回购价款时应支付给投资人的投资收益。

每期应支付的投资收益＝期初尚未回购余额×计算期投资回报率

期初尚未回购余额＝I－本期之前各期偿还的本金累计

4）计算每期偿还的本金。

本期偿还本金＝A－每期应支付的投资收益

例如，假设某 BT 项目建设期为 2.5 年，到建设期末累计的工程建设费用为 1500 万元、建设期融资费用为 500 万元，共计 2000 万元，从第 3 年起 BT 发起人开始回购该项目，采用等额本息方式回购，每年回购一次，双方协商的年投资回报率为 10%，则 BT 发起人各期回购金额、BT 投资人的投资收益见表 7.2。

表 7.2　　　　　　　　等额本息方式下各期的还款和收益数据

回　购　期　数	1	2	3	4	5
期初尚未支付余额/万元	2000	1672.4	1144.8	617.2	89.6
计算期投资回报率/%	10	10	10	10	10
每期投资收益（BT 投资人）/万元	200	167.24	114.48	61.72	8.96
每期还本额/万元	327.6	360.36	417.12	465.88	518.64
每期还本付息总额（BT 发起人）/万元	527.6	527.6	527.6	527.6	527.6
期末尚未支付余额/万元	1672.4	1144.8	617.2	89.6	0

项目回购基价为 2000 万元，回购期数为 5 期，则 BT 发起人每期支付的回购价款为

$$A = I \times \frac{i(1+i)^n}{(1+i)^n - 1} = 2000 \times \frac{0.1(1+0.1)^5}{(1+0.1)^5 - 1}$$

BT 发起人回购支付的总金额＝527.6×5＝2638（万元）。

BT 投资人回购期的总投资收益＝200＋167.24＋114.48＋61.72＋8.96＝552.4（万元）。

（2）等额本金、利息实付方式。等额本金、利息实付方式是指在项目回购期内，回购价款即每期支付的本金和投资收益之和是不相等的，但每期支付的本金数额相等，投资收益按期初尚未支付余额和计算期投资回报率的乘积计算。计算步骤如下：

1）计算建设期末回购基价（累计工程建设费用和建设期融资费用之和）。

2）计算在指定偿还期内，每期应偿还的本金 A。

$$A = I / n$$

式中：n 为回购付款的期数。

3）计算每期应支付的投资收益。

每期应支付的投资收益＝期初尚未支付余额×计算期投资回报率

4) 计算每期还本付息总额。

每期还本付息总额＝A＋每期应支付的投资收益

例如，承接上例等额本息方式的假设条件，但回购方式采用等额本金、利息实付方式，则 BT 项目发起人各期回购金额、BT 项目投资人的投资收益见表 7.3。

表 7.3　　　　　等额本金、利息实付方式下各期的还款和收益数据

回　购　期　数	1	2	3	4	5
期初尚未支付余额/万元	2000	1600	1200	800	400
计算期投资回报率/%	10	10	10	10	10
每期投资收益/万元	200	160	120	80	40
每期还本额/万元	400	400	400	400	400
每期还本付息总额/万元	600	560	520	480	440
期末尚未支付余额/万元	1600	1200	800	400	0

BT 发起人总回购金额＝600＋560＋520＋480＋440＝2600（万元）。

BT 投资人回购期的投资收益＝200＋160＋120＋80＋40＝600（万元）。

可见，BT 发起人采用等额本息方式比等额本金、利息实付方式回购总金额共多支付 38 万元（2638－2600），对应 BT 项目投资人多获得投资收益 19 万元。

从表 7.2 和表 7.3 可以看出，采用等额本息方式回购，前期支付的本金少，投资收益多，后期支付的本金多，投资收益少；采用等额本金、利息实付方式回购，每期偿还的本金一样，但是前期支付的投资收益多，后期支付的投资收益少些，从而导致前期回购付款额度大，但是回购总价款低一些。因此，BT 项目发起人（政府部门）采用何种方式确定 BT 项目回购价款并回购项目，取决于发起人财政能力及 BT 项目回购资金的安排，如果发起人回购前期财政能力好、回购资金充足，则可采用等额本金、利息实付方式回购项目；否则采用等额本息方式更合适。

此外，BT 项目发起人应根据自己的财政状况确定回购的间隔。回购间隔越长，则回购期越长，从而导致投资期融资费用增加，因此会引起回购总价款的增加，所以在 BT 项目发起人资金充足的情况下，最好选择较短的回购间隔，以减少回购期融资费用，从而减少回购总价款。

某围海造陆的 BT 项目采用了标准型 BT 项目回购方式，即在项目建成后分 4 期支付，支付间隔为半年[150]，即基准日起第 1～6 个月内支付第 1 次回购价款，第 7～12 个月内支付第 2 次回购价款，第 13～18 个月内支付第 3 次回购价款，第 19～24 个月内支付最后的余款。

2. 非标准型 BT 项目回购方式

本书定义的非标准型 BT 项目回购方式是指在某一实际案例中产生的特别的、不同于以往的回购方式。本书所研究的非标准型 BT 项目回购方式，是指 BT 项目的回购期提前，即在项目的建设过程中就开始进行回购，回购间隔为一年，即在每一年的年底或下一年的年初进行回购，在合同签订时并没有明确最后一次回购的时间，这种回购模型，不涉及建设完毕后的具体回购方式，回购价格计算也比较简单。

对于回购方式而言，标准型和非标准型的主要区别就在于回购金额的确定方法上。非标准型支付为多次支付，支付间隔为一年。由于项目回购时并没有建设完成，因此在回购时就无法准确地确定回购总造价，也就是无法根据上文的两个公式确定回购价款，因此每次回购的回购金额就要根据实际已建成项目的建设费用确定融资费用，从而确定回购价款，历次回购价款的总和就构成了回购总价款。

计算公式如下：

$$每年的建设费用=\sum 每年花费的工程款$$
$$每年的融资费用=当年的建设费用\times 加权投资回报率$$
$$每次回购价格=每年的建设费用+每年的融资费用$$

非标准型支付方式可以减少项目建成后的回购期，从而减少回购期的融资费用，进而会减少 BT 项目的回购总价款，而且在项目建设期会给予投资人一定的价款补助，从而保证投资人建设金额充足，保证项目建设。因此，这种非标准型 BT 项目回购方式对项目建设以及项目发起人和投资人都有利。

7.4.2　BT 项目回购期限对回购总价款的影响

BT 项目回购期限的设定会影响 BT 项目回购总价款的制定。BT 项目回购期限就是 BT 发起人向 BT 项目投资人从第一次支付回购价款到最后一次支付回购价款之间的时间期限，其中包括回购价款支付的期数即回购期数。对于 BT 项目回购期限的确定，本书将其分为标准型 BT 项目回购期限的确定和非标准型 BT 项目回购期限的确定。本书将对这两种方式分别进行介绍。

1. 标准型 BT 项目回购期限

本书定义的标准型 BT 项目回购期限是指现在学者普遍认同的对 BT 项目回购期限的约定。标准型 BT 项目回购期限可以分为三个阶段，即项目建设期、回购缓冲期和项目回购期。

（1）项目建设期。项目建设期是指 BT 项目从开始建设到项目建成竣工移交的这段时间。主要包括项目的建设阶段、竣工验收阶段和移交阶段。

（2）回购缓冲期。回购缓冲期是指从 BT 项目的移交完成开始，到项目发起人开始支付项目回购价款的这段时间。造成项目回购缓冲期的原因包括项目缺陷责任期、项目投入使用前的准备工作、BT 项目发起人的准备回购资金等。项目回购缓冲期应根据项目特点以及项目发起人和投资人的特点确定其长短。如果 BT 项目移交后就立即进行回购，则没有回购缓冲期。

（3）项目回购期。项目回购期是指 BT 项目发起人开始回购到最后一次回购价款支付、回购完成的这段时间。回购缓冲期和项目回购期可统称为回购期限。

依据实际的 BT 项目，回购期限一般为 2~8 年，投资额高的 BT 项目回购期限要比投资额低的 BT 项目短一些[150]。我国某些地区出台的 BT 项目管理办法中也对 BT 项目的回购期限进行了规定，具体内容见表 7.4。

通过表 7.4 可以看出，政府出台的 BT 项目管理办法中对 BT 项目的回购期限也一般为 2~8 年，并且有些地方政府规定投资额大的 BT 项目的回购期限应长，投资额小的 BT 项目的回购期限应短。

表 7.4　　　　　我国部分省市关于 BT 项目回购期限的规定

内容＼城市	广东省	天津滨海新区	重庆市	分宜县	北海市	宁国市	郎溪县	宜城市
回购期限	回购款支付期限一般为 3～6 年	建成后 5 年内能够结算支付，有具体的结算支付计划	建成后的 2 年左右完成回购	2000 万元以下的，其回购年限为 2 年；2000 万元及以上的，其回购年限为 3 年	建设期间不计利息和回报，项目回购期限原则为 3～5 年	投资额为 5000 万元以下的（不含 5000 万元），其回购年限为 3 年；投资额为 5000 万元以上的（含 5000 万元），其回购年限为 5 年；投资额为 1 亿元以上的（含 1 亿元），其回购年限为 8 年	投资额为 5000 万元以下（含 5000 万元）的自工程竣工验收并办理移交手续之日起分 2 年 3 期回购完毕，5000 万～10000 万元的（含 10000 万元）自工程竣工验收并办理移交手续之日起分 3 年 4 期回购完毕，投资额为 10000 万元以上的自工程竣工验收并办理移交手续之日起分 5 年 6 期回购完毕	BT 建设项目回购年限为 3 年

对于实际的 BT 项目，回购期限越长、回购期数越多，则回购期的融资费用越多，BT 项目发起人支付给投资人的投资收益就越多，从而导致回购总价款越高。但是回购期限越长、回购期数越多，则每一期支付的回购价款就越低，这也就降低了发起人每次支付回购价款的资金压力。因此，BT 项目发起人应根据自身的财政条件确定 BT 项目的回购期限。当发起人的财政情况较好、资金充足时，发起人可以选择较短的回购期限，从而降低回购总价款。当发起人的财政情况不好、资金不充足时，可以选择较长的回购期限，从而降低每次回购的资金压力，但是回购总价款将会增加。

2. 非标准型 BT 项目回购期限

本书定义的非标准型 BT 项目回购期限是指在某一实际案例中产生的特别的、不同于以往的回购期限。本书所研究的非标准型 BT 项目回购方式，与前文所研究的非标准型 BT 项目回购方式是一体的、相互依存的，即指在 BT 项目的合同签订阶段，并没有明确约定 BT 项目的具体回购期限，即并没有明确地约定 BT 项目的回购期数和最后一次的回购时间。由于非标准型 BT 项目是在项目建设期开始回购，因此就不存在回购缓冲期。并且由于 BT 项目的工程量大，建设时间长，因此不能准确地明确最后一次支付的时间。此外，没有明确回购期数和最后一次的回购时间会导致 BT 项目发起人和投资人对回购价款存在不确定性，但是这种回购方式可以根据项目建设的情况和项目发起人与投资人的情况去确定回购期限，因此灵活性强，也使得适应性强，正好符合 BT 项目的风险性强、不确定性多的特点，有利于 BT 项目回购的实现。

非标准型 BT 项目回购期限与标准型 BT 项目回购期限具有相同性，那就是回购期限越长、回购期数越多，则回购期的融资费用越多，BT 项目发起人支付给投资人的投资收益就越多，从而导致回购总价款越高。但是回购期限越长、回购期数越多，则每一期支付的回购价款就越低，这也就降低了发起人每次支付回购价款的资金压力。因此，项目发起人应根据自身的特点确定非标准型 BT 项目的回购期限。

7.4.3　BT 项目投资回报率对回购总价款的影响

BT 项目的投资回报率是 BT 项目发起人给予 BT 项目投资人的投资回报率，并不是 BT 项目自身的投资回报率。由于 BT 项目较多地应用于基础设施项目，有较强的正外部性和公益性，并不以营利为目的，因此 BT 项目的投资回报率不应该太高，在 8% 左右。投资回报率有多种计算方法，高华[150]给出了运用单因素套利模型和变形的收益现值法确定投资回报率。姜敬波[161]通过分析 BT 项目投资人承担的风险，运用 VAR 模型确定投资回报率。严玲等[139]指出国内确定投资回报率的做法通常是在同期银行贷款基准利率的基础上上浮 2～4 个百分点，并根据投资人是否参与建设、回购期的长短具体确定。

BT 项目投资回报率反映的是 BT 投资人承办项目建设所获得的利益和回报，因此投资回报率包含 BT 项目投资人承办项目所投入的资金在正常情况下（储蓄或购买国债）所获得的利率以及除此以外投资人承包项目承担风险所获得的回报率，即投资回报率＝无风险回报率＋风险回报率，其中无风险回报率通常为一年期的国债利率。因此，BT 项目的投资回报率应该与其承担的风险相关。

BT 项目建设期间，项目的控制权发生了转移，从项目发起人的手中转移到了投资人的手中，投资人拥有了项目的控制权。由于投资人拥有了项目的控制权，因此投资人也要拥有项目的剩余索取权。投资人拥有的控制权和剩余索取权应匹配，这是目前普遍认同的观点，张维迎[138]、严玲[139]等均对此进行了阐述。但是 BT 项目往往是非经营性公共项目，以公有产权为基础，由于公有产权的不可分割与不可转让性等特点，使得投资人不会拥有剩余索取权，这时就可以用资金来代替剩余索取权交付给投资人，因此剩余索取权体现为价款的支付。投资人拥有了 BT 项目的控制权，那么就必然要承担项目拥有的风险。发起人不会让投资人拥有了项目的控制权，却不承担项目的风险，投资人承担了风险，就必然要给予投资人承担风险的补偿，作为投资人承担风险的收益。而这种补偿就是项目的剩余索取权（价款的支付）。投资人拥有的剩余索取权（价款的支付）对控制权起到激励作用，投资人为了获得剩余索取权（价款的支付）会积极地建设 BT 项目。因此，BT 项目的发起人必须让 BT 项目的投资人拥有的权利（控制权）、责任（承担风险）、义务（索取权）相匹配，才能保证投资人按照发起人的意图建设 BT 项目。由于投资人获得的投资回报属于剩余索取权（价款的支付）的一部分，因此投资人获得的投资回报必须与其承担的风险相匹配，即投资回报率与承担的风险相匹配。

BT 项目投资人承担的风险越多，其投资回报率就应该越大，因此，投资人的投资回报率与双方的风险分担相关。BT 项目的发起人与投资人对 BT 项目进行风险分担，若投资人分担较多风险，即投资人承担风险多，则投资回报率就应该相应增加；反之，投资回报率就应该相应降低。在投资回报率相同的基础下，投资人都会选择风险小的投资，竞争的结果使其风险增加，回报率下降。最终，高风险的项目必须有高报酬，否则就没有人投资；低回报率的项目必须风险很低，否则也没有人投资。风险与回报率的这种关系是市场竞争的结果。

基于以上研究，投资回报率的确定可用如下公式：

$$K = K_F + K_R = K_F + bQ$$

式中：K 为投资回报率；K_F 为无风险回报率；K_R 为风险回报率；b 为风险回报系数；Q 为标准偏差率。

风险回报率、风险回报系数、标准离差率三者之间的关系如图 7.4 所示。

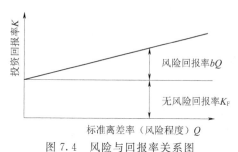

图 7.4 风险与回报率关系图

7.4.4 BT 项目下浮率对回购总价款的影响

BT 项目发起人与投资人签订合同是在项目建设前期，该项目往往没有形成施工图纸或没有形成详细准确的施工图纸，因此 BT 项目发起人和投资人确定回购总价款或者是确定回购基价时，往往是根据项目的概算或预算确定回购总价款。由于概算或预算本身的缺陷，并不能很好地反映工程项目的实际造价，也就不能依靠其准确地确定回购基价，进而无法准确确定回购总价款。由于工程项目的概算和预算是工程项目控制的依据，即工程项目的竣工结算价格不能超过项目预算，预算不能超过概算，因此工程项目的概算和预算往往比实际的工程造价要高，BT 项目发起人想要准确地确定工程建设费用从而准确地确定项目的回购基价和回购总价款，发起人需要以项目概算或预算为基础确定工程建设费用，即工程项目的建设费用是 BT 项目概算或预算下浮一定比率所获得的数额。丁国璇[164] 认为项目发起人应以经测算的下浮率作为控制价，投标阶段由投标人竞价最终确定合理的下浮率。罗为艾[162] 在其研究的案例中写明工程安装费的计算方式为按市政定额标准下浮 1.5％后确定。

BT 项目发起人要支付给投资人融资费用，那么发起人就要准确地确定投资人融资费率。发起人确定投资人融资费率的依据就是当期的银行贷款利率。由于项目投资人可以通过与银行沟通，获得低于普通贷款利率的贷款，因此发起人若完全按照银行贷款利率作为融资费率确定融资费用，则会相当于给投资人更多的融资费用，从而增加回购总价款。所以，BT 项目发起人应参考银行的贷款利率，以其为标准下浮一定百分比作为投资人的融资费率。

深圳地铁 5 号线 BT 项目在确定回购总价款时引入了下浮率的概念，即工程建设费用的确定是在设计概算的基础上下浮一定百分比，土建、轨道工程建设费用较设计概算下浮 15％，安装装修工程建设费用较设计概算下浮 18％[161]；融资费率的确定是在央行基准贷款利率的基础上下浮一定百分比，下浮方式为融资年费率按照央行三年期同期基准贷款利率下浮 5％计算[161]。

通过以上的分析可以看出，BT 项目的发起人在合同签订阶段若要准确地确定回购总价款，则需要在回购总价款中涉及下浮率的概念，即回购基价中的建设费用的确定方式为该建设费用涉及内容的相应批准概算下浮一定百分比作为建设费用；融资费率的确定方式为以银行同期的贷款利率为基数下浮一定百分比作为融资费率。

7.5 工程变更引起的 BT 项目回购总价款调整

由于 BT 项目存在规模大、技术复杂、不确定性强、风险因素多等特点，在项目建设过程中 BT 项目的回购总价款必然会产生调整，由于回购期融资费用的调整是基于回购基价的调整，而回购基价中重要组成部分就是 BT 项目的建设费用，因此工程建设费用的调整是回购总价款调整的基础和关键因素。根据前文研究可知，风险分担是回购总价款调整的重要依据，由项目投资人承担的风险并不能引起回购总价款的调整，而由项目发起人承担的风险则要改变回购总价款。完全由发起人承担的风险包括项目可研文件的遗漏和错误、BT 项目发起人原因引起的进度延误导致费用增加、BT 项目发起人引起的工程量增加、BT 项目发起人规定的可调主材价格上涨、不可抗力引起的已建工程成品及半成品损失、回购支付延期；发起人承担的大部分风险有勘察和初步设计文件及数据遗漏和错误、初步设计概算不合理、BT 项目发起人采购物资缺陷和损失、不可预见因素引起的工程量增加、法律变更导致的费用增加；双方承担风险比较接近的风险有项目用地拆迁延误、项目场地现状缺陷、不可抗力造成采购物资毁损、对技术安全环保的要求发生变化的处理、银行基准利率提高。这些因素发生后，会引起工程项目建设费用的调整即合同价款的调整，合同价款的调整又会导致回购基价的调整，从而引起回购总价款的调整，具体程序如图 7.5 所示。

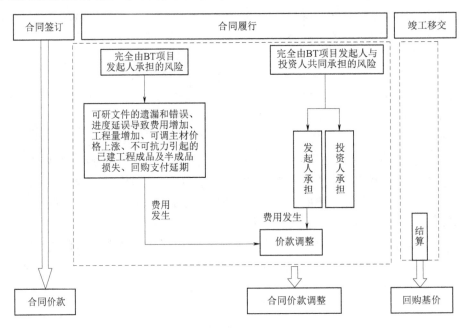

图 7.5　风险因素影响回购基价调整机理图

上述研究提到的因素中有众多与工程变更有关，有些因素会引起工程变更，如可研文件的遗漏和错误、初步设计文件及数据遗漏和错误；有些因素是由工程变更引起的，如 BT 项目发起人原因引起的进度延误导致费用增加、BT 项目发起人引起的工程量增加等。

因此，工程变更与回购总价款的调整存在紧密联系。

在项目建设期间，工程变更引起工程建设费用的调整一般占建筑安装工程价款总额的 5%～10%，少数项目超过 30% 或更多[166]。霍新喜[167]认为由于设计变更和工程签证而引起的建设费用的变化占整个单位工程竣工结算的比例集中在 6%～20%，在建设工程中占比例更大，大都在 20% 以上，有时甚至达到了 40% 左右。Kamrul Ahsan 和 Indra Gunawan[168]分析了众多国际工程项目，其中存在投资不足的 149 个国际工程项目中，由于工程变更引起的有 26 起，占总数的 17.45%。因此，工程变更是影响工程建设费用的主要因素，并且往往引起大幅的建设费用的变化，因此工程变更对建设费用、回购基价、回购总价款的影响重大。

7.5.1 工程变更影响回购总价款调整的机理

根据上述研究可知，由工程变更产生的风险可以是 BT 项目发起人单独承担，也可以是发起人和投资人共同承担，而调整回购总价款只涉及发起人承担的那部分风险。当变更发生后，会调整合同价款，导致工程费用发生变化；由于建设期融资费用与工程建设费用相关，因此建设期融资费用将会由于工程建设费用的改变而改变；由于回购基价包括工程建设费用和建设期融资费用，因此变更将会导致回购基价的变化；由于回购期融资费用是以回购基价为基础计算的，因此回购期融资费用将会因为回购基价的变化而变化；回购总价款由于是由回购基价和回购期融资费用组成的，因此也产生变化。

因此，BT 项目建设过程中如发生工程变更，将会引起工程建设费用的改变，然后通过多次的传递，最终引起回购总价款的变化，具体机理如图 7.6 所示。

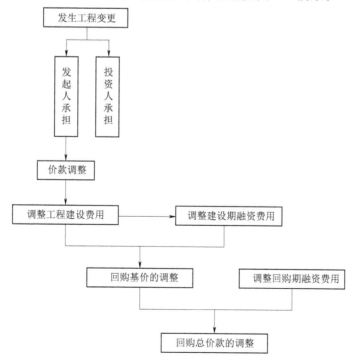

图 7.6　工程变更引起的回购总价款调整机理图

7.5.2　工程变更的分类管理

由于工程变更对 BT 项目回购总价款产生重要影响，因此项目发起人需要对工程变更进行全面管理。

1. 工程变更的分类管理

在工程变更的理论研究和管理实践中，通常是按照工程变更的性质进行分类控制。对于 BT 项目而言，这种分类方法不利于 BT 项目发起人的投资控制。

从责任归属方面，工程变更可以分为由项目发起人引起的工程变更和由项目投资人引起的工程变更。由于 BT 项目一般采用的是总价合同模式，这样划分的有利之处就是可以明确区分工程变更发生后，导致的合同价款调整的责任归属问题。

因此，BT 项目发生的工程变更分为两类：一是由项目发起人原因引起的工程变更；二是由项目投资人引起的工程变更。对于由项目投资人引起的工程变更一般不作合同价款的调整。对于由项目发起人引起的工程变更也要区分具体情况再进行合同价款的调整。

（1）项目发起人引起的工程变更。该类变更主要是由项目发起人引起的，包括由项目初步设计单位引起的工程变更，如报建原因引起的工程变更，建设规模和工程范围引起的工程变更，勘察、设计原因引起的工程变更，国家提高技术标准引起的工程变更等。

（2）项目投资人引起的工程变更。该类变更主要是由项目投资人引起的工程变更，如施工工法引起的工程变更，工期、质量等原因引起的工程变更等。

深圳地铁 5 号线 BT 项目把变更划分为 A 类变更和 B 类变更[161,169]，A 类变更是由项目发起人引起的变更，B 类变更是由投资人引起的变更。A 类变更中变更价款较少的变更事件不调整合同价款，相对较小的变更事件累计变更金额没有达到一定数额的情况下不进行合同价款调整。而由投资人引起的变更则不进行合同价款的调整。

《铁路建设项目变更设计管理办法》中也指出，铁路建设项目变更设计分为两类，其中Ⅰ类变更设计包括：变更建设规模、主要技术标准、重大方案的；变更初步设计主要批复意见的；变更涉及运输能力、运输质量、运输安全的；变更重点工点的设计原则；变更设计一次增减投资 300 万元（含）以上的。且Ⅰ类变更设计是指对施工图的其他变更。

1999 年版的《建设工程施工合同》第 29.2 条规定因承包人擅自变更设计发生的费用和由此导致发包人的直接损失，由承包人承担，第 29.3 条规定承包人在施工中提出的合理化建议涉及对设计图纸或施工组织设计的更改及对材料、设备的换用，须经工程师同意，未经同意擅自更改或换用时，承包人承担由此发生的费用，并赔偿发包人的有关损失。该条款说明承包商由于自身原因造成的变更业主不会进行合同价款调整。

因此，基于以上分析可对变更进行分类管理。发起人应在合同中规定可不进行建设费用调整的变更工作内容。发起人在合同中规定不进行建设费用调整的变更工作范围，也就是变更价款较少的变更内容。当变更事件的变更价款在约定的不调整建设费用的变更价款之内时，发起人便不会对该变更工作进行建设费用调整。

项目发起人可以根据工程项目的规模和特点，对于不引起建设费用调整的变更做以下规定：

1）变更价款在 A 万元（发起人根据项目特点自定）以内的变更不引起建设费用的

调整。

2）变更价格在 B 万～C 万元（发起人根据项目特点自定）以内的变更累计变更额在 D 万元（发起人根据项目特点自定）以内不进行建设费用调整，在 D 万元以上，超出 D 万元的价款应进行调整。

发起人应注意的是，不要过高地制定不引起调整建设费用的变更价款数额。如果发起人制定的过高，那么投资人将会过多地承担变更费用，那么这将会导致投资人没有足够资金施工或者引起投资人通过降低工程质量来弥补自己损失的行为发生，反而不利于项目建设。

2. 工程变更的分类审查

与工程变更的分类管理一样，项目发起人需要根据工程变更的不同情况进行相应的审查管理，这样才能保证发起人拥有资源的合理利用，并且保证重要的工程变更能够得到重点的审查。

对于不同类型的变更项目，发起人、投资人和政府部门的审查控制态度和力度均有所不同，并且主要表现在发起人和政府部门。对于重要的变更，发起人政府部门会更加重视，变更审查的层级会增多，审查也必然会更加仔细、严格。对于不重要的变更，审查的层级将会减少，审查的力度将会下降。对于任何变更，都需要经过监理工程师和投资人这两个主体，但是由于发起人参与项目的组织结构是多层的，因此发起人可以由不同的人员对变更进行管理和控制。

现假设 BT 项目发起人的管理层有分公司管理人员、公司分管领导、公司董事会，并且假定工程项目的分类分为 A 类和 B 类，A 类变更是由项目发起人引起的变更，B 类变更是由投资人引起的变更，A 类变更又分为 A1 类、A2 类、A3 类，B 类变更又分为 B1 类、B2 类。对于不同类型变更的控制方法可以规定如下：

A1 类：由发起人的公司分管领导与监理工程师进行控制与管理，并通知公司的董事会，须经公司董事会批准，分公司主管进行参与，交由承包商进行变更。

A2 类：由发起人的公司分管领导与监理工程师进行控制与管理，分公司主管进行参与，交由投资人进行变更。

A3 类：由发起人的分公司主管与监理工程师进行控制与管理，交由投资人进行变更。

B1 类：同 A1 类或 A2 类。

B2 类：同 A2 类或 A3 类。

将变更进行分类审查管理，对于不同重要程度的变更进行区别管理，这将既有利于管理资源的合理化利用，不会造成管理资源的浪费或者不足，又有利于提高变更的管理效率，还有利于提高变更的管理质量，从而保证工程建设费用的合理有效。

3. 变更分类与变更价款影响研究

对于不同的变更类型，也应当使用不同的调整建设费用的策略，应该把变更的类型与由于变更导致工程建设费用调整联系起来，就是说应该明确规定变更在何种情况下可以调整工程建设费用。现在将对这一问题进行研究。

深圳地铁 5 号线 BT 项目规定了 AⅠ、AⅡ类变更调整建设费用，AⅢ类变更累计超过一定金额的超出部分调整建设费用，AⅣ类变更不调整建设费用；B 类变更不引起 BT

项目建设费用调整[169-170]。由于 B 类变更是投资人原因引起的变更，投资人应对此负责，因此这类变更不应对建设费用产生影响。AⅣ类变更由于变更金额较小，变更内容较简单，因此发起人把这类变更的风险转移到投资人身上，即说明投资人应承担此类变更的风险，所以这类变更不调整建设费用。AⅢ类变更由于变更金额较小，变更内容相对简单，因此发起人让投资人承担一定 AⅢ类变更的风险，即 AⅢ类变更总额在一定金额以下的风险由投资人承担。对于 AⅠ、AⅡ类变更，风险则全部由发起人承担。

变更分类的依据，则是按照变更价款数量、变更对项目的影响、变更引起方进行分类。发起人把变更事件对建设费用的影响与项目风险分担联系在一起，对于投资人承担的风险，风险发生后导致的变更将不影响建设费用，而由发起人承担的风险，风险发生后导致的变更将使建设费用发生调整。需要注意的是，发起人应把握好投资人应承担多大的风险，如果投资人承担了过大的风险，支付了过多的变更费用，那么这将会导致投资人没有足够资金施工或者引起承包商通过降低工程质量来弥补自己损失的行为发生，反而不利于项目建设。因此，分类变更的价款控制应遵循以下思路：

（1）对变更进行分类。按照变更价款数量、变更对项目的影响、变更引起方对变更进行分类。发起人应根据项目特点进行具体的变更分类。本书对项目变更分类如下：发起人引起的变更为 A 类变更，投资人引起的变更为 B 类变更。A 类变更中，对工程项目影响大、范围大、内容复杂的变更，或者单项变更价款在 A 万元以上的变更为 A1 类变更；对工程项目影响较大、范围较大的变更，或者单项变更价款在 $B-A$ 万元（$A>B$）以内的变更为 A2 类变更；对工程项目影响较小、范围小的变更，或者单项变更价款在 B 万元以下的变更为 A3 类变更。B 类变更中，对项目影响大的变更为 B1 类变更，对项目影响较小的变更为 B2 类变更。

（2）对变更影响建设费用进行规定。规定内容如下：

1）A1 类变更调整建设费用，变更价款由发起人承担。

2）A2 类变更累计变更额达到 T 万元以上时，对超 T 万元以上的部分进行建设费用调整，这部分变更价款由发起人承担。

3）A3 类变更不对建设费用进行调整。

4）B 类变更不对建设费用进行调整。

发起人可制定以上的变更调整建设费用的策略，通过采取这种策略，对变更价款进行有效控制，减少建设费用的调整，从而减少回购总价款的调整，增强发起人的投资控制能力和效果。

7.6　其他因素引起的 BT 项目回购总价款调整

BT 项目由于建设过程中存在众多的不确定性，因此会存在众多的因素能够引起回购总价款的调整。周江华[171]认为重大工程变更、法律变更、物价上涨、贷款利率调整等情况会对回购价格产生影响。张丽、沈杰[172]认为工程建设总进度计划及工期是计算资金成本的敏感因素。林平等[154]认为工期索赔应相应地调整建设期融资费用从而调整回购基价。严玲等[147]则提出了互补的意见，他们认为发起人可通过对投资人原因引起的不可原谅的工期延误进行反索赔，从而降低回购总价款；此外他们指出投资回报率与基准利率的高低对回购价款产生同方向的影响。因此，学者们认为存在众多因素引起回购总价款的调整。

通过之前的研究可知，BT 项目在发起人和投资人之间进行风险分担之后，发起人承担着众多的风险，包括发起人完全承担的风险和发起人与投资人共同承担的风险。发起人承担的风险因素均会导致 BT 项目回购总价款的调整，而对本书之前总结出的项目发起人承担的风险因素，可以大致分为三大类，那就是变更、调价和索赔。由于前文已进行变更引起回购总价款调整的研究，因此本节重点进行索赔和调价引起回购总价款调整的研究。

7.6.1 调价引起的回购总价款调整

学者们对调价引起回购总价款调整进行了研究，刘卫星[170]认为法律变更和 BT 承办方负责采购的材料价格波动均会引起 BT 项目合同价款的调整。谢伟等[173]在其研究中探讨了动力费、人工费、药剂费的变动对 BOT 结合 BT 模式的污水/回水处理价格的影响。姜敬波、尹贻林[174]从风险分担的视角探讨了通货膨胀和利率变动对 BT 项目回购总价款的影响。严玲等[175]探讨了物价波动、法律法规变化对 BTT 项目回购总价款的影响。通过以上学者研究的分析，本书研究的调价包括物价波动引起的回购总价款调整和法律法规变化引起的回购总价款调整。

调价引起回购总价款调整与工程变更引起回购总价款调整类似。由于法律法规变化既可以引起价格的变化，如物价、人工费的变化，也可以引起银行贷款利率的变化，从而引起融资费率的变化，进而引起融资费用的变化，因此调价既可直接影响工程建设费用，又可直接影响融资费用。当调价发生后，会调整合同价款，导致工程费用发生变化；由于建设期融资费用与工程建设费用相关，因此建设期融资费用将会由于工程建设费用的改变而改变；此外由于法律法规变化会起融资费率的变化，因此调价能直接影响建设期融资费用的变化；由于回购基价包括工程建设费用和建设期融资费用，因此调价将会导致回购基价的变化；由于回购期融资费用是以回购基价为基础计算的，因此回购期融资费用将会因为回购基价的变化而变化；此外由于法律法规变化会引起融资费率的变化，因此调价能直接影响回购期融资费用的变化；回购总价款由于是由回购基价和回购期融资费用组成的，因此也产生变化。

因此，BT 项目建设过程中如发生调价，将会引起工程建设费用、建设期融资费用、回购期融资费用的改变，最终引起回购总价款的变化，具体机理如图 7.7 所示。

1. 调价范围的确定

根据前文研究可知，只有发起人承担的风险才能引起回购总价款的调整。因此，必须要确定调价引起回购总价款变化的范围，即明确发起人承担调价风险的范围。

深圳地铁 5 号线 BT 项目约定[141]，发起人承担调价风险的范围包括：①法律的变更，包括人民银行公布的贷款基准利率变化、因 BT 承办方履行本合同项下全部义务而承担税项的税率变化直接影响合同价款、与合同价款构成有关的法律发生变更而造成合同价款变动；②投资人负责采购的材料价格波动，包括钢材、水泥、商品混凝土、管片、轨料等主

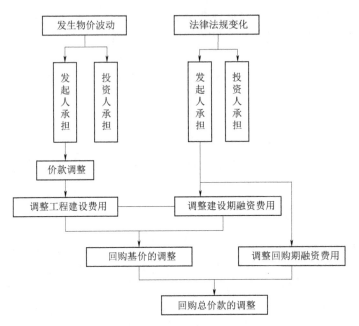

图 7.7　调价引起的回购总价款调整机理图

材。北京地铁奥运支线 BT 项目合同中约定，发起人承担调价风险的范围只包括法律的变更。天津泰达海洋城围海造陆一期工程 BT 项目合同中约定，发起人承担调价风险的范围包括：①材料（包括砂石料、各类土工织布、混凝土等）、台班所用燃油、电价价格波动时的调整；②银行贷款利率的调整。

通过对以上三个 BT 项目的研究，本书给出的发起人承担调价风险的范围是：①法律法规的变化，包括银行贷款利率的变化和由法律法规变化引起的人工费、机械费的变化；②主材价格的变化。

根据《建设工程工程量清单计价规范》（GB 50500—2013）的规定，承包方承担材料价格 5%（含 5%）涨幅以内、机械设备涨幅 10%（含 10%）以内的风险；根据国际惯例承包方承担 20%（含 20%）以内利率变动的风险。对于人工费的调整，现在工程项目多采用按照政府颁布的人工费调整通知或办法进行调整，也就是按实调整。

2. 调价调整原则的确定

投资人为了承接 BT 项目往往会降低自己的利润或者单纯地降低报价从而降低自己的回购总价款以期获得 BT 合同。这一价格便会低于市场价格，可以看作是投资人的让利。因此，投资人便承担了降低报价从而减少利润的风险。当发生调价情况后，会确定新的价格，如果价格或利率按照实际的价格调整（以下简称"调价"），这对投资人显然是有利的，因为投资人在投标过程中让自己承担了降低回购总价款的风险，如果不发生调价，投资人在项目建设期间确定工程价款时，也应该按照原有报价结算，即继续承担降低回购总价款的风险。但是在调价发生以后，完全按照实际价格进行调整，放弃原有价格，这也就意味着放弃投资人承担的风险，那么此时投资人便会真正不需要承担这一部分降价的风险，发起人支付回购总价款中降价的那部分，那么这部分风险就由投资人转移给了发起人。这对发起人显然是不公平的，因为原来投资人承担的低报价的风险，通过调价，又转移给了发起人，从而增加回购总价款。具体内容如图7.8所示。

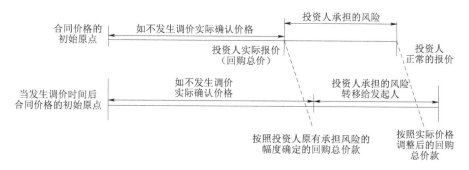

图 7.8　调价转移投资人承担的降级风险

通过调价，由投资人承担的价款让利风险不合理地转移给了发起人，由发起人承担，这明显是不允许的。因此，在调价时要把这一部分风险再次转移给投资人，由投资人承担该风险，从而形成合理的风险分担。从图7.9可以看出，投资人签订合同时承担的风险是实际价格与投资人报价的价差，因此可以根据这两者确定投资人应承担的风险，在实际价格调整的基础上考虑进投资人报价的风险承担，这就能够让投资人仍继续承担其签订合同时确定的风险，从而形成合理的调价。调整的方法为当调价发生后，调整的幅度为签订合同时基准期的价格和贷款利率与调价发生时的价格和贷款利率之差，即进行调差；而不是签订合同时投资人在合同中签订的价格和贷款利率与调价发生时的价格和贷款利率之差，即进行调价。具体内容如图7.9所示。

图 7.9　调价原则示意图

基于以上研究，本书给出的调价引起回购总价款调整的内容见表7.5。

表 7.5　　　　　　　　　　　　　　调价引起的回购总价款的调整

调价的类型	内　　容	调整幅度	调整原则
法律法规的变化	银行贷款利率的变化	20%	据实调整、调差
	人工费的变化	依据实际价格调整	据实调整、调差
	机械费的变化	10%	据实调整、调差
主材价格波动的变化	合同中约定的主要材料，如砂石料、各类土工织布、混凝土等价格的变化	5%	据实调整、调差

7.6.2　索赔引起的回购总价款调整

索赔引起回购总价款的调整与工程变更、调价引起的回购总价款的调整相类似。由索赔产生的风险因素可以是 BT 项目发起人单独承担，也可以是发起人和投资人共同承担，而调整回购总价款只涉及发起人承担的那部分索赔风险。当索赔发生后，会引起工期索赔和费用索赔。费用索赔会导致工程建设费用的变化，从而导致建设期融资费用的变化，进而引起回购基价的变化；工期索赔不会引起工程建设费用的变化，但会改变工期从而引起建设期融资费用的变化，进而引起回购基价的变化；由于回购期融资费用是以回购基价为基础计算的，因此回购期融资费用将会因为回购基价的变化而变化；回购总价款由于是由回购基价和回购期融资费用组成，因此也会产生变化。

因此，BT 项目建设过程中如发生索赔，将会引起工程建设费用、建设期融资费用的改变，然后通过多次的传递，最终引起回购总价款的变化，具体机理如图 7.10 所示。

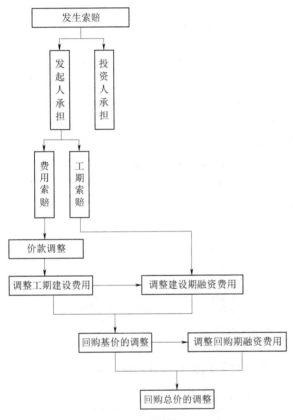

图 7.10　工程索赔引起回购总价款调整机理图

在中国，工程项目建设各方认为索赔会破坏双方的关系，不利于项目建设，因此往往不愿意进行索赔，而是通过变更或签证等方式进行，以达到索赔的效果和目的。

针对 BT 项目建设过程中的索赔事件，发起人必须加强管理，防止索赔事件的发生，减少索赔费用和工期延误，从而达到降低回购总价款的目的。BT 项目发起人对索赔事件的管理手段与方法如下：

（1）在索赔报告中，投资人常以自己的全部实际损失作为索赔额。审核时，必须扣除两个因素的影响：一是合同规定投资人应承担的风险；二是由投资人报价失误或管理失误等造成的损失。

（2）索赔额的计算基础是合同报价，或在此基础上按合同规定进行调整。在实际中，投资人常用自己实际的工程量、生产效率、工资水平等作为索赔额的计算基础，从而过高地计算索赔额。

（3）停工损失中，不应以计日工的日工资计算，通常采用人员窝工费计算。闲置的机械费补偿，不能按台班费计算，应按机械折旧费或租赁费计算，不应包括运转操作费用。

（4）索赔准备费用、索赔额在索赔处理期间的利息和仲裁费等费用不计入索赔额中。

（5）发起人应及时处理索赔，尽量避免与投资人进行总索赔，因为总索赔可能会增加由于施工过程中单项索赔未及时解决增加的额外损失，并且总索赔耗时长，会增加融资费用，增加发起人的回购总价款。

（6）发起人在订立 BT 合同阶段应明确投资人提出索赔的具体时间和程序，发起人可以适当压缩投资人提出索赔的时间，并适当增加投资人提出索赔的程序。

（7）发起人应考虑通过风险转移应对索赔的策略：保险。其中，特殊风险或遇到不利自然条件发生的人员伤亡、工程损失、第三者损失都可以通过建筑工程一切险、安装工程一切险、职工意外伤害险、第三者责任险等险种加以避免，这些风险也是必须保险的；但对于双方的自身原因造成的索赔损失，则不可保险。

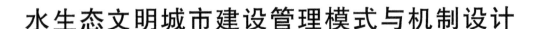

第8章

水生态文明城市建设管理模式与机制设计

8.1 业主方管理模式设计

业主方管理模式包括业主方管理方式和管理组织方式。

8.1.1 业主方管理方式

业主方项目管理方式是指业主/项目法人在项目建设过程中开展项目管理的方式。业主方项目管理方式有多种形式,但总体说来,根据业主在项目管理中的参与程度可以分为自主管理、委托管理两大类。根据项目特点、业主要求和业主管理能力等方面对业主方管理模式进行设计。在委托建设管理模式中,重点研究代建模式。

8.1.1.1 自主管理

自主管理,即业主主要依托自身力量,在项目建设中自行开展项目管理的方式。在20世纪60年代,建设管理作为一种独立的职业从工程建设中分离出来之前,自主管理是唯一的业主方工程项目管理方式。采用自主管理方式时,在项目具体实施过程中,业主方可以聘请咨询公司作为该项目顾问,协助业主方进行项目策划、实施咨询;也可以聘请监理公司对施工合同进行管理,协助业主方控制工程进度、投资和质量。

自主管理的主要特点是,业主方拥有自己的项目管理队伍,并主要依托自身力量对工程项目进行管理,虽然在项目实施过程中,业主方可能会聘请咨询/监理公司协助管理,但业主方始终把握着项目的决策,并在项目管理中占主导地位。

8.1.1.2 委托管理

委托管理,即在项目建设中,业主方委托咨询/项目管理公司等专业化中介服务机构,代表业主方对工程项目的全过程或若干阶段开展项目管理的方式。目前国际上常用的委托管理方式主要有两类:一类是委托承包商进行项目管理,即 CM agency;另一类是委托项目管理公司进行项目管理,即代建/PM(Project Management)方式。

(1)CM agency 方式。在这种方式下,CM 公司一般承担工程的部分施工,此外,CM 经理接受业主方的委托,代表业主方的利益,对项目的施工进行管理,协调设计和施工各方关系。CM agency 方式的各方合同关系和管理协调关系如图 8.1 所示。

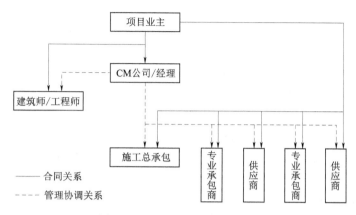

图 8.1　CM agency 方式示意图

CM agency 方式的主要特点是，利用 CM 经理的管理协调技能，改善项目团队成员间的沟通与交流渠道，促使项目团队成员间协作关系的建立；利用 CM 经理的施工经验，改善设计的"可建造性"，提高了施工效率；CM 经理的引入有利于快速路径法的实施，实现了施工图设计与施工的充分搭接，缩短了整个建设工期。

（2）代建/PM 方式是指工程项目管理公司受业主方委托，代表业主方对工程项目的全过程或若干阶段进行质量、安全、进度、费用、合同和信息等管理，并承担相应的管理责任。代建/PM 方式的各方合同关系和管理协调关系如图 8.2 所示。

代建/PM 方式的主要特点是，业主方聘请项目管理公司对工程设计、施工阶段的管理提供服务，与 CM agency 方式相比，其服务范围较宽，一般包括工程的设计和施工两个阶段，而 CM agency 方式的服务主要在施工阶段。

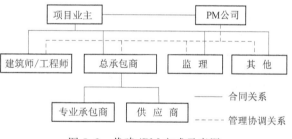

图 8.2　代建/PM 方式示意图

8.1.1.3　代建制

从经济、法律层面看，代建制是一种委托—代理关系，可从合同性质出发，对其进行分类。

（1）承包类代建。这类代建方式是业主方将工程建设任务发包给一家咨询单位完成，咨询单位再将工程的设计、施工分包。在这类代建中，咨询单位只做项目管理，而不做设计和施工；该发包合同/代建合同具有承包性质。国内典型的案例是广东东深供水改造工程。该工程是广东东江向香港供水的工程，由港方供水公司投资。港方供水公司将工程建设任务委托给广东省水利厅/广东省供水公司总承包。但广东省水利厅不承担设计和施工，而是将设计和施工任务全分包，其只负责建设管理。这种方式与 EPC 方式的主要差异是承包人只从事项目管理，设计和施工全分包。

（2）咨询类代建。咨询类代建方式业主方将工程建设管理任务交由咨询单位完成，并与咨询单位签订咨询类合同，而不是承包类合同。在这种方式下，在工程实践中还存在以下两种方式：

1）业主方在委托代建方负责建设管理的基础上，再将工程设计和施工发包，并与设计和施工单位直接签订合同。

2）业主方在委托代建方负责建设管理的基础上，进一步让代建方作为工程的发包人，即由代建方与工程设计和施工的承包人签订工程承发包合同。

显然，对上述方式 2），业主方赋予代建方更大的管理权限，相应业主方的管理工作量也较小。当然对代建方也提出更高的要求，包括管理能力和经验、代建方的诚信等方面。广东省的一些试点表明，对方式 2），在目前代建市场发育还不健全的环境下，对业主方而言，采用这种方式的风险较大。

8.1.1.4　水利行业业主管理方式现状

在水利行业就项目法人/业主方的管理方式，即工程建设管理处的组建方式而言，有自主管理、委托管理和代建/PM 三种方式。

（1）自主管理：即由业主自己派出人员组成项目现场管理机构，对设计单元工程建设进行管理。针对公司机构精简、管理力量不足的特点，项目公司在自主组建项目现场管理机构时，采用借调或临时聘用的方式，从外单位吸收部分人员给予补充。与此同时，采用招标方式选择建设监理提供工程监理服务。

（2）委托管理：对于流经各个地方所辖区域或者各个流域机构的，分别可以直接委托流域机构或地方政府（或由地方政府组建的机构）进行管理，并用招标方式选择建设监理提供工程监理服务。业主方在现场并不派驻管理人员，而仅是采用检查，对工程现场进行管理。

（3）代建/PM：即项目管理。业主通过招标方式，选择具有建设项目管理能力的单位代理其进行项目管理，并采用招标方式选择建设监理公司提供工程监理服务。与委托管理方式类似，业主方在现场也不派驻管理人员，而仅是采用检查，对工程现场进行管理。

对跨界工程、河道工程等，由于建设条件复杂，需要协调的问题多，而且协调难度也很大，因此采用委托管理方式是一种明智的选择；对于相对独立、集中，以及建设环境相对较好的工程试行代建方式，可充分利用专业化的社会力量为建设管理提供服务，弥补项目法人管理力量不足的问题。但也应注意到，目前水利业主的管理方式还存在一些问题，有待进一步改进和提高。这些问题主要表现在以下几个方面：

（1）自主管理方式中，现场管理机构外聘人员过多，易产生以下几方面负效应：①由于现场管理人员多是从其他单位临时借用的，工程建设一结束人员就解散，不利于水源公司管理经验的积累；②由于借用工程技术人员工作的临时性，因此，他们对项目建成后的功能、技术等方面的要求理解，可能会更多地考虑本单位局部利益而不是水源公司的利益，使工程项目增加不必要的附加功能，造成工程建设中的资源浪费；③对借用人员考核激励难。

（2）在代建或委托管理中，对代理人（非项目法人组织的现场管理机构）"激励"力度不足。由于工程交易是先订货后生产，在工程合同履行过程中存在着严重的信息不对称，因而业主方面临着"道德风险"。研究表明，转移"道德风险"的方法之一是"激励"。但在目前建设管理合同（包括代建合同或监理合同）中，"激励"概念在回避。

8.1.2 业主方管理组织方式

业主方最常见的管理组织方式有以下 3 种：

（1）直线式。本质就是使命令线性化，即每一个工作部门，每一个工作人员都只有一个上级，其中，A 为项目最高管理领导层，B 为第一级子项目管理层，C 为第二级项目管理层。

（2）职能式。其特点是强调管理职能专业化，职能式管理组织结构如图 8.3 所示，其中，A 为组织的最高管理层，S_i 为第 i 个职能管理部门，C_i 为第 i 个子项目。

（3）矩阵式。矩阵式管理组织结构如图 8.4 所示，其中，A 为项目法人最高管理层，S_i 为第 i 个职能管理部门，C_i 为第 i 个子项目。

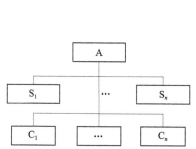

图 8.3　职能式管理组织结构图　　　　图 8.4　矩阵式管理组织结构图

不同管理组织结构特点的比较见表 8.1。

表 8.1　　　　　　　　　　不同管理组织结构特点比较表

组织结构	优　　点	缺　　点	适 用 环 境
直线式	结构简单、职责分明、指挥灵活、组织成本低	专业化差	适用于小型、简单工程
职能式	从专业化中取得较高的效率，形成了成熟的管理体系	存在着命令系统多元化，各个工作部门界限也不易分清，发生矛盾时，协调工作量较大和组织复杂等问题	适用大中型、较为复杂的建设项目
矩阵式	可以充分利用有限的人才对多个项目进行管理，特别有利于发挥稀有人才的作用	项目上的工作人员既要接受项目上的指挥，又要受到原职能部门的领导，当项目和职能部门发生矛盾时，当事人就难以适从	适用于大型、复杂的建设项目

8.2　工程发包方式设计

工程发包方式确定了工程项目团队成员的角色、职责和相互之间的关系，以及完成一个项目所必需的业务活动的先后顺序。目前国内外经典的工程发包方式有 DBB（Design Bid Build）、DB（Design Build）、EPC（Engineering Procurement Construction）、CM at risk（Construction Management at risk）等几种，现将各种经典的工程发包方式的特点分析如下。

8.2.1　DBB 方式

DBB 方式，即设计－招标－建造方式，是一种设计、招标和施工相分离、传统的发包方式，是目前国际上最为通用的工程项目发包方式之一，世行、亚行贷款项目和采用国际咨询工程师联合会（FIDIC）"土木工程施工合同条件"的项目均采用这种方式。

采用 DBB 方式时，业主方与建筑师/工程师（Architect/Engineer，A/E）签订专业服务合同，委托其进行前期的各项有关工作（如进行机会研究、可行性研究等），待工程项目评估立项后再进行设计。在设计阶段，A/E 除了完成设计工作外，还要准备施工招标文件，在设计工作全部完成后，协助业主通过竞争性招标将工程施工的任务发包给报价最低的承包商。根据业主方是否将工程划分成不同标段进行招标，DBB 方式又可分为施工总包方式和分项发包方式，分别如图 8.5 和图 8.6 所示。在工程施工中，A/E 通常担任监督角色，并且是业主方与施工承包商沟通的纽带。

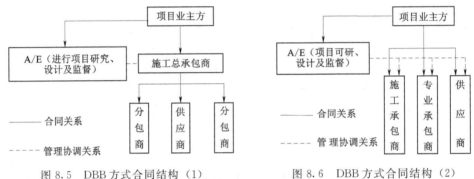

图 8.5　DBB 方式合同结构（1）　　　　图 8.6　DBB 方式合同结构（2）

在 DBB 方式下，项目的组织实施是按设计、招标、建造的顺序分阶段进行，即一个阶段结束后另一个阶段才能开始。其优点是参与项目的三方即业主方、A/E、承包商在各自合同的约定下，各自行使自己的权利和履行着义务，因而三方的权、责、利分配明确。其缺点是项目实施过程设计施工相分离，并常会出现脱节现象。此外，还存在建设周期长，投资易失控，业主方管理的成本相对较高，A/E 与承包商之间协调比较困难等问题。

8.2.2　DB 方式

DB 方式，即设计－建造方式，是近年来在国际工程中常用的一种新的发包方式。通常的做法是，项目业主首先聘请咨询顾问公司，明确拟建项目的功能要求或设计大纲，然后通过招标的方式选择 DB 承包商，并签订限定最高总价合同（Guaranteed Maximum Price，GMP）。DB 承包商对整个项目的建设成本负责，它可以选择一家咨询设计公司进行设计，然后采用竞争性招标方式选择分包商，当然也可以利用本公司的设计和施工力量完成一部分工程。各方合同关系和管理协调关系如图 8.7 所示。

DB 方式的主要特点是，承包商为业主提供"一站式"服务，业主方享受"单一责任制"。在 DB 方式下，业主方的合同关系单一，承包商对于项目建设的全过程负有全部的

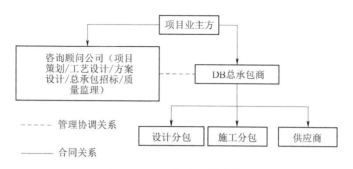

图 8.7　DB 方式合同结构

责任，这种责任的单一性避免了工程建设中各方相互矛盾和扯皮，也促使承包商不断提高自己的管理水平，通过科学的管理创造效益。相对于传统的管理方式来说，承包商拥有了更大的权利，它不仅可以选择分包商和材料供应商，而且还可将设计分包。

8.2.3　EPC 方式

EPC 方式，即设计－采购－施工方式，从本质上讲，是 DB 方式的衍生方式。在这种发包方式中，EPC 承包商除了提供设计和施工服务外，还需要将服务范围向前、向后拓展，即从工程项目的策划开始，一直到项目的试运行全部由总承包商来完成，项目业主只需提供必需的资金，然后"转动钥匙"即可运行设施。

EPC 方式是 DB 方式的衍生方式，其拓延了应用范围。DB 方式主要适用于房屋建筑工程，很少涉及复杂设备的采购和安装；EPC 方式可应用于大型工业投资项目，主要集中在石油、化工、冶金、电力行业，建设项目都有投资规模大、专业技术要求高、管理难度大等特点。在这类工程中，设备和材料占总投资比例高、采购周期长。如果等到设计工作全部完成后才开始设备采购和工程施工，那么整个工期就会拖得很长，对业主方是非常不利的。而采用 EPC 方式，在设计的同时进行设备材料的采购，从而有效地缩短了建设工期。各方合同关系和管理协调关系如图 8.8 所示。

总之，EPC 方式与 DB 方式类似，但承包的范围更宽，承包人介入的时间更早，同时承包商要承担更大的风险。

8.2.4　CM at risk 方式

CM 方式由业主方、CM 公司/经理、工程设计人员组成一个联合小组，共同负责工程项目规划、设计和施工的组织和管理工作。工程设计人员主要负责工程的全部设计工作，CM 经理对设计工作的管理起协调作用，并随着设计工作的进展，每完成一部分设计后，即对这一部分工程进行招标。此外，在施工阶段，CM 经理还负责工程的监督、协调及管理工作。从国际上的应用实践来看，根据 CM 公司是否直接和分包商签订合

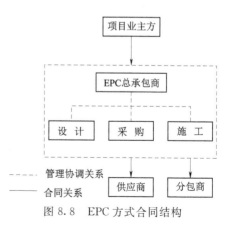

图 8.8　EPC 方式合同结构

同，可将 CM 方式分为代表业主方进行项目管理的代理型 CM agency 和同时担任施工总承包商的风险型 CM at risk 两类。

采用 CM at risk 时，CM 公司/经理同时也担任施工总承包商的角色。在这种模式下，CM 公司/经理负责组织招标，并与专业承包商签订合同，同时还需要保证工程项目的成本。一般业主方要求 CM 公司/经理签订 GMP 合同，以保证业主方的投资控制，如最后结算超过 GMP，超出部分由 CM 公司/经理承担，如实际费用低于 GMP，节约部分归业主方或双方按一定比例分享。由于 CM 公司/经理与专业承包商直接签订合同，并负责使工程项目以不高于 GMP 的成本完成，因此，风险型 CM 经理与代理型 CM 经理所关心的问题有很大的不同，前者更关注成本问题，后者更关注所提供的服务质量问题。CM at risk 发包方式中，各方合同关系和管理协调关系如图 8.9 所示。

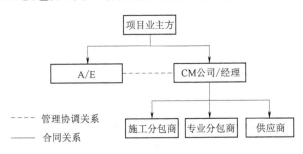

图 8.9　CM at risk 方式合同结构

CM at risk 方式的主要特点是，在项目团队中引入了 CM 经理，并利用 CM 经理的施工经验和管理协调技能，改善了设计的可建造性和项目团队成员间的沟通与交流渠道，促使项目团队成员间协作关系的建立。另外，CM 经理的引入有利于快速路径法的实施，实现了设计与施工的充分搭接，缩短了整个建设工期。综上所述，不同的发包方式提供了不同的项目组织实施方式，因而，项目参与方之间的关系、项目风险的分配和合同条件也不同。每一种发包方式的产生与发展都是为了适应某些工程项目类型和建设环境的特殊需要，不能简单地认为某种发包方式优于其他模式。因此，具体到某个建设项目时，采用什么样的发包方式，决不能搞一刀切，应依据项目的特点、建设环境、风险结构和业主的建设管理能力与偏好等多方面因素，设计或选择最适合该项目的发包方式。

8.2.5　水利行业发包方式现状

目前水利行业基本上实行的是两阶段设计，初步设计完成后进行招标设计，然后进行施工、采购招标，并采用分项发包方式。显然，这类似于国际上的 DBB 发包方式。

自 20 世纪 80 年代中叶以来，分项发包方式一直是我国水利行业的主要发包方式，其具有以下优势：

（1）管理方法成熟。由于这种方式长期、广泛地被采用，在实践中产生了一整套较为成熟的管理方法，项目参与各方对相关的程序都很熟悉，并形成了建设各方均熟悉的一套建设管理制度。

（2）与分项发包相适应的格式化的施工招标合同条件已经形成，有利于业主方节省管理成本，保证施工合同的正常履行。

虽然我国水利行业分项发包方式实施多年，并积累了许多管理经验，但采用这种方式存在人为地将设计和施工割裂的问题。在项目的实施系统中出现了"组织分隔""流程分离""技术屏蔽"与"信息孤岛"等不良现象。伴随着建筑行业专业化和"碎片化"的不断发展，其弊端越来越明显，主要表现在以下几个方面：

（1）由于是分阶段实施项目，即设计完成以后才开始施工，施工时对设计中的问题难以修改，或修改要付出较大的代价。此外，建设周期长，易造成投资、工期失控。

（2）有经验的施工承包商没有机会参与设计工作，因而，无法对设计优化活动和改善工程的"可建造性"提出建议。

（3）由于设计费用的计取是以工程概算为基础的，使得设计方对降低成本和节约时间缺乏内在动力。

（4）由于施工、设计和监理方对设计文件有不同理解，合同争议、工程变更和索赔也时有发生。

事实上，各经典发包方式均存在一定适用条件，即一种发包方式不可能适用于各种各类工程。

发包方式单一的问题在我国建设领域是一个普遍的问题，我国工程界、理论界和政府部门对此问题也有一定的认识。为此，2000年建设部选择河北省、上海市和沈阳市作为建筑市场改革的试点，寻求我国建筑业管理体制、机制和法制协调发展之路，变革项目建设的组织模式成为试点的重点；2003年建设部又下发了《关于培育发展工程总承包和工程项目管理企业的指导意见》，对深化我国工程建设项目组织实施方式改革，培育发展专业化的工程总承包和工程项目管理企业，提出了指导意见。这实际上是推动我国建设领域由单一的发包方式向多元化发包方式转变的一种努力。

8.2.6 发包方式设计影响因素分析

影响工程发包方式设计的因素很多，借鉴其他学者研究成果，并结合专家访谈，将工程发包方式设计的主要影响因素归纳为以下几个方面：

（1）业主方的工期要求。工期要求是确定发包方式的重要约束条件，当项目的工期要求比较紧时，则可以考虑采用快速路径法，即使设计和施工搭接实施，以缩短工程建设周期，此时宜选择 CM at risk 或 DB 方式，不宜选择 DBB 方式。

（2）工程项目的规模。随着项目规模的增大，对承包商的资金、信誉、技术和协调能力要求相应提高，满足要求的承包商数量也随之减少，从而会造成市场竞争的不充分。因此，对大型项目可以采用分项发包的方式来促进竞争。

（3）工程项目的复杂程度。工程项目的复杂性表现为技术的复杂性，以及子项目间联系紧密和施工干扰大。复杂程度高的工程意味着工程实施过程中的风险就大，会更容易发生工程变更或索赔，因而需要强有力的管理来规避或减轻风险。而各种发包方式应对风险的能力是不同的，如 DB 模式，将实施过程中的风险由一个承包人来应对，其可从整体出发，通过强有力的协调和管理将工程的风险降低到较低程度；若采用 DBB 模式，各承包人关心的是如何减轻自己承包部分工程的风险，很少顾及工程的整体风险。

（4）业主方的工程项目管理能力、管理经验和管理文化。主要表现为协调设计施工方面的能力、合同管理的能力和经验。这一方面与业主方管理方式相联系，需综合考虑。

（5）工程建设环境。包括交通、征地拆迁和政策法规等方面。如当交通、征地拆迁等条件复杂时，一般采用 DBB 发包方式较适当；又如，有关法规规定主体工程不能分包，则选择发包方式时就要充分考虑这一点。

（6）建设市场现状。如仅当建设市场上能选择到能承担 DB/EPC 任务的承包商时，才能采用 DB/EPC 发包方式。

8.2.7　发包方式设计流程

建设工程发包方式设计流程可概括如下：

（1）分析建设工程特点、工程建设条件。

（2）建立基本可行的经典发包方式集。

（3）对照各影响因素，采用排除法，排除明显不可行的经典发包方式，保留基本可行的发包方式。

（4）综合分析，改进或优化经典发包方式，进一步排除不太可行的发包方式，保留可行的发包方式，形成可行发包方式集。

（5）将发包方式与业主方管理方式一并研究，最终确定发包方式和业主方管理方式。

8.3　监理模式设计

从保证工程总体目标（质量、进度、投资）实现的角度选择监理单位的招标主体；根据项目特点、业主能力和要求，设计监理单位的管理职责，选择采用"小业主＋大监理"还是"大业主＋小监理"模式。

生态文明城市建设通常是沿线分布，其实施过程不仅会涉及征地、拆迁及移民安置工作，而且会涉及大量的群众协调工作，根据以往经验，此类工作没有地方政府的配合通常难以开展。因此，河道工程可以委托地方水利部门组建代建机构，负责建设管理，并聘用监理单位强化质量监督。在此基础上，业主方对这类工程的每个设计单元工程视情况派1～2人驻工地业主方代表，由其传达公司指示，反馈工程建设相关信息，对履行合同情况进行监督，但不作具体的管理决策。

河湖治理工程通常位置相对集中，外部协调工作量相对较少，便于社会专业化力量的发挥。可以选择技术力量强、信誉好的建设监理单位，对工程实施进行现场管理，实行所谓"小业主或业主代表＋大监理"的业主方管理方式。该管理模式就是把原来属于业主方现场管理的在部分职权赋予聘用的建设监理；派驻工地若干名业主方代表，传达公司指示，对履行合同情况进行监督，反馈工程建设相关信息，不作具体的管理决策。

在"小业主或业主代表＋大监理"方式下，总体而言，业主方应承担工程初步设计、建设计划、签订各类合同、协调较大的建设条件、处理较大以上工程变更和索赔、工程验收等方面的管理职责；建设监理方应承担招标设计、协助施工招标、施工准备、施工合同现场管理、工程建设目标控制、一般工程变更和索赔、合同预验收等方面的管理职责。

（1）业主方主要管理职责。具体有以下几个方面：

1）工程初步设计管理，指导招标设计管理。

2）制定设计单元工程建设总体计划。

3）工程招标与签订合同。

4）协调重大工程建设条件事项。

5）处理较大设计变更（二类以上）和工程索赔。

6）工程投资管理。

（2）监理方主要管理职责。具体有以下几个方面：

1）在业主方指导下，负责招标设计管理。

2）协助业主方组织工程施工、采购招标和签订合同。

3）负责编制设计单元工程实施性计划。

4）协调一般工程建设条件事项。

5）负责工程施工合同管理，对工程建设进度、投资、质量和安全进行控制。

6）负责施工准备管理工作。

7）负责协调建设过程中设计与施工的关系。

8）负责处理工程建设中一般的设计变更和索赔。

9）负责工程建设信息、工程现场档案管理。

10）负责合同工程预验收，并协助业主方对合同工程进行验收。

8.4 建设管理模式决策机制

上文分别对工程发包方式、业主方管理方式进行了分析，并分别提出了原则性的、可行的设计方案，但两者如何组合，以及如何通过组合，对工程管理模式作进一步优化并决策，这是本节讨论的问题。

工程项目管理模式决策是一种典型的多属性决策问题，目前常用的多属性决策方法主要包括专家评价法、层次分析法、模糊综合评判法和简单多属性评价法等，本书提出带摆动权重的简单多属性评价法（SMART Using Swings，SMARTS），即在 SMART 中引入摆动权重的概念，使评估准则的重要性顺序与评分能更容易评定。从工程项目特性、业主方的要求与管理能力和工程项目建设环境 3 个方面设计建设管理模式的决策准则。

8.4.1 工程项目管理模式决策方法选择

1. 常用的决策方法

工程项目管理模式决策是一种典型的多属性决策问题，目前常用的多属性决策方法主要包括专家评价法、层次分析法、模糊综合评判法及简单多属性评价法等，现将它们的特点分析如下：

（1）专家评价法。专家评价法是出现较早且应用较广的一种评价方法。它是在定量和定性分析的基础上，以打分等方式做出定量评价，其结果具有数理统计特性。其最大的优点在于，能够在缺乏足够统计数据和原始资料的情况下，可以做出定量估计。专家评价的准确程度，主要取决于专家的阅历经验以及知识丰富的广度和深度。要求参加评价的专家对评价的系统具有较高的学术水平和丰富的实践经验。总体来说，专家评分法具有使用简单、直观性强的特点，但其理论性和系统性尚有欠缺，有时难以保证评价结果的客观性和准确性。

（2）层次分析法（Analytic Hierarchy Process，AHP）。层次分析法是对一些较为复杂、较为模糊的问题做出决策的简易方法，它特别适用于那些难于完全定量分析的问题。它是美国运筹学家 Saaty 教授于 20 世纪 70 年代初期提出的一种简便、灵活而又实用的多准则决策方法。虽然层次分析法通过对人们的思维过程进行了加工整理，提出了一套系统分析问题的方法，为科学管理和决策提供了较有说服力的依据，但层次分析法也存在判断矩阵易出现严重不一致的现象、比较判断过程较为粗糙以及计算过程烦琐等局限性。

（3）模糊综合评判法。模糊综合评判就是在考虑多种因素影响下，运用模糊理论中模糊数来表达人们的模糊认知，使决策更趋于合理。模糊综合评判法虽然较好地解决了人们判断问题的模糊性、不确定性问题，实现了定性与定量方法的有效集合，但模糊综合评判法也存在隶属函数的确定主要依赖于主观经验、模糊合成算子常与综合评价的"全面性"原则相背离以及不能解决评价指标间相关问题等局限性。

（4）简单多属性评价法。简单多属性评价法（Simple Multi-attribute Rating Technique，SMART）是 Edwards 提出的一种多属性决策法，用以简化多属性效用理论的应用。SMART 不需要对决策者的偏好做出判断，只需要进行逻辑的决策和应用 MAUT 的理论。SMART 最大的优点在于，应用 SMART 进行决策分析不仅能提供最终结果，还能在分析过程中给决策者提供深入剖析决策问题和原始信息的机会。

在应用 SMART 时，必须经过不断的两两相对比较，以决定评价准则的权重，此过程既费时又复杂。针对这种情况，Edwards 与 Barron 提出了带摆动权重的简单多属性评价法（SMART Using Swings，SMARTS），即在 SMART 中引入摆动权重的概念，使评估准则的重要性顺序与评分能更容易评定。

通过上述分析，SMARTS 作为一种简便、灵活而又实用的多准则决策方法，特别适用于目标结构复杂且缺乏数据的情况，不仅可以为决策者提供深入剖析决策问题和原始信息的机会且简单易学，是工程交易模式较为理想的决策工具。

2. SMARTS 法的主要步骤

第一步：确定需要决策的问题及相关效用。一般而言，效用为决策者或评价者的函数，它随决策问题的内涵与目的而定。

第二步：构建可行的方案，并预测各方案的实施结果。

第三步：确定方案评价准则。评价准则数以 7～11 个为宜，一般不超过 15 个，否则可通过合并或删除权重太低者来缩减评价准则数。

第四步：构建"方案-准则"矩阵。根据可行方案及评价准则，确定每个方案在各个评价准则下的效用值，并将每个评价准则下的效用值转成 [0，100] 间的绩效评分，用 100 表示最佳效用值的绩效评分，0 表示最差效用值的绩效评分，其他用插入法将效用值转换成绩效评分。

第五步：利用摆动权重法确定评价准则的重要性排序。假设有一个最差的方案，其每个准则下的效用值都是可行方案中的最差结果，决策者或评价者将被询问："如果只能选择其中一个评价准则加以改善，试问要选择哪一个评价准则？"，依次做出的选择就是这些准则的重要性顺序，即在摆动权重的过程中，第一个被选取的评估准则最重要，最后被选取的评估准则最不重要。

第六步：确定评价准则权重。根据步骤五所得到的评价准则重要性排序，令排在第一的评价准则的重要性评价值为 100，然后将后面的评价准则依次与其比较得出各自的重要性评价值，再将其标准化。

第七步：利用权重和模式计算各方案的绩效评分，并据以排列方案的优劣顺序，绩效评分最高的方案就是最优方案。

8.4.2　工程项目管理模式决策准则

影响工程交易方式选择的因素很多，总体上可分为工程项目特性、业主方的要求与管理能力和工程项目建设环境 3 个方面。

1. 工程项目特性

（1）工程项目的规模。不同规模的工程，不仅对承包人的承包能力要求不尽相同，随着项目规模的增大，对承包商的资金、信誉、技术和协调能力要求相应提高，满足要求的承包商数量也随之减少，从而会造成市场竞争的不充分。因此，对大型项目可以采用分项发包的方式来促进竞争。

（2）工程项目的技术难度。技术难度大的工程意味着工程实施过程中的风险就大，会更容易出现工程变更或索赔，因而需要强有力的管理来规避或减轻风险。而各种交易方式应对风险的能力是不同的，如 DB 模式，将实施过程中的总风险由一个承包人来应对，其可从整体出发，通过强有力的协调和管理将工程的总风险降低到最低程度；若采用 DBB 模式，各承包人关心的是如何减轻自己的风险，很少顾及工程的总风险。项目技术难度的大小，可按项目施工中工种的多少来区分。

（3）子项目间的施工干扰程度。一般而言，当不同承包人施工中相互干扰大时，施工过程中的协调工作量就大，宜采用总包方式，如 EPC 模式等；反之，不同承包人在施工中基本不干扰时，宜采用分包方式，如 DBB 模式。

（4）工程项目的设计深度。工程的设计深度决定了工程产品的明晰程度/模糊度，与工程交易方式的选择直接相关。若产品十分模糊时，宜采用 DB 模式或 EPC 模式以降低合同履行过程中的交易费用；若产品十分清晰时，则采用 DBB 模式较恰当，合同履行过程中承包人施展机会主义行为的空间较小，因而交易费用受到遏制，但可充分利用市场机制，降低合同价格。

2. 业主方的要求与管理能力

（1）业主方的工期要求。工期要求是确定交易方式的一个重要约束条件，当项目的工期要求比较紧时，则可以考虑采用快速路径法即使设计和施工搭接进行以缩短工程建设周期，此时宜选择 CM at risk 模式或 DB 模式，不宜选择 DBB 模式。

（2）业主方的质量控制要求。业主的质量要求较高时，一方面应考虑选择监管较严密、能产生较好监督效果的项目治理结构；另一方面应采用有利于选择质量信誉好的承包人的交易方式。

（3）业主方的管理能力和经验。业主方的建设管理能力将直接影响交易方式的选择。当业主方具备较强的建设管理能力时，如房地产开发商一般有专门的工程项目管理队伍，并在工程开发建设中积累了大量的经验，此时采用自主型交易方式成本较低，会取得较好的技术经济效果；若业主既不懂工程技术又不懂工程管理，采用代理型交易方式可能会取得理想的技术经济效果。

3. 工程项目建设环境

（1）工程建设条件。工程建设条件主要指"三通一平"及征地拆迁和移民等方面的条件。实践表明，征地拆迁和移民对工程交易模式设计影响最大。因此，可用征地拆迁和移民费用占工程总费用的比重来衡量工程建设条件。

（2）建设法律法规的完善程度。EPC、DB 等交易方式在国际上已十分流行，我国建设部门也在推行，但目前的情况是法律法规上还有障碍，如现行法规规定工程的主体部分不能分包，这就制约了 EPC、DB 等交易方式的推广。

综上所述，可将影响工程交易方式选择的主要因素归结为如图 8.10 所示的因素集。

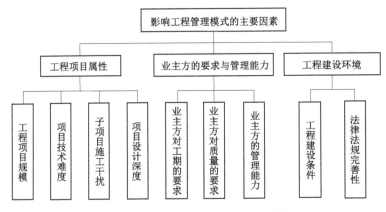

图 8.10 影响工程交易方式选择的主要因素集

8.4.3 工程管理模式决策分析

（1）可行方案的组合。经分析，得到基本可行的发包方式有 2 种，即 DBB 发包方式和 DB 发包方式；基本可行的业主方管理方式有 2 种，即"小业主或业主代表＋大监理"方式和"业主＋监理"方式。显然，经组合得到 4 种工程管理模式，见表 8.2。

表 8.2　工程管理模式可行方案

发包方式 ＼ 业主方管理方式	"小业主或业主代表＋大监理"	"业主＋监理"
DBB（工程施工总包）	方案 1："小业主或业主代表＋大监理"＋DBB 发包方式	方案 2："业主＋监理"＋DBB 发包方式
DB	方案 3："小业主或业主代表＋大监理"＋DB 发包方式	方案 4："业主＋监理"＋DB 发包方式

（2）不同方案的分析。由于可能的方案较少，因此，采用常规方法，对它们作简单分析比较，就可提出建议方案。

方案 1："小业主或业主代表＋大监理"＋DBB 发包方式。该方案的特点是选择专业化的监理公司对施工合同进行管理，并协调设计与施工的关系，因此，工程建设系统的管理会取得好的效果，但若由监理方协调外部建设条件，则一般效果不会理想。

方案2："业主＋监理"＋DBB发包方式。该方案的特点是既要业主方协调设计与施工等建设内部的问题，也需要业主方协调外部建设条件。

方案3："小业主或业主代表＋大监理"＋DB发包方式。该方案的特点是专业化监理和DB承包人，对工程建设内部的协调均能发挥作用，因而采用"大监理"就没有必要。

方案4："业主＋监理"＋DB发包方式。该方案的特点是工程建设内部设计与施工的整体优化及协调可发挥DB承包商的优势，协调外部建设条件可发挥业主方的优势。但也应注意到目前建设市场上可供选择的DB承包商短缺。

8.5 工程激励机制设计

以工程成功为总体目标，设计工程建设的激励机制，包括委托代建单位的激励、监理单位的激励和施工单位的激励。首先建立各个主体的绩效评价体系，再设计基于各参建单位绩效的激励机制。对施工单位的过程激励，采用竞标赛的激励模式；在分段委托模式下，构建包括地方政府和施工单位的双层发包（委托代理）竞标赛激励机制。

8.5.1 施工承包人激励机制设计

1. 绩效评价主体

影响施工评价的因素很多，有一般因素，也有个别因素；有技术因素，也有管理因素。而这些因素具有不同的层次和等级，它们之间相互关联、相互影响。因此，对这些因素需进行总结和归类，力求涵盖影响被评价的主要方面，同时还要考虑评价指标的规律性和普遍性。为了在激励机制设计时符合客观、公正原则，需要建立一套科学的、易观测的评价指标体系，用于评价施工方在完成各项任务上的努力程度。科学地建立评价指标体系，需要遵循下列原则：

（1）完备性和相关性原则。所建立的指标体系应全面、系统，并综合考虑各项工作或任务的特点，但指标体系中应排除指标间的相容性，避免出现过多的重叠、涵盖。同时指标体系以工作或任务流程的逻辑关系来设置会更清晰明了。

（2）定量和定性相结合原则。评价指标应尽可能量化，但由于工程施工任务的复杂性，存在大量难以定量描述的指标，应尽量按单一考察点来细化指标，以减少指标的模糊度，提高评价的分辨率和清晰度，做到定量和定性指标的有机结合。

（3）指标标准适度原则。指标标准适度是指评比标准要适度，给参建单位的压力大小适度，经过努力可以达到，绝不能望而不可即。

为了达到对施工方动态控制管理和激励的目的，可以分阶段对各个施工单位所承建的标段进行绩效评价；而当施工方所施工的合同标段完成后，对施工方还可进行优秀施工方的评定工作。对不同的评价有不同的绩效评价指标，但阶段性评价的绩效评价指标是组成绩效评价体系的基础。

2. 权重赋值方法和考虑因素

在施工标段和施工方的考核评价中，每一个影响因素对评价的影响程度均不相同，需要赋予每个因素以相应的权重。可采用的权重赋值方法很多，大体可分为三大类型：一是专家商议估值法，即利用专家的经验来进行权重的赋值，指标体系的建立和指标权重的确定以及评价打分都可以专家打分进行；二是统计分析法，例如，利用多个专家进行评价，对专家给予的不同权重进行数学统计分析的方法来确定；三是应用运筹学和其他数学方法如层次分析法、模糊综合评价等方法来确定。

为了使整个竞赛机制更能体现工程的特点，更能突出不同考评所强调的重点，绩效评价指标权重的分配应紧紧围绕工程建设的目标，遵循重点突出和兼顾全面有机结合的原则。重点和中心目标，设置较高的权重；针对不同评价目的，同样指标所分配的权重也可能有所不同。

3. 业主方对多个承包人时委托代理关系的特点

建设工程实施过程受各类不确定因素包括自然的和社会的因素影响比较大，整个建设工程产品的良好交付取决于各类目标的实现，如质量、工期、成本、安全。这些目标是否达到业主方在决策时期的要求不仅取决于承包人是否努力工作，而且还取决于自然和社会的干扰的大小。例如，寒流的突然来临，过低的气温可能会阻止混凝土强度的继续增长，空气中湿度过高可能会影响墙体抹灰的干燥速度，从而影响工程质量，同时也会影响工期。这就是说，工程建设的进展并不完全取决于承包人的努力程度，还取决于外界环境或外部条件，是由承包人的努力和外生的不确定性共同确定的。

业主方管理多个承包人时和管理单个承包人的情形是不一样的。业主方当面对单个承包人，业主方对承包人的目标绩效进行评估时，剥离环境造成的影响方面更多地带有主观性；而当业主方面对多个承包人时，可以对各个承包人某段时期内达到的绩效进行比较，因为在同一个或相近的建设条件下，可以假设各个承包人所面临的来自自然或社会的影响是相同的，利用信息经济学中的信息提供原理（informativeness principle）剔除共同的风险因素，即以"相对业绩比较"为基础的竞赛来剔除外部环境中不确定性因素的干扰，可以更准确地判断各个承包人的努力程度，既能降低道德风险，又能强化激励效果。

在以"相对业绩比较"为基础的竞赛制中，锦标赛制是其中一种特殊形式，在锦标制度下，一个委托人的所有代理人之间展开竞争，每个代理人的所得只依赖于他在所有代理人中的排名，而与他的绝对表现无关。n 个代理人有 n 个奖品，$w_1 \geqslant w_2 \geqslant \cdots \geqslant w_n$，业绩最好的代理人得到 w_1，第二名得到 w_2，以此类推。项目业主方按照一定的绩效评价标准对所有参赛承包人的业绩进行名次排序，得分最高或排名在前者将成为赢家，从而得到较高的奖金。显然，每个承包人的所得只依赖于他的排名，而与他的绝对业绩无关，并且每一名次的奖金也是事先固定的，与绝对业绩也无关。

根据充足统计量结论，如果代理人的业绩不相关（不受共同的不确定约束的影响），锦标制度肯定劣于每个人的所得只依赖于自己的业绩的合约。但是，如果代理人的业绩是相关的，锦标制度就有价值。锦标制度提供的激励取决于"成功者"和"失败者"之间的报酬差距。

在锦标竞赛中发包人与承包人之间的博弈关系可作如下描述：

第一阶段，由项目业主方设计或制订竞赛策略（规则），规定竞赛评价指标和标准以及奖励条款，项目业主方在该阶段的行为能被所有承包人观察到，并且项目业主方被认为能够信守合同和竞赛规则。第二阶段，承包人在观测到发包人的策略后，选择自己的行动（接受或拒绝该规则），每个承包人在审视衡量自身的资源条件和其他承包人的实力后确定自己的竞赛目标，但能否实现目标存在着不确定性，承包人实现目标的概率与实现目标后获取的奖金的乘积如果大于承包人努力的成本，则承包人还是有积极性参与竞赛的。否则，承包人不愿意参加比赛，从而得到某个外生的"保留效用"。第三阶段，接受该规则的竞赛参与方，即各承包人在该规则下选择自己的竞赛行为。最后，项目业主方依据事前所定的竞赛规则和奖励条款进行支付。在不同的阶段，项目业主方和承包人要考虑不同的决策变量。简单地，用图 8.11 来表示业主方和承包人竞赛博弈的一般程序。

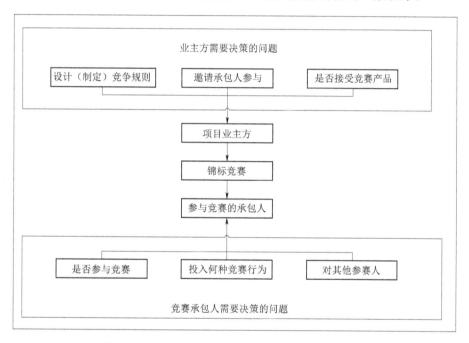

图 8.11　业主方和承包人竞赛博弈一般程序示意图

8.5.2　基于竞赛制的多承包人激励模型

根据博弈论和信息经济学，建立平行承包模式下单个业主方和多个承包人在信息不对称的条件下的锦标赛模型，研究锦标赛制的奖金形式及额度，供业主方设计激励机制作参考。

1. 基于竞赛制的多承包人激励模型假设

考虑由一个业主方和两个平行发包的施工承包人，业主方设计一种竞赛机制，向施工绩效更好的承包人提供奖励 H，向施工绩效更差的承包人提供 L，并规定承包人提供的施工产品必须达到一个最低的要求 a，这样才能参与到竞赛中来，如果承包人只达到 a，则只支付原来合同所规定的报酬 w，如果高于 a，则支付 H 和 L。业主方根据竞赛后的项目绩效来选择支付各承包人货币的数量。

假设承包人 i 的施工绩效为 q_i：

$$q_i = a + h(e_i) + \varepsilon_i \qquad i = 1,2 \qquad\qquad (8.1)$$

式中：e_i 为承包人的努力；ε_i 为随机因素的影响，即存在外界随机因素影响对施工承包人的施工绩效的评价，且互不相关，并都服从均值为 0 的正态分布，即 $\varepsilon_i \sim N(0, \sigma_i^2)$，$i = 1, 2$。

另外，承包人在施工绩效上的成本函数为 $g(e_i)$，显然，承包人越努力其成本就越高，即 $g'(e_i) > 0$，而且越努力成本增加得也越大，即 $g''(e_i) > 0$。$h(e_i)$ 为承包人的努力带来的期望绩效，显然，承包人越努力其期望绩效也越高，即 $h'(e_i) > 0$，但由边际递减规律，边际期望绩效是递减的，即 $h''(e_i) < 0$。

业主方的收益为

$$U = r \sum q_i - (H + L) - 2w \qquad\qquad (8.2)$$

式中：r 为施工效果为某一综合值时业主方得益的系数/因子。

承包人的收益为

$$U_1 = w - g(e_1) + H\,\mathrm{Prob}(q_1 > q_2) + L\,\mathrm{Prob}(q_1 < q_2) \qquad\qquad (8.3)$$

$$U_2 = w - g(e_2) + H\,\mathrm{Prob}(q_2 > q_1) + L\,\mathrm{Prob}(q_2 < q_1) \qquad\qquad (8.4)$$

业主方和各承包人都有独立的决策权，第一阶段业主方先恰当制定 H 和 L 的值来将自己的效用最大化，第二阶段是各承包人也要最大化自己的效用，其根据是 H 和 L 的值，从而来选择自己的努力水平 e_1 和 e_2。

2. 基于竞赛制的多承包人激励模型分析

（1）首先业主方事先已经选定了 H 和 L，那么就可以得到施工合同的各个承包人在工作努力水平上的博弈结果。

根据贝叶斯法则，有

$$
\begin{aligned}
\mathrm{Prob}(q_1 > q_2) &= \mathrm{Prob}[a + h(e_1) + \varepsilon_1 > a + h(e_2^*) + \varepsilon_2] \\
&= \mathrm{Prob}[\varepsilon_1 > h(e_2^*) - h(e_1) + \varepsilon_2] \\
&= \int_{\varepsilon_1} \mathrm{Prob}[\varepsilon_1 > h(e_2^*) - h(e_1) + \varepsilon_2] f(\varepsilon_1) \mathrm{d}\varepsilon_1 \\
&= \int_{\varepsilon_1} \{1 - F[h(e_2^*) - h(e_1) + \varepsilon_2]\} f(\varepsilon_1) \mathrm{d}\varepsilon_1 \qquad (8.5)
\end{aligned}
$$

$$
\begin{aligned}
\mathrm{Prob}(q_1 < q_2) &= \mathrm{Prob}[a + h(e_1) + \varepsilon_1 < a + h(e_2^*) + \varepsilon_2] \\
&= \mathrm{Prob}[\varepsilon_1 < h(e_2^*) - h(e_1) + \varepsilon_2] \\
&= \int_{\varepsilon_1} \mathrm{Prob}[\varepsilon_1 < h(e_2^*) - h(e_1) + \varepsilon_2] f(\varepsilon_1) \mathrm{d}\varepsilon_1 \\
&= \int_{\varepsilon_1} F[h(e_2^*) - h(e_1) + \varepsilon_2] f(\varepsilon_1) \mathrm{d}\varepsilon_1 \qquad (8.6)
\end{aligned}
$$

故有

$$\frac{\partial\,\mathrm{Prob}(q_1 > q_2)}{\partial e_1} = \frac{\partial \int_{\varepsilon_1} \{1 - F[h(e_2^*) - h(e_1) + \varepsilon_2]\} f(\varepsilon_1) \mathrm{d}\varepsilon_1}{\partial e_1}$$

$$= \int_{\varepsilon_1} f[h(e_2^*) - h(e_1) + \varepsilon_2] f(\varepsilon_1) \mathrm{d}\varepsilon_1 h'(e_1) \tag{8.7}$$

$$\frac{\partial \mathrm{Prob}(q_1 < q_2)}{\partial e_1} = \frac{\partial \int_{\varepsilon_1} F[h(e_2^*) - h(e_1) + \varepsilon_2] f(\varepsilon_1) \mathrm{d}\varepsilon_1}{\partial e_1}$$

$$= \int_{\varepsilon_1} -f[h(e_2^*) - h(e_1) + \varepsilon_2] f(\varepsilon_1) \mathrm{d}\varepsilon_1 h'(e_1) \tag{8.8}$$

对参与竞赛的承包人来说，会选择自己的努力水平 e_1 和 e_2，分别使自己的效用最大化。因此，一阶条件 $\mathrm{d}U_i / \mathrm{d}(e_i) = 0$，由此可得

$$-g'(e_1) + H\frac{\partial \mathrm{Prob}(q_1 > q_2)}{\partial e_1} + L\frac{\partial \mathrm{Prob}(q_1 < q_2)}{\partial e_1} = 0 \tag{8.9}$$

将式（8.7）和式（8.8）代入到式（8.9）得

$$-g'(e_1) + (H - L)h'(e_1)\int_{\varepsilon_1} f[h(e_2^*) - h(e_1) + \varepsilon_2] f(\varepsilon_1) \mathrm{d}\varepsilon_1 = 0 \tag{8.10}$$

$$-g'(e_2) + (H - L)h'(e_2)\int_{\varepsilon_2} f[h(e_1^*) - h(e_2) + \varepsilon_1] f(\varepsilon_2) \mathrm{d}\varepsilon_2 = 0 \tag{8.11}$$

$$-g'(e^*) + (H - L)h'(e^*)\int_{\varepsilon} f^2(\varepsilon) \mathrm{d}\varepsilon = 0 \tag{8.12}$$

由式（8.12）所决定的 $e^* = e_1 = e_2$，就是两个承包人博弈结果的唯一纳什均衡。式（8.12）的经济含义是承包人 1 和承包人 2 的边际期望收益等于努力的边际成本。

1)（$H-L$）和努力水平之间的关系。将式（8.12）变换可得

$$(H - L) = \frac{g'(e^*)}{h'(e^*)\displaystyle\int_{\varepsilon} f^2(\varepsilon) \mathrm{d}\varepsilon} \tag{8.13}$$

假定 ε 不变，考虑（$H-L$）和努力水平之间的关系。将（$H-L$）对 e^* 求导，得

$$\frac{\partial(H-L)}{\partial e^*} = \frac{g''(e^*)h'(e^*) - g'(e^*)h''(e^*)}{[h'(e^*)]^2\displaystyle\int_{\varepsilon} f^2(\varepsilon) \mathrm{d}\varepsilon} \tag{8.14}$$

由前述可知，$g'(e_i) > 0$，$g''(e_i) > 0$，$h'(e_i) > 0$，$h''(e_i) < 0$，可得 $\dfrac{\partial(H-L)}{\partial e^*} > 0$，即 $\dfrac{\partial e^*}{\partial(H-L)} > 0$。也就是说，业主方所制定的奖金差额越大，承包人就愿意付出更强的努力水平。

2) ε 和努力水平之间的关系。前面已假设 $\varepsilon_i \sim N(0, \sigma_i^2)$，$i = 1, 2$，即 ε 的分布密度函数为 $f(\varepsilon) = \dfrac{1}{\sqrt{2\pi}\sigma}\mathrm{e}^{\frac{\varepsilon^2}{2\sigma^2}}$，则有 $\displaystyle\int_{\varepsilon} f^2(\varepsilon) \mathrm{d}\varepsilon = \dfrac{1}{2\sigma\sqrt{\pi}}$，因此，当假设（$H-L$）固定时，式（8.12）就变为 $g'(e^*) = \dfrac{(H-L)h'(e^*)}{2\sigma\sqrt{\pi}}$，即

$$\sigma = \frac{(H-L)h'(e^*)}{2\sqrt{\pi}g'(e^*)} \tag{8.15}$$

将 σ 对 e^* 求导，得

$$\frac{\partial \sigma}{\partial e^*}=\frac{(H-L)}{2\sqrt{\pi}}\frac{h''(e^*)g'(e^*)-h'(e^*)g''(e^*)}{[g'(e^*)]^2} \tag{8.16}$$

同样，因为 $g'(e_i)>0$，$g''(e_i)>0$，$h'(e_i)>0$，$h''(e_i)<0$，因此可得出 $\frac{\partial \sigma}{\partial e^*}<0$，即 $\frac{\partial e^*}{\partial \sigma}<0$。

由此可得出，努力水平 e^* 随着方差 σ 增大而减小，方差 σ 描述了外界随机因素的离散程度，它的增大意味着外界随机因素干扰更大，会影响努力带来的施工绩效的评价，承包人更不愿意承担风险去更努力。因此有：外界随机因素干扰越大，参与竞赛的承包人愿意付出的努力越低。

（2）两个承包人参与竞赛，分析业主方的决策。由式（8.12）可以得出这是个对称纳什均衡，因此每一承包人赢得竞赛的可能性都是一样的，即 $\mathrm{Prob}(q_1>q_2)=1/2$，这时，各承包人的均衡期望收益为

$$U_1=U_2=w-g(e^*)+\frac{1}{2}(H+L) \tag{8.17}$$

承包人的参与约束为

$$w-g(e^*)+\frac{1}{2}(H+L)\geqslant U_0 \tag{8.18}$$

U_0 为承包人的最低保留效用，也就是没有激励时合同所规定的报酬 w。从参与约束式（8.18）可知道，承包人愿意参与到竞赛中的条件是 $\frac{1}{2}(H+L)\geqslant g(e^*)$，即业主方提供的奖金的平均值大于承包人努力的成本，承包人就愿意参与到竞赛中来。此时业主方的期望收益是

$$U=r\sum q_i-(H+L)-2w=r\sum[a+h(e^*)]-(H+L)-2w \tag{8.19}$$

将参与约束式（8.18）代入到式（8.19），得

$$U=r\sum[a+h(e^*)]-2g(e^*)-2U_0=2r[a+h(e^*)]-2g(e^*)-2U_0 \tag{8.20}$$

对式（8.20）求一阶条件得

$$rh'(e^*)=g'(e^*) \tag{8.21}$$

将式（8.21）代入到式（8.12），得

$$(H-L)=\frac{g'(e^*)}{h'(e^*)\int_\varepsilon f^2(\varepsilon)\mathrm{d}\varepsilon}=\frac{r}{\int_\varepsilon f^2(\varepsilon)\mathrm{d}\varepsilon} \tag{8.22}$$

将式（8.22）与参与约束式（8.18）中的等式结合，可得

$$H^*=U_0-w+g(e^*)+\frac{r}{2\int_\varepsilon f^2(\varepsilon)\mathrm{d}\varepsilon} \tag{8.23}$$

$$L^*=U_0-w+g(e^*)-\frac{r}{2\int_\varepsilon f^2(\varepsilon)\mathrm{d}\varepsilon} \tag{8.24}$$

其中，e^* 由 $rh'(e^*)=g'(e^*)$ 来决定。

业主方限于人力、物力和财力的影响，不可能对工程的所有属性都有个清晰的认识，所以在决策过程中很难做到最优，因此工程发包模式的决策问题具有很大的不确定性。那么，如何利用数学的原理来帮助业主方进行决策就显得十分重要且具有现实意义。本章主要介绍了直觉模糊集理论的相关知识，建立了工程发包模式的决策模型，使用 TOPSIS 法进行评估，并总结了模式使用的具体步骤。模型中引入了犹豫程度或是不确定程度的概念，使决策过程更接近实际。该模型的计算可以借助计算机软件进行，使用起来更加方便，能很好地用于发包模式的决策。

3. 业主方愿意采用竞赛的条件分析

当项目业主方采用竞赛制时，其期望收益为

$$U=2r[a+h(e^*)]-(H+L)-2w=2r[a+h(e^*)]-2g(e^*)-2U_0 \quad (8.25)$$

当项目业主方不采用竞赛制时，业主方只给承包人预先确定的费用 w，这个 w 也会和承包人的最低保留效用 U_0 相等。同时，理性承包人也只会提供达到最低要求 a 的努力，业主方的期望收益就能从下式中得到：

$$U'=2ra-2w=2ra-2U_0 \quad (8.26)$$

比较式（8.25）和式（8.26），业主若采用竞赛制，需要 $U>U'$，即以下条件需成立：

$$2r[a+h(e^*)]-2g(e^*)-2U_0>2ra-2U_0 \quad (8.27)$$

由式（8.27）得 $rh'(e^*)>g'(e^*)$。当 $rh'(e^*)>g'(e^*)$时，对业主方而言，应采用竞赛制鼓励承包人提供高努力以使工程产品的施工绩效更好。也就是说，当施工产品的好坏对业主方越重要（即 r 越大），承包人努力成本越小时，则业主方越应该采用竞赛方式激励各承包人努力提供好的施工产品。

4. 承包人愿意参与竞赛的条件分析

从参与约束式（8.18）可知道，施工合同的承包人按照博弈规则乐意参加竞赛的条件是 $\frac{1}{2}(H+L)\geqslant g(e^*)$。

5. 业主方对奖金形式和额度的设置

那么，在多个施工承包人中间采用锦标赛制的情况下，承包人是否愿意提高施工产品质量使其达到高于 a 的要求，决定于项目业主方对竞赛参与承包人的激励，而竞赛的激励效果很大程度来源于竞赛中的奖金设置。

项目业主方可以设置一个奖金，如红旗承包人这种方式，也可以设置多个奖金，如确定多个奖金额度分别奖励前几名施工质量最好的承包人。

8.5.3 工程监理激励机制设计

1. 工程监理绩效评价的特点

在工程实施中，工程监理、承包商都是独立的经济实体，都存在产生"道德风险"的可能性。业主方有必要将工程监理、承包商假设为一个代理整体，共同完成某项任务，共同分享一定的产出,让其共同承担一定的风险,使他们的收益与工作绩效挂钩,激励他们联合努力,以更好地完成项目。在这种思想的指导下,工程监理的工作绩效的考核有部分必须与承包商业绩的优劣挂钩。因此,对工程监理绩效评价指标的设计需要考虑到部分指标应与承包商工作业绩挂钩。

2. 评价因素权重赋值方法

在评价工程监理的工作质量中,每一个影响因素对其影响程度是不相同的,因此,需要赋予每个因素以相应的权重。此处采用较为简单易用的专家商议估值法,由有经验的专家商议定出权重。

3. 绩效评价指标和权重体系

根据工程的特点,参考其他工程的实践,将评价工程监理的指标设为两级。一级指标包括监理工作质量、监理工作效果和综合管理,各指标权重见表 8.3。

表 8.3　　　　　　　　　　工程监理绩效一级指标和权重

一级指标	监理工作质量	监理工作效果	综合管理
权重	0.50	0.30	0.20

(1) 监理工作质量。包括质量控制情况,安全监督情况,进度、投资控制情况,文明施工情况 4 个二级指标。

1) 质量控制情况。包括报验程序、控制措施和人员配置 3 项内容。

2) 安全监督情况。包括控制措施、现场情况、事故处理和防汛措施落实 4 项内容。

3) 进度、投资控制情况。包括控制方案和控制措施、计量控制、支付控制、变更处理和索赔处理 6 项内容。

4) 文明施工情况。包括管理措施和现场情况 2 项内容。

监理工作质量绩效指标体系和权重详见表 8.4。

表 8.4　　　　　　　　　　监理工作质量绩效指标体系和权重

二级指标	考评内容 (标准分)	评 分 标 准	标准分	实得分
质量控制情况 (30 分)	报验程序	程序清楚 (3 分); 验收资料规范、完备 (6 分)	9	
	控制措施	对承包人 4M1E (人、机、事、物、方法) 有效监控 (4 分); 严格材料、中间产品及设备检验 (3 分); 杜绝不合格材料、中间产品及设备的使用 (3 分)	10	
	人员配置	按照合同要求配备足够的监理人员 (4 分); 现场值班人员满足项目要求 (2 分); 关键部位、关键工序能够实行旁站监督并有旁站记录 (5 分)	11	
安全监督情况 (15 分)	控制措施	严格程序、制度完善 (3 分)	3	
	现场情况	督促承包人落实各项安全规章制度 (6 分)	6	
	事故处理	按"三不放过"原则处理:事故原因不清不放过;事故责任者和应受教育没有受到教育的不放过;没有采取防范措施的不放过 (3 分)	3	
	防汛措施落实	督促承包人落实防汛设备、物资和人员的配备 (3 分)	3	

二级指标	考评内容 (标准分)	评 分 标 准	标准分	实得分
进度、投资 控制情况 (45分)	控制方案	采用网络计划技术管理（5分）； 监理月报及时编报，内容清晰、完整（7分）	12	
	控制措施	对施工组织方案审核及时、准确（5分）； 工程例会制度按期执行（3分）	8	
	计量控制	有测量复核成果，计量资料完备准确（3分）； 工程计量复核程序合理、计量准确（6分）	9	
	支付控制	有目标分解和支付流程（3分）； 有控制程序（3分）； 有防范风险措施（4分）	10	
	变更处理	严格程序、审核准确（3分）	3	
	索赔处理	维护业主方的合法权益（3分）	3	
文明施工 情况 (10分)	管理措施	控制措施完备、可行（5分）	5	
	现场情况	检查承包人落实文明施工规章制度的具体情况并监督落实（5分）	5	
合计得分			100	

（2）监理工作效果。包括质量、进度、安全生产和文明施工4项内容，评分标准以监理单位所管辖标段的质量、进度、安全生产和文明施工的指标为依据进行评分。

监理工作效果绩效指标体系和权重详见表8.5。

表 8.5　　　　　　　　　　**监理工作效果绩效指标体系和权重**

二级指标	评 分 标 准	标准分	实得分
质量 (40分)	所管辖标段已进行质量评定，单元工程全部合格，且单元工程优良品率≥90％（40分），所管辖标段优良品率每减少10个百分点扣5分	40	
进度 (20分)	所管辖标段进度按计划和合同要求完成（20分）； 所管辖标段80％按计划和合同要求完成（10分）	20	
安全生产 (20分)	所管辖标段按表8.4内容评定均达85分以上（20分）；所辖标段按表8.4内容评定80％以上达85分以上（10分）	20	
文明施工 (20分)	所管辖标段按表8.4内容评定均达85分以上（20分）；所辖标段按表8.4内容评定80％以上达85分以上（10分）	20	
合计得分		100	

（3）综合管理。包括组织机构和档案管理2个二级指标。

1）组织机构。包括管理机构设置和岗位设置的合理性，人员配备和现场办公设施、检测设备到位情况，管理规章制度健全，以及监理规划和监理细则编制和执行情况4项内容。

2）档案管理。包括专职人员和档案设施配备、档案管理情况、档案"三同步"执行情况和已整编档案质量情况4项内容。

综合管理绩效指标体系和权重详见表8.6。

表 8.6 　　　　　　　　　　　监理单位综合管理检查评分表

二级指标	考评内容（标准分）	评 分 标 准	标准分	实得分
组织机构 （50分）	管理机构设置和岗位设置的合理性（10分）	设置合理（5分）； 岗位职责明确，日常管理有序（5分）	10	
	人员配备和现场办公设施、检测设备到位情况（10分）	专业工程师配备到位（5分）； 现场办公设施、检测设备配备齐全（5分）	10	
	管理规章制度健全（15分）	项目部及项目部各部门的管理规章制度健全且形成正式文件（15分）； 有规章制度但不全扣5分，已有的规章制度未形成正式文件扣5分；无规章制度（0分）	15	
	监理规划和监理细则编制和执行情况（15分）	编制有监理规划、监理细则（6分）； 按监理规划、监理细则执行良好（9分）	15	
档案管理 （50分）	专职人员和档案设施配备（10分）	专职档案员配备到位（5分）； 档案设施配备齐全（5分）	10	
	档案管理情况（15分）	档案的分类、收集、预立卷、整编和归档及时，监理大事记、监理日记等资料完善（15分）；否则酌情扣分	15	
	档案"三同步"执行情况（10分）	工程设计与档案工作同步；工程施工与档案工作同步；工程竣工验收与档案工作交付验收同步，三同步执行良好，实行全过程跟踪管理（10分）； 工程设计、施工、验收工作未与档案工作同步每项扣4分，扣完为止	10	
	已整编档案质量情况（15分）	已整编档案质量良好（15分）；否则酌情扣分	15	
合计得分			100	

4.工程监理过程中间激励机制设计

为提高激励效果，与工程施工激励类似，采用阶段激励与完工激励相结合，物质激励与精神激励相结合的方法。

（1）阶段激励评比办法。为评价方便，工程监理过程阶段激励评比宜与工程施工阶段激励评比同步进行。评比对象为各监理单位，能参与阶段评比竞赛的各监理单位必须至少达到以下要求才能获得资格。

1）评比周期内所管辖施工标段无等级性质量事故。

2）评比周期内所管辖施工标段无等级性安全事故。

工程监理阶段评比评价委员会与工程施工阶段激励评价委员会相同。各评价委员会委员根据以上规则进行评分。最后各监理单位季度评比得分按表8.6计算。平均得分最高的获"监理季度奖"。获奖的监理单位数量与计划参加考核的监理单位数量相关，具体见表8.8。

对各监理单位季度竞赛评比的得分按表8.7计算。

（2）奖励办法。获得"监理季度奖"的监理方所获奖金按下式计算：

$$奖金＝C_i\beta$$

表 8.7   施工监理单位季度评比得分表

分　类	检查内容及计分方式	标准分	实得分
监理工作质量（50分）	按表 8.4 的内容进行评分，得分×0.50＝实得分	50	
监理工作效果（30分）	按表 8.5 的内容进行评分，得分×0.30＝实得分	30	
综合管理（20分）	按表 8.6 的内容进行评分，得分×0.20＝实得分	20	
	合计得分	100	

式中：C_j 为工程监理方 j 每季度可能获得奖励的基数，C_j 与监理合同额相关，各季度的 C_j 总和建议取监理合同总价的 20%，每季度的 C_j 与每季度应支付的监理费相关，例如，监理方 j 与业主方所签订的合同总价为 100 万元，合同期为 18 个月，则该监理方参赛 6 次，奖金基数总和为 $100×20\% = 20$ 万元，若合同价每季度平均支付，则每季度奖金基数为 $20÷6 = 3.33$ 万元；$β$ 为奖金系数，具体取值见表 8.8。

表 8.8   β 系 数 表

计划参评比赛单位数	第一名	第二名	第三名	第四名	第五名
2～3 个	1.5	—	—	—	—
4～5 个	1.5	1.2	—	—	—
6～7 个	1.8	1.5	1.2	—	—
8～9 个	1.8	1.6	1.4	1.2	—
10 个及以上	1.8	1.6	1.4	1.2	1.0

各单位获得的奖金要求直接奖励给在当期监理中表现出色的监理人员，其中该标段的监理总工程师获得的奖励不得少于总数的 30%。

（3）奖金额度及来源。工程监理单位评比活动的奖金，从各监理合同扣下的质量保证金和安全保证金支付。质量保证金和安全保证金分别为监理合同价的 10%。

5. 工程监理最终激励机制设计

为保证工程的整体质量和激励的完整性，有必要设立工程监理合同最终激励机制，包括物质激励和精神激励。

（1）最终激励评比办法。最终激励评定在监理合同完成后进行。评定对象为建设工程各监理方，当以下条件被满足时，监理方即被评定为"优秀工程监理单位"（名额不限）。

1）所提供的监理服务合同验收合格。

2）以往每季度的竞赛评比中评出的得分都在 70 分以上。

3）以往所参加的各季度竞赛评比中获得优秀的次数在 50% 及以上。

4）完工验收时按表 8.9 进行评定所得分数在 85 分以上。

表 8.9   工程监理合同完工验收评分表

分　类	检查内容及计分方式	标准分	实得分
工作最终效果（80分）	所管辖的标段完工验收合格	80	
监理资料（20分）	工程相关资料齐全，且整理规范，得满分；否则相应扣分	20	
	合计得分	100	

（2）奖励办法。获得"优秀工程监理单位"的监理单位将获得业主方颁发的荣誉证书，并获得合同总金额 5% 的奖金。

（3）奖金来源。与阶段激励评比奖金的来源相同。

第 9 章

投融资模式和建设管理模式的匹配度研究

工程项目的融资模式决定了投资管理方式，融资和投资与建设管理方式有着紧密联系。项目的决策过程是一个复杂的系统工程，涉及项目前期的决策、融资、投资和建设过程的实施。各个过程之间并不是孤立的，而是上一个过程的决策直接关系到下一个过程的实施方式，对投融资模式和建设管理模式适应性评价时必须结合各个过程的关系，从前一阶段的目标确定下一阶段的实施方式。因此，当选择完投融资模式和建设管理模式之后，必须对融资模式和建设管理模式的匹配度进行评价。

9.1　政府投资项目决策的逻辑框架

政府投资项目的决策过程是一个复杂的系统工程，涉及项目前期的决策、融资、投资和建设过程的实施。各个过程之间并不是孤立的，而是上一个过程的决策直接关系到下一个过程的实施方式，为了在政府决策时能抓住要害，落到实处，决策过程应当从三个层次把握：①前期决策阶段，表现为项目的必要性和可行性方面，首先必须依据国家及地方社会发展规划和相关法律法规，判断项目建设的必要性，其次要根据现有的条件确定应当建设哪些项目、何时建，解决项目建设的资金问题；②项目的投融资，这个过程实际上就是要筹集项目建设的资金，提高政府投资管理的效益；③建设实施阶段，这个阶段要解决的问题是政府投资项目建设过程如何实施，必须根据前期决策阶段、投融资阶段的要求和目标确定建设管理方式。对投融资管理模式和建设管理适应性评价时必须结合各个过程的关系，从前一阶段的目标确定下一阶段的实施方式，同时在整个项目决策过程中，除了符合一般项目实施要求和相关法律法规外，还必须重视反腐倡廉，防止建设中腐败行为的发生。以表格的形式归纳见表 9.5。

从表 9.1 中我们可以看出，前期决策确定政府投资项目的建设目标后，要解决的主要问题就是如何筹措资金、投资过程如何管理、建设实施如何进行，彼此之间有着紧密联系。总体来说，融资模式决定了投资管理方式，融资和投资与建设管理方式有着紧密联系，而影响因子决定了管理方式的内涵，即在满足前一阶段目标的要求下本阶段方式的选择问题，因此不能由影响因子直接推出相应的管理模式，须由前一阶段目标、阶段影响因子，依次进行，如图 9.1 所示。

表 9.1   政府投资项目决策影响因子表

要素	影 响 因 子	控 制 目 标
前期决策	社会、经济规划	确定建设项目
	依法依规	确定建设时间
	项目规划	解决资金问题，保证项目可行性
	资金筹措	
融资管理决策	政治因素	拓宽融资渠道
	项目性质（可经营性）	降低融资成本
	融资渠道	降低政府承担风险
	融资成本	
	政府风险	
投资管理决策	投资主体	经济性
	融资方式	效率性
	政府要求	效果性
		社会满意度
建设管理决策	融资方式	一般项目建设管理目标（三控制、两管理、一协调）
	投资管理方式	
	政府投资项目建设管理要求	政府投资项目特殊要求（安全生产、反腐倡廉等）

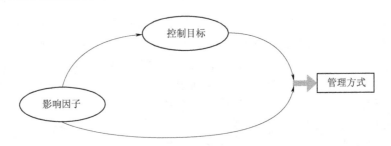

图 9.1　政府投资项目决策概念框架

　　基于上述概念框架，对项目各阶段的关系和影响因子进行研究，构建政府投资项目建设的逻辑框架图，如图 9.2 所示。

　　从政府投资项目逻辑框架中我们可以看出，政府前期决策和政府资金筹措是政府投资项目建设的前提，前文对项目经过前期决策后融资渠道、融资模式和融资方案的确定进行了研究。投资和融资是分不开的，投融资是为了建设政府项目，在特定投资管理下，如何保证管理的质量，提高管理的效率，建设过程实施与投融资管理环境的适应性至关重要。在这个过程中必须根据投融资管理的目标要求和项目建设的绩效评价，对投融资模式下建设决策做出评判。

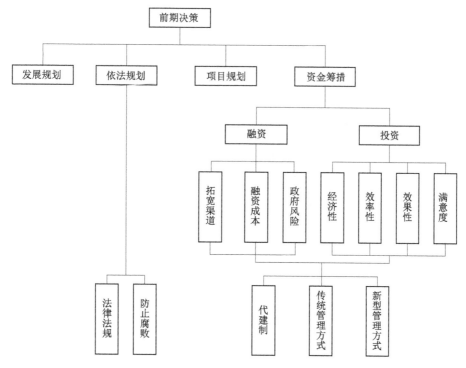

图 9.2 政府投资项目逻辑框架图

9.2 模糊贴近度概述

9.2.1 模糊贴近度的作用

投融资模式与建设管理模式的适应性评价,必须把具体工程的特点和各种管理方式的特点结合起来,从多种方式中选择最合适的管理方式,它是一个"一对多"的映射过程。方案评价是决策者通过对影响决策的因素建立层次结构模型,并将其转变为满足决策者主观目标的行为,即确定其价值取向的过程,这样就可以看成从影响因素到价值取向的映射过程;方案决策实际上就是项目决策者对影响决策的因素构建评价矩阵,通过对各个因素及其属性的偏好对各个方案进行优选排序,也是其偏好属性到决策结果的过程,它实际上是一个"多对一"的映射过程。本书所研究的投融资模式与建设管理模式的贴近度实际上就是方案的优选问题[176]。

由于在决策时决策者往往对各种信息有不同的偏好程度,对于不同的决策者来说,其偏好往往带有一定的模糊性也就是不确定性,所以本书结合模糊数学原理运用模糊多属性决策的方法进行评价。模糊多属性决策是一种考虑因素不确定性、决策结果具有多种可能性的多准则决策问题,传统的方法采用欧式距离确定偏好最优方案,但有时采用欧式距离得出的结果不大准确,本书采用王光远院士提出的改进的模糊贴近度方法进行评价。

运用模糊贴近对投融资模式与建设管理模式的适应性进行评价，实际上是通过贴近度把两者的适应性定量化。模糊贴近度实际上就是两者的贴近程度，贴近度越大，说明两者的适应性越好，反之，则说明两者的适应性越差。模糊贴近度的优点在于它不仅能描述两个量之间的适应性，还能判断方案的合理性。通过设定阈值，对两者的贴近度也即适应性进行分级，当贴近度小于一定阈值时，则说明该方案不大合理，应该否决[177]。

9.2.2 模糊贴近度的定义

设 A、B 是论域 U 上的两个模糊子集，对于 $\forall u \in U$，$\mu_A(u)$ 和 $\mu_B(u)$ 分别是其对模糊子集 A 和 B 的隶属度，则

$$\boldsymbol{A} \cdot \boldsymbol{B} = \overset{\vee}{\underset{u}{}} [\boldsymbol{\mu_A}(\boldsymbol{u}) \wedge \boldsymbol{\mu_B}(\boldsymbol{u})] \tag{9.1}$$

称为 A 和 B 的内积；而

$$\boldsymbol{A} \odot \boldsymbol{B} = \overset{\wedge}{\underset{\mu}{}} [\boldsymbol{\mu_A}(\boldsymbol{u}) \vee \boldsymbol{\mu_B}(\boldsymbol{u})] \tag{9.2}$$

称为 A 和 B 的外积。

设 A、B 是论域 X 上的两个模糊子集，则

$$\boldsymbol{\sigma}(\boldsymbol{A}, \boldsymbol{B}) = \frac{1}{2} [\boldsymbol{A} \cdot \boldsymbol{B} + (1 - \boldsymbol{A} \odot \boldsymbol{B})] \tag{9.3}$$

变量的适应性：$\sigma(A, B)$ 越小，表明 A 和 B 的适应性越强，反之则适应性越差。模糊贴近度的计算公式有多种，一般采用如下的最大值最小值贴近度[178]：

$$\boldsymbol{\sigma}(\boldsymbol{A}, \boldsymbol{B}) = \frac{\sum_{ij} \min[\mu_A(\mu), \mu_B(\mu)]}{\sum_{ij} \max[\mu_A(\mu), \mu_B(\mu)]} \tag{9.4}$$

9.2.3 模糊多属性决策模型

模糊贴近度模型的表述如下：

$$(M_1) \max_x F(x) \tag{9.5}$$

式（9.5）中，$X = [x_1, x_2, \cdots, x_n]^T$，代表候选方案，$x_i$ 为在决策方案中所应考虑的决策变量，$F(x) = [f_1, f_2, \cdots, f_n]^T$ 则为基于某个特定目标的目标函数，如果决策方案中由 m 个目标函数 $f(x)(i = 1, 2, \cdots, m)$ 组成，则可以表示为

$$F(x) = [f_1(x), f_2(x), \cdots, f_i(x), \cdots, f_n(x)]^T \tag{9.6}$$

属性集 F 通常包括效益型和成本型两种属性。为此，约定 $F_1, F_2 \in F$ 分别为其中的效益型属性子集和成本型属性子集。假定 $F_1 \cup F_2 \in F$，且 $F_1 \cap F_2 = F$。模糊多属性决策模型可以表示为

$$(M_2) \max_x = F(x)[v_1(x), v_2(x), \cdots, v_i(x), \cdots, v_n(x)]^T \tag{9.7}$$

式中：$v_i(x)$ 为决策者对方案 x 关于属性 f_i 并考虑权重 w_i 的加权模糊满意度向量，其元素按下式确定

$$V_{ij} = W_i \times S_{ij} \tag{9.8}$$

S_{ij} 为决策者对方案 x_j 关于属性 f_i 的模糊满意度，对于效益型属性：

$$S_{ij} = S_{f_j(x_j)} = \frac{u_{ij} - \max_i u_{ij}}{\max_i u_{ij} - \min_i u_{ij}} \tag{9.9}$$

对于成本型属性：

$$S_{ij} = S_{f_j(x_j)} = \frac{\max_i u_{ij} - u_{ij}}{\max_i u_{ij} - \min_i u_{ij}} \tag{9.10}$$

式中：u_{ij} 为方案 x_j 关于属性 f_i 的属性值 $f_i(x_j)$，亦即 $u_{ij} = f_i(x_j)$，显然所有元素 $0 \leqslant S \leqslant 1$[176]。

9.3 评价指标权重的确定

确定权重系数的方法主要有专家咨询法（德尔菲法）、层次分析法（Analytical Hierarchy Process，AHP）、二项系数加权法、环比评分法等。其中比较有代表性的、较成功的主要有德尔菲法和层次分析法[178]。

9.3.1 层次分析法

层次分析法又称为 AHP 法。在计算模糊贴近度时，必须对各个指标的重要程度进行确定，本书主要运用 AHP 法来计算各指标权重。运用层次分析法来计算权重，通过分层确定指标，建立各指标的 AHP 层次，结合专家调查法，使计算既能反映主观因素又能反映客观因素，通过专家主观确定各个指标的相对重要性。运用层次分析法时首先建立各指标的总目标，然后将总目标分层次，确定各个细化指标，构成一个层次结构清晰的结果模型；通过各单个层次因素的单排序以及层次总排序，最终计算出最低层各元素相对于最高层的重要性权值[179]。

1. 建立 AHP 层次结构模型

运用层次分析法把层次结构模型分为几个层次要根据实际情况具体确定。一般包含三个层次，如图 9.3 所示。

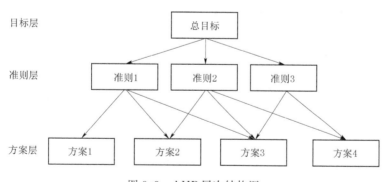

图 9.3 AHP 层次结构图

2. 构造两两判断矩阵

评价指标权重是评价指标相对重要性的定量表示，在本书中采用主观赋权法来确定各个指标的相对权重。为了更清晰地表示两指标之间的相对重要性，通常以 1—9 标度进行标识，b_{ij} 表示以上层 A_{ij} 为准则，B_1，B_2，$\cdots$，B_i 表示指标的相对重要性。若 $b_{ij} = 1$，2，3$\cdots$以及它们的倒数，即：若 $b_{ij} = 1$，表示 B_i 和 B_j 的重要性相同；$b_{ij} = 3$，B_i 比 B_j 重要一点；$b_{ij}=5$，B_i比B_j重要；$b_{ij}=7$，B_i比B_j重要得多；$b_{ij}=9$，B_i比B_j极端重要。它们之间的2、4、6、8及其倒数表示相似的意义，见表9.2。

表9.2　　　　　　　　　　　　　两 两 比 表

b_{ij}	重要程度	b_{ij}	重要程度
1	B_i和B_j同样重要	7	B_i明显优于B_j
3	B_i比B_j稍微重要一点	9	B_i极端优于B_j
5	B_i比B_j比较明显重要		

注　2、4、6、8为相邻判断的中值。$b_{ij}=1/b_{ji}$，$b_{ii}=1$。

判断矩阵形式见表9.3[175]。

表9.3　　　　　　　　　　　　　判 断 矩 阵 表

A	B_1	B_2	$\cdots$	B_n
B_1	b_{11}	b_{12}	$\cdots$	b_{1n}
$\vdots$	$\vdots$	$\vdots$	$\vdots$	$\vdots$
B_n	b_{n1}	b_{n2}	$\cdots$	b_{nn}

9.3.2　指标权重值的计算

1. 评价标度的选取

通过心理学实验，人们对事物的区分能力一般介于5～9，且1-9标度已得到广泛应用，被人们所熟悉，同时，1-9标度能够清楚地反映事物之间的差异[180]。所以基于上述原因在本书中仍然采用1-9标度对指标的相对重要性进行确定。

但在实际应用中，采用不同的标度其精确度也不相同。将1-9标度、指数标度、9/9-9/1标度和10/10-18/2标度进行比较见表9.4。

表9.4　　　　　　　　　　　　　标 度 比 较 表

区分	1-9标度	指数标度	9/9-9/1标度	10/10-18/2标度
一样重要	1	1	1	1
稍微重要	3	2.77	1.286	1.5
明显重要	5	2.08	1.8	2.333
强烈重要	7	4.327	3	4
绝对重要	9	9	9	9
通式	K	$9^{k/9}$	$9/(10-k)$	$(9+k)/(11-k)$

检验指标合理性的指标有三种：①一致性指标$C.I=\dfrac{\lambda_{\max}-n}{n-1}$；②最大偏差值$S=\sum_{n=1}^{\infty}\left|\max g_{ij}-\dfrac{a_i}{a_j}\right|$；③均方差$\sigma=\dfrac{\sqrt{\sum_{i=1}^{m}\sum_{j=1}^{n}(g_{ij}-a_i/a_j)^2}}{n}$。

徐泽水[181]在《关于层次分析几种标度的模拟评估》一文中，分别采用不同的标度对重要性做出判断，并采用上述三种验算指标合理性的公式进行计算，通过计算发现，准则值中最小的 $10/10/-18/2$ 标度，其精确度最高。其次依次为指数标度、$9/9-9/1$ 标度和 $1-9$ 标度。为了解决精确性和实用性之间的矛盾，本书专家调查法采用 $1-9$ 标度，指标权重计算时用 $10/10-18/2$ 标度。在采用专家调查法时采用 $1-9$ 标度，得到判断矩阵。然后根据式 $(9+k)/(11-k)$ 进行处理，得到新的判断矩阵。这样既运用了 $1-9$ 标度的实用性，又兼顾了 $10/10/-18/2$ 标度的精确性[182]。

2. 层次单排序

AHP 中必须进行一致性检验，但在进行指标计算时，往往通过估计进行调整，如果不能满足一致性要求则进行调整，这样就使计算带有一定的盲目性。本书运用改进的层次分析法，通过最优传递矩阵在满足一致性时直接求出指标的权重。

设 $A=[a_{ij}]$、$B=[b_{ij}]$、$C=[c_{ij}]$、$\in R_{n\times n}$ 对相关定义如下：若 $a_{ij}=1/a_{ji}$ 则把 A 称为互反矩阵；若 $b_{ij}=-b_{ji}$，则把 B 称为反对称矩阵；若 A 为互反矩阵，且 $a_{ij}=a_{ik}/a_{jk}$，则称 A 为一致的，若 B 是反对称矩阵，且 $b_{ij}=b_{ik}+b_{kj}$，则称 B 是传递的。很显然，若 A 是一致的，则 $B=l_gA(b_{ij}=l_ga_{ij}$，$\forall I$，$j)$ 是传递的，反之若 B 是传递矩阵，则 $A=10^B(a_{ij}=10^{b_{ij}})$ 是一致的。若存在传递矩阵 C，且使 $\sum_{i=1}^m\sum_{j=1}^n(c_{ij}-b_{ij})^2$ 最小，则称 C 为 B 的最优传递矩阵，显然，若 A 为互反矩阵，$B=l_gA$，C 是 B 的最优传递矩阵，那么 $A^*=10^c$，可以认为 A 是一个最有拟优矩阵，它满足 $\sum_{i=1}^m\sum_{j=1}^n(l_ga_{ij}^*-l_ga_{ij})^2$ 最小，而 $\sum_{i=1}^m\sum_{j=1}^n(a_{ij}a_{ij}^*)^2$ 最小。

定理 1：若 B 是反对称矩阵，则 B 的最优传递矩阵 C 满足 $c_{ij}=\frac{1}{n}\sum_{k=1}^n(b_{ik}-b_{jk}$，$\forall i$，$j)$。所以改进后的层次分析法新的流程如图 9.4 所示。[183]

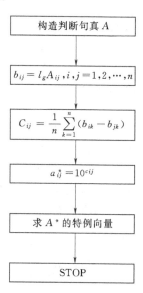

图 9.4 改进的层次分析法流程图

3. 权重的计算

采用 $1-9$ 标度根据比较结果建立矩阵 $W=(a_{ij})_{n\times n}$：

$$A=\begin{bmatrix} a_{11} & \cdots & a_{1n} \\ \vdots & \vdots & \vdots \\ a_{m1} & \cdots & a_{mn} \end{bmatrix}$$

根据式 $(9+k)/(11-k)$ 折算成 $10/10/-18/2$ 标度如下式：

$$B=\begin{bmatrix} b_{11} & \cdots & b_{1n} \\ \vdots & \vdots & \vdots \\ b_{m1} & \cdots & b_{mn} \end{bmatrix}$$

根据定理 1 求得矩阵 C 和 A^*：

$$\begin{bmatrix} c_{11} & \cdots & c_{1n} \\ \vdots & \vdots & \vdots \\ c_{m1} & \cdots & c_{mn} \end{bmatrix} 和 \begin{bmatrix} a_{11}^* & \cdots & a_{1n}^* \\ \vdots & \vdots & \vdots \\ a_{m1}^* & \cdots & a_{mn}^* \end{bmatrix}$$

用方根法计算指标的权重值：

$$w_i = \sqrt[n]{\prod_{j=1}^{n} a_{ij}^*} \ (i=1,2\cdots) \tag{9.11}$$

得到 $w=(w_1,\ w_2,\ w_3\cdots)^T$

将 w_i 归一化，即计算

$$w_i^* = \frac{w_i}{\sum_{i=1}^{n} W_i} \tag{9.12}$$

得 w_i^* 即为所求特征向量的近似值，也是各因素的相对权重。

9.4 模糊贴近度的解法

9.4.1 模糊贴近度的求解

对于模糊多属性决策模型（M2），理想方案是一设想的最优解，其各属性值均达到各备选方案中的最优值，可记为 x^*，相应的理想点 F^* 应为

$$F^* = [v_1^*, v_2^*, \cdots, v_i^*, \cdots, v_m^*]^T \tag{9.13}$$

式中：v_i^* 为属性 f_i 的最大加权模糊满意度，可根据下式确定：

$$v_i^* = \max(v_{ij}) = \max[v_{i1}, v_{i2}, \cdots, v_{ij}, \cdots, v_{in}] \tag{9.14}$$

式中：$j=1,2,\cdots,n$。

对于多属性决策问题，可以将方案 x_j 的属性向量 $F(x_j)$ 和理想解 x^* 的属性向量 F^* 均视为模糊满意集，则根据模糊贴近度公式，可得方案 x_i 至理想解 x^* 的模糊贴近度为

$$\sigma_j = \sigma[F(x_j), F^*] = \frac{\sum_{i=1}^{m}\min(v_{ij}, v_i^*)}{\sum_{i=1}^{m}\max(v_{ij}, v_i^*)} = \frac{\sum_{i=1}^{m} v_{ij}}{\sum_{i=1}^{m} v_i^*} \tag{9.15}$$

基于模糊贴近度的择近原则，若

$$\sigma_j = \max\{\sigma_1, \sigma_2, \cdots, \sigma_n\} \tag{9.16}$$

则称 x_j 与 x^* 的模糊贴近度意义最接近，由此得到最优解 $x^* = x_j$[176]。

9.4.2 评价语集的建立

为了描述各个方案的适应程度，将适应的不同程度划为不同的等级，分别为很低、较低、中等和高四个等级，我们将阈值 δ_w 定为 1、0.75、0.5 和 0.25，将适应的程度化为四个等级，见表9.5。

表 9.5　　　　　　　　　评价语集表

阈值 δ_w	$0 \leqslant \delta_w \leqslant 0.25$	$0.25 < \delta_w \leqslant 0.5$	$0.5 < \delta_w \leqslant 0.75$	$0.75 < \delta_w \leqslant 1$
贴近程度	很低	较低	中等	高

所以基于模糊多属性决策方法的步骤如下：

（1）按式（9.7）确定多属性决策模型。

（2）按式（9.14）确定理想点 F^*。

（3）计算各方案 x_j 至理想点 F^* 的贴近度 σ_j。

（4）按式（9.16）确定最优解 x^*。

9.5 投融资与建设管理模式模糊贴近度评价指标

任何一种管理模式，都有其应用环境的限制，若该模式不与工程项目的环境相适应，其包含的理论、方法、技术非但不能有效地解决问题，而且还可能适得其反。在当今政府投资项目投融资模式是 BOT、PPP、BT 等各种模式共存的条件下，每种投融资模式包含政府、投资人、承包商、银行等多个主体，合同关系复杂。不同的政府工程项目特点不同，采取的投融资方式不同，参与主体也不同，采取的工程项目管理方式也应不同。建设管理模式的选择必须要考虑其所在的投融资环境，必须使建设管理方式与投融资管理方式相适应，所以我们在投融资模式下选择建设管理方式，不能仅仅根据每种管理方式的优劣来进行选择，而是必须结合工程自身的特点和工程所处的投融资环境以及建设时政府或其职能部门的要求来进行选择，做到"投融资—工程特点—管理模式"之间的适合[183]。

前文已经介绍，政府投资项目投资管理的控制目标是经济性、效率性、效果性和社会满意度，所涵盖的内容包括：以较少的投入建设项目；管理中能否通过某种组织方式降低工程成本、缩短工期；效率也包括管理的效率，工程参与各方协调是否顺畅、是否有利于工程经验的积累，工程质量必须得到保障，工程合格率、创优率如何；同时，政府投资项目又不同于一般的工程项目，必须更加注重保护环境和安全生产，实施过程中防止贪污腐败行为的发生。根据经济性、效率性、效果性和社会满意度的投资控制目标，前文对政府投资项目建设管理成功标准进行了分析，此外，建设管理过程也必须考虑具体项目的特点，因为各种建设管理模式所适应的项目类型也不同。基于此，本书根据经济性、效率性、效果性和社会满意度的要求，并结合建设管理成功标准和工程项目绩效评价的内容，从工程性质、政府要求和管理效率三个方面出发，构建投融资模式和建设管理模式的适应性评价指标[184]。

9.5.1 工程性质

工程性质是非常重要的一类指标，它将直接影响工程管理模式的选择，该类指标主要包括工程复杂程度、工程进度快慢、工程投资控制的可靠程度。

工程复杂程度与项目建设进度和项目参与方管理经验等密切相关，一般较难完全准确评价项目复杂程度，本书采用工程规模来近似反映工程复杂程度。每种管理模式，适应的工程复杂程度不同，因而该种指标的类型对各种管理模式也不尽相同。本书以工程规模来表示工程复杂程度。

工程进度快慢作为项目管理的铁三角之一，在选择建设管理方式时也应当考虑。如果工程对工期要求比较紧，可以采用 DB 总承包和风险性 CM 模式，这两种模式可以实现设计施工的有效搭接，工程进度比较快，如果对工期要求不紧，则各种模式均可供选择。

政府投资管理中经济性要求以较少的投入建设项目，合理控制工程的建设成本，投资控制也是工程项目建设管理中必须要考虑的因素[185]。

9.5.2　政府要求

上面所述的因素当中，投资控制和进度控制本身就是政府的要求，同时，质量是所有项目必须要满足的因素，本书在此不再加以考虑，因此这里主要讲的是政府的其他要求。前文已经论述了政府投资项目不同于一般的工程项目，必须更加注重安全生产、环境保护等公众普遍关系的问题，此外，在项目建设时要加大反腐倡廉的力度，最大限度地防止腐败行为的发生[186]。

建筑市场状况也是政府应当考虑的因素之一，因为在选择某种建设管理模式时，该模式下具有这种承包能力的承包商不一定容易在建筑市场上找到，以三峡工程为例，无论采取前文任何一种管理模式，如果把施工和管理都承包给一个单位，是不可能找到具有这种能力的单位的，所以建筑市场状况也应作为一个指标。

政府投资项目参与主体多，而且往往是比较复杂的项目，管理过程极其复杂，所以在政府投资项目中，应明确各个主体的责任，工程责任的明确程度必须考虑。

为了防止政府投资项目建设中的腐败行为，使建设资金落到实处，政府应当充分发挥其监督管理职能，规范建设中的行为，所以在建设中是否有利于政府监督也是要考虑的因素。

9.5.3　管理效率

早期的项目成功标准探讨中，主要是时间、成本、质量三个标准。1983年，Baker Murphy和Fisher建议用时间、成本、项目实施情况作为评价项目成功的标准，Roger Atkinson[187]称这三个标准为"铁三角"。同时工程本身的性质将直接影响建设管理模式的选择。但是，要达到项目预期的质量、费用、进度目标还需要一定的支持条件，这些支持条件有的归属于"三控制"，即在质量控制、进度控制、费用控制三大评价中已经包含；有的则在三大控制评价中没有包含，归属于"两管理、一协调"，国家发改委倡导代建制，住房和城乡建设部倡导总承包和项目管理模式，都是在倡导用专业化的项目管理公司取代或协助缺乏工程管理经验的使用单位、投资人作为管理单位，改善业主方的项目管理水平。对于政府或者有社会资本参与组建的项目公司，可能都缺乏专业的工程项目管理经验，在选择建设管理模式时，应充分考虑政府或项目公司作为业主方时他们的协调管理难度。在管理学上，管理宽度称为管理跨度或管理幅度，即一个人监督、管理的下属的人数是有限的，当超过一定的人数时，就会影响管理的效率。格拉丘纳斯（V. A. Graicunas）认为，随着管理人数的增加，管理人员与下属之间的人际关系数将以几何级数增加，他认为人际关系数符合以下关系。

把因素论域分为三个子集：

$$C = n[2^{n-1} + (n-1)] \tag{9.17}$$

式中：C 为人际关系数；n 为管理宽度。

具体的人际关系数见表9.6。

本书讲述的是在政府投资项目建设中的协调管理负担，不是政府在具体工程建设中对人的管理，而是在建设管理方式中工程参与各方的协调，协调的难度并不是指政府或者业主方管理人的多少的难度，而是在采取某种建设管理方式下有合同关系的主体，主体越多，则在建设管理中管理协调难度也就越大，从政府的角度考虑，政府的协调难度越小越好。在管理过程中，通过有效的组织实施，可以节约工程成本，缩短工期。价值工程是降低成本提高经济效益的有效方法，方案确定后，可采用价值工程方法，通过功能细化，对造价高的功能实施重点控制，从而最终降低工程造价，实现建设项目经济效益和社会效益。根据前文研究，各种建设管理模式下最小协调难度见表9.6。

表 9.6 人 际 关 系 数 表

n（下属人数）	C（人际关系数）	n（下属人数）	C（人际关系数）
1	1	6	490
2	6	8	1080
3	18	10	5210
4	44		

政府投资项目往往是投资比较大、工期比较长、比较复杂的项目，在选择承包商时，如果政府承担风险过大，就会加大政府管理的难度，变相增加政府管理的成本，危害政府财政。从政府的角度出发，把政府自身风险的大小作为选择工程管理方式的选择指标[188]。

通过以上分析，本书所采用的指标体系如图9.5所示。

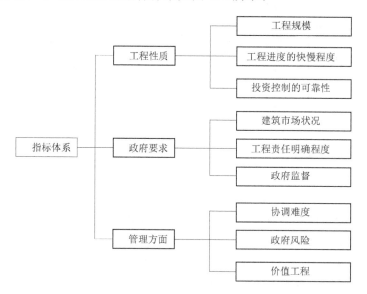

图 9.5 贴近度评价指标

9.6 案例分析

9.6.1 案例背景

某政府建设项目，由于政府财政资金紧张，考虑到该项目具有一定的盈利能力，政府决定采用 BOT 融资方式，工程预计投资 5 亿元。政府要求在保证质量和使用要求的情况下，建设周期尽可能短，以使项目尽快投入使用。通过招标确定投资人，由投资人组建项目公司，负责工程的建设。由于投资人缺乏专业的工程项目管理经验，在控制投资的同时，项目公司希望能尽量减少自身的管理负担。由于 BOT 项目中，政府把风险转嫁给了投资人和项目公司，在选择工程项目管理方式时，他们希望在工程建设时能适当降低自身的风险。同时，政府要求在建设时要维护政府形象，不能对社会造成负面影响，绝对不允许出现破坏生态环境、安全事故等有损政府形象的行为。

9.6.2 模型的运用

1. 层次分析法的建立

（1）AHP 的结构模型。评价指标体系如图 9.7 所示。

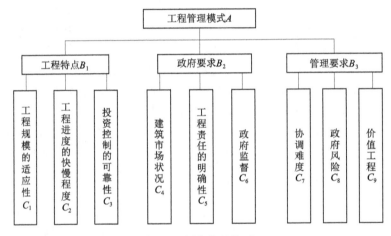

图 9.6 评价指标体系

把因素论域分为三个子集：

$$A = \bigcup_{i=1}^{3} B_i \qquad (9.18)$$

其中

$B_1 = \{C_1$—工程规模的适应性，C_2—工程进度的快慢程度，C_3—投资控制的可靠性$\}$

$B_2 = \{C_4$—建筑市场状况，C_5—工程责任的明确性，C_6—政府监督$\}$

$B_3 = \{C_7$—协调难度，C_8—政府风险，C_9—价值工程$\}$

（2）构造判断矩阵。根据政府和项目公司的要求，对各指标的重要性构造判断矩阵见表 9.7～表 9.9。

表 9.7 工程特点两两判断表

A	C_1	C_2	C_3
C_1	1	1/4	1/3
C_2	4	1	2
C_3	3	1/2	1

表 9.8	业主要求两两判断表		
A	C_4	C_5	C_6
C_4	1	1/3	1/5
C_5	3	1	1/2
C_6	5	2	1

表 9.9	管理要求两两判断表		
A	C_7	C_8	C_9
C_7	1	1/3	1
C_8	3	1	3
C_9	1	1/3	1

判断矩阵为

$$A_1 = \begin{pmatrix} 1 & 1/4 & 1/3 \\ 4 & 1 & 2 \\ 3 & 1/2 & 1 \end{pmatrix}$$

$$A_2 = \begin{pmatrix} 1 & 1/3 & 1/5 \\ 3 & 1 & 1/2 \\ 5 & 2 & 1 \end{pmatrix}$$

$$A_3 = \begin{pmatrix} 1 & 1/3 & 1 \\ 3 & 1 & 3 \\ 1 & 1/3 & 1 \end{pmatrix}$$

2. 指标值的确定

由于计算过程烦琐，仅以工程特点为例计算各指标权重，其余过程省略。分别计算 $10/10 - 18/2$ 标度权重 ω，对于 A_1，根据 $(9+k)/(11-k)$，转化为 $10/10 - 18/2$ 标度后得矩阵：

$$B_1 = \begin{pmatrix} 1 & 6/7 & 7/8 \\ 13/7 & 1 & 11/9 \\ 1.5 & 18/21 & 1 \end{pmatrix}$$

由 $b_{ij} = \ln a_{ij}$，得矩阵：

$$B = \begin{pmatrix} 0 & -0.16 & -0.134 \\ 0.847 & 0 & -0.1 \\ 0.41 & 0.20 & 0 \end{pmatrix}$$

由 $c_{ij} = \dfrac{1}{n} \left(\sum_{k=1}^{n} a_{ij} - b_{ij} \right)$，得矩阵：

$$C = \begin{pmatrix} 0 & -0.347 & -0.3 \\ 0.347 & 0 & 0.047 \\ 0.3 & -0.047 & 0 \end{pmatrix}$$

由 $a_{ij}^* = 10^{a_{ij}}$，得矩阵：

$$A^* = \begin{pmatrix} 1 & 0.692 & 0.735 \\ 7.036 & 1 & 0.794 \\ 2.544 & 1.587 & 1 \end{pmatrix}$$

采用方根法，计算判断矩阵的特征向量，根据下式：

$$\omega_i = \sqrt[n]{\prod_{j=1}^{n} a_{ij}^*} \qquad (9.19)$$

得到 $\omega = (\omega_1, \omega_2, \cdots, \omega_n)^T$，将其归一化，计算：

$$\omega_i^* = \frac{\omega_i}{\sum_{j=1}^{n} \omega_j} \qquad (9.20)$$

由上式得

$$\omega_{11} = \sqrt[3]{1 \times 0.692 \times 0.735} = 0.798, \omega_{12} = 1.774, \omega_{13} = 1.592$$

所以，$\omega_1 = (0.798, 1.774, 1.592)^T$。

进行归一化得

$$\omega^* = (0.204, 0.476, 0.320)^T$$

采用同样的方法，得

$$\omega_2^* = (0.186, 0.294, 0.52)^T$$

$$\omega_3^* = (0.25, 0.5, 0.25)^T$$

根据总目标的要求，对工程性质、政府要求和管理效率三个指标的相对重要性进行评价，用专家打分法得出判断矩阵，采用上面的方法，得到三个指标的权重值如下：

$$\omega_i = (0.4, 0.35, 0.25)^T$$

于是 C 层各指标相对总目标 A 层的权重为

$$\omega = \begin{bmatrix} 0.204 & 0 & 0 \\ 0.476 & 0 & 0 \\ 0.320 & 0 & 0 \\ 0 & 0.186 & 0 \\ 0 & 0.294 & 0 \\ 0 & 0.520 & 0 \\ 0 & 0 & 0.25 \\ 0 & 0 & 0.5 \\ 0 & 0 & 0.25 \end{bmatrix} \begin{pmatrix} 0.4 \\ 0.35 \\ 0.25 \end{pmatrix} = \begin{pmatrix} 0.0768 \\ 0.1704 \\ 0.1528 \\ 0.0651 \\ 0.1029 \\ 0.061 \\ 0.125 \\ 0.061 \end{pmatrix}$$

所得权重为

$$\omega_i = (0.0768, 0.1704, 0.1528, 0.0651, 0.1029, 0.1820, 0.061, 0.125, 0.061)^T$$

指标权重见表 9.10。

3. 评价值的确定

用专家打分法对四个备选模式的各个指标进行打分，满分为 10 分，专家打分后的平均值见表 9.11。

表 9.10   指 标 权 重 表

主要指标	w	子指标	ω^*	ω
B_1	0.4	C_1	0.204	0.0768
		C_2	0.476	0.1704
		C_3	0.32	0.1528
B_2	0.35	C_4	0.186	0.0651
		C_5	0.294	0.1029
		C_6	0.52	0.182
B_3	0.25	C_7	0.25	0.061
		C_8	0.5	0.125
		C_9	0.25	0.061

表 9.11   指标的专家打分均值

项目	DB 模式	CM 模式	EPC 模式	DBB 模式
C_1	4.7	8.3	7	7
C_2	6	7.5	6.5	5
C_3	6.5	4	7	6
C_4	7.5	6.5	7.5	5
C_5	7.5	8	7.5	7
C_6	6	6.5	6	7.5
C_7	6	7	6.5	8
C_8	7.5	7.5	8	6
C_9	6.5	7	6.5	7.5

将其归一化，得到各模式的得分矩阵为

$$\mu_{ij} = \begin{pmatrix} 0.47 & 0.83 & 0.7 & 0.70 \\ 0.6 & 0.75 & 0.65 & 0.50 \\ 0.65 & 0.4 & 0.70 & 0.60 \\ 0.75 & 0.65 & 0.75 & 0.50 \\ 0.75 & 0.8 & 0.75 & 0.70 \\ 0.75 & 0.65 & 0.60 & 0.75 \\ 0.6 & 0.7 & 0.65 & 0.80 \\ 0.6 & 0.75 & 0.8 & 0.60 \\ 0.65 & 0.7 & 0.65 & 0.75 \end{pmatrix}$$

4. 模糊贴近度的计算

指标 $C_1 \sim C_6$、C_9 均为效益型指标，C_7、C_8 为成本型指标，对于效益型指标，根据式：

$$S_{ij} = S_{f_j(x_j)} = \frac{u_{ij} - \min_i u_{ij}}{\max_i u_{ij} - \min_i u_{ij}} \qquad (9.21)$$

对于成本型指标，根据式：

$$S_{ij}=S_{f_j(x_j)}=\frac{\max_i u_{ij}-u_{ij}}{\max_i u_{ij}-\min_i u_{ij}} \tag{9.22}$$

分别计算 $C_1 \sim C_8$ 的模糊满意度向量，得模糊满意度矩阵：

$$S_{ij}=\begin{pmatrix} 0 & 1 & 0.64 & 0.64 \\ 0.4 & 1 & 0.6 & 0 \\ 0.83 & 0 & 1 & 0.67 \\ 1 & 0.6 & 1 & 0 \\ 0.5 & 1 & 0.5 & 0 \\ 1 & 0.33 & 0 & 1 \\ 1 & 0.5 & 0.75 & 0 \\ 1 & 0.25 & 0 & 1 \\ 0 & 0.5 & 0 & 1 \end{pmatrix}$$

由 $v_{ij}=\omega_i \times S_{ij}$，得加权满意度模糊向量矩阵：

$$v_{ij}=\begin{pmatrix} 0 & 0.077 & 0.049 & 0.049 \\ 0.068 & 0.17 & 0.102 & 0 \\ 0.127 & 0 & 0.153 & 0.102 \\ 0.065 & 0.039 & 0.065 & 0 \\ 0.051 & 0.102 & 0.051 & 0 \\ 0.18 & 0.061 & 0 & 0.182 \\ 0.061 & 0.031 & 0.046 & 0 \\ 0.125 & 0.015 & 0 & 0.125 \\ 0 & 0.031 & 0 & 0.061 \end{pmatrix}$$

由 $v_i^*=\max_j v_{ij}=\max[v_{i1},v_{i2},\cdots,v_{ij},\cdots,v_{in}]$，$j=1$，2，3，$\cdots$，$n$，得各备选方案的理想满意度向量为

$$v_i^*=[0.077,0.17,0.153,0.061,0.102,0.18,0.061,0.125,0.061]^T$$

根据式：

$$\sigma_j=\sigma[F(x_j),F^*]=\frac{\sum_{i=1}^{m}\min[v_{ij},v_i^*]}{\sum_{i=1}^{m}\max[v_{ij},v_i^*]}=\frac{\sum_{i=1}^{m}v_{ij}}{\sum_{i=1}^{m}v_i^*} \tag{9.23}$$

计算 DB 模式、CM 模式、EPC 模式、DBB 模式相对于理想方案的贴近度。对于 DB模式：

$$a_1=\sum_{i=1}^{7}v_{i1} \tag{9.24}$$

$a_1=0+0.068+0.127+0.061+0.051+0.182+0.061+0.125+0=0.678$

对于 CM 模式：

$a_2=0.077+0.17+0+0.039+0.102+0+0.061+0.031+0.094+0.031=0.527$

对于 EPC 模式：

$$a_3=\sum_{i=1}^{7}v_{i3} \tag{9.25}$$

$a_3=0.049+0.102+0.153+0.061+0.051+0+0.045+0+0=0.466$

对于 DBB 模式：

$$a_4 = \sum_{i=1}^{7} v_{i4}$$

$$a_4 = 0.049 + 0 + 0.102 + 0 + 0 + 0.182 + 0 + 0.125 + 0.061 = 0.519$$

对于理想方案：

$$a = 0.077 + 0.102 + 0.153 + 0.065 + 0.102 + 0.18 + 0.046 + 0.125 + 0.061 = 0.982$$

所以各方案的贴近度为

$$\sigma_1 = \frac{0.679}{0.997} = 0.68$$

$$\sigma_2 = \frac{0.527}{0.997} = 0.53$$

$$\sigma_3 = \frac{0.466}{0.997} = 0.47$$

$$\sigma_4 = \frac{0.519}{0.997} = 0.52$$

得贴近度向量为

$$\sigma = [0.68, 0.53, 0.47, 0.52]^\mathrm{T}$$

根据表 9.11，DB 模式、DBB 模式和 CM 模式的贴近度为中等，EPC 模式的贴近度为较低，对该工程不合适。基于模糊贴近度的择近原则，根据下式

$$\sigma_j = \max\{\sigma_1, \sigma_2, \cdots, \sigma_n\} \tag{9.26}$$

的计算结果（$\sigma_1 > \sigma_2 > \sigma_4 > \sigma_3$）可知，DB 模式为偏好最优解。该管理方式最适合该工程。其次依次为 CM 模式、DBB 模式、EPC 模式。同时，我们也应看到，根据专家调查的结果，DB 模式在适应工程的复杂程度上得分较低，所以在选择 DB 承包商时，应当设定承包商的资质要求，尽量选择资质好和大型工程经验丰富的工程公司负责该工程的建设，以避免因为公司的管理能力而影响到工程的建设质量。

9.7 本章小结

本章首先对模糊贴近度进行了介绍，不仅能根据贴近度的大小评价哪个指标最合适，而且根据贴近度的大小也能对各个方案的合理性进行分析。在计算方案中各个指标的权重时，采用层次分析法进行计算，通过 1-9 标度和 10/10-18/2 标度的转换，能使在调查时，被调查者可以清晰地表达自己的意思，在计算时提高计算的精度。通过最优传递矩阵可以在满足一致性的前提下直接求出权重值，避免了调整的盲目性。最后介绍了模糊贴近度的求解方法，根据贴近度的大小，通过定义阈值建立贴近度的评价语集。

政府投资项目投融资模式和建设管理模式的适应性评价不能仅仅从建设管理"三控制、两管理和一协调"的目标出发，必须结合项目的投融资环境，达到政府投资管理的目标。通过对政府投资项目决策框架的分析，建设管理模式的选择可以从投融资控制目标和政府投资项目绩效出发，结合工程具体特点，从工程特点、政府要求、管理要求三个方面建立投融资管理方式和建设管理方式的贴近度指标，分别为工程规模的适应性、工程进度

的快慢程度、投资控制的可靠性、建筑市场状况、工程责任的明确性、政府监督、协调难度、价值工程和政府风险。

通过层次分析法确定各个指标的权重值,根据各种管理方式与对应指标的适应程度,用专家调查法对各个指标进行赋值。运用模糊贴近度的方法,建立投融资和建设管理模式的贴近度模型,两者的适应性通过贴近度来进行量化,对其进行评价。通过所举的 BOT 工程案例,用上述模型进行评价,最后得出 DB 模式最适合该工程。

参 考 文 献

［1］ 王伟. 中外水利投融资政策的比较［J］. 水利经济，2001（6）：18－21，32.

［2］ 章仁俊，艾旭华. 南京市水利发展现状及问题分析［J］. 水利经济，2002（6）：48－50，69.

［3］ 张旺. 关于水利投融资机制的探索和创新［J］. 中国水利，2010（14）：18－21，65.

［4］ 段堃，曹进. 我国公益型水利工程项目投融资体制改革的设想［J］. 水利经济，2007，25（1）：60－62.

［5］ 朱庆元，方国华. 公益型水利项目投入机制研究［J］. 水利经济，2006，24（3）：1－3.

［6］ 张琰，叶文辉. 近年来农田水利设施建设问题的研究［J］. 经济问题探索，2011（5）：180－185.

［7］ 李晶，王建平. 新农村水务PPP模式在我国农村饮水安全工程建管中的应用［J］. 水利发展研究，2012，12（3）：1－5.

［8］ 司小友. 准公益性水电项目投融资环境及政策研究［J］. 中国水利，2007（6）：22－24.

［9］ 祁孝珍，耿延君，曾庆国. 大型水利工程项目投融资新方式探索——以辽宁大伙房水库输水工程建设投融资为例［J］. 水利经济，2008，26（2）：43－45.

［10］ Lam K C，Wang D，Lee P T K，et al. Modeling risk allocation decision in construction contracts［J］. International Journal of Project Management，2007，25（5）：485－493.

［11］ Rutgers J A，Haley H D. Project risks and risk allocation［J］. Cost Engineering，1996，38（9）：27－30.

［12］ 马强. BOT项目的风险及风险转移［J］. 建筑，2002（1）：44－45.

［13］ 罗春晖. 基础设施私营投资项目中的风险分担研究［J］. 现代管理科学，2001（2）：28－29.

［14］ 刘新平，王守清. 试论PPP项目的风险分配原则和框架［J］. 建筑经济，2006（2）：59－63.

［15］ 申金山，申铎. 政府投资工程建设管理模式研究［J］. 建筑经济，2006，12（7）：9－11.

［16］ 邹伟武，周栩. 对国内大型建设工程项目管理模式的探讨［J］. 基建管理优化，2005，14（2）：12－17.

［17］ 田东升. 工程管理方式的评价与选择［J］. 国外建材科技，2005，26（1）：114－116.

［18］ Garvin M J. Role of Project delivery systems in infrastructure improvement［C］. Construction Research，2003.

［19］ Ibbs C W，Kwak Y H，Ng T et al. Project delivery systems and Project change：quantitative analysis［J］. Construction Engineering and Management，2001，127（2）：154－162.

［20］ Gordon C M. Choosing appropriate construction contracting method［J］. Construction Engineering and Management，1994，120（1）：211－230.

［21］ Bubshait A A. Incentive/disincentive Contracts and its Effects on Industrial Projects［J］. International Journal of Project Management，2003，21（1）：63－70.

［22］ 冉懋鸽. 承包人施工进度激励机制初探［J］. 水力发电，2007，33（10）：78－80.

［23］ 周基农，张跃平. 委托代理问题的抵押激励合同设计［J］. 中南民族大学学报（自然科学版），2003，22（4）：82－84.

［24］ 卢毅，王康臣，张劲文. 公路建设项目法人激励模型与机制［J］. 交通运输工程学报，2003，3（2）：69－74.

［25］ 吴国生. 非政府投资项目管理模式及激励机制的研究［D］. 重庆：重庆大学，2004.

［26］ 齐海燕. 设备监理激励机制与实施方法［D］. 天津：天津大学，2004.

［27］ Gelder Jwv，Valk Fvd，Dros J M，et al，The impacts and financing of large dams［R］. Netherlands：AID

Environment and Profundo,2002.

[28] Ministr of Finance of the Bulgarian Government PU. The Best Practices Public – Private Partnership (PPP) Guidebook [R]. Bulgarian Ministry of Finance of the Bulgarian Government, PPP Unit, 2009.

[29] HTAirport. HOCHTIEF Airport GmbH：Growth needs experts, Presentation [R]. 2012.

[30] Macquarie, Macquarie Infrastructure and Real Assets [R]. 2012.

[31] Israel So, Finace Mo. The Agreement for the Construction of the Photovoltaic Power Plant in the Ashalim Compound has been Signed [R]. 2012.

[32] Accounts CoP, Lessons from PFI and other projects：Forty – fourth Report of Session 2010 – 12 [R]. London：House of Commons Committee of Public Accounts, 2011.

[33] Forni F. Asset Finance &Leasing：German PPP healthcare – recent developments & case study：Deutsche Bank [R]. 2008.

[34] Nicolas C, Matthias F, Antoine D. What works and what doesn't with BOT contracts? The case of thermal and hydraulic plants [R]. Lausanne：College of Managment of Technology, 2005.

[35] Barrot J. Resource Book on PPP Case Studies [R]. European Commission, 2004.

[36] 柯永建. 中国 PPP 项目风险公平分担 [D]. 北京：清华大学，2010.

[37] 盛和太，王守清，黄硕. PPP 项目公司的股权结构及其在某养老项目中的应用 [J]. 工程管理学报，2011，25（4）：387 – 392.

[38] Ke Y J, Liu X P, Wang S Q. Equitable Financial Evaluation Method for Public – Private Partnership Projects [J]. Tsinghua Science and Technology, 2008, 13（5）：702 – 707.

[39] Faruqi S, Smith N J. Karachi Light rail transit：a private finance proposal [J]. Journal of Engineering, Construction and Architecture Management, 1997, 4（3）：233 – 246.

[40] John E, Isr W. Alternate financing strategies for build operate transfer projects [J]. Journal of Construction Engineering and Management, 2003, 129（2）：205 – 213.

[41] Zhang X Q. Financial viability analysis and capital structure optimization in privatized public infrastructure projects [J]. Journal of Construction Engineering and Management – Asce, 2005, 131（6）：656 – 668.

[42] Yescombe E R. 项目融资原理与实务 [M]. 王锦程，译. 北京：清华大学出版社，2010.

[43] 左廷亮，赵立力. 两种股东结构下 BOT 项目收益的比较 [J]. 预测，2007，26（6）：76 – 80.

[44] 左廷亮. BOT 项目公司股东结构选择与股东行为特征研究 [D]. 成都：西南交通大学，2011.

[45] 张极井. 项目融资 [M]. 北京：中信出版社，2003.

[46] Jensen M, Meckling W. Theory of the Firm：Managerial Behavior, Agency Costs and Ownership Structure [J]. Journal of Financial Economics, 1976, 3（4）：305 – 360.

[47] 陈钊. 信息与激励经济学 [M]. 上海：格致出版社，上海三联书店，上海人民出版社，2010.

[48] 让-雅克·拉丰，大卫·马赫蒂摩. 激励理论（第一卷）：委托-代理模型 [M]. 陈志俊，等，译. 北京：中国人民大学出版社，2002.

[49] 王守清，柯永建. 特许经营项目融资（BOT、PFI 和 PPP）[M]. 北京：清华大学出版社，2008.

[50] Koh B S, Wang S Q, Tiong R L K. Qualitative development of debt/equity model for BOT infrastructure projects：proceedings of the Proc of Int'l Conf on Constr Process Re – engineering (CPR – 99), Sydney, 12 – 13 July 1999 [C]. Faculty of the Built Environment, University of New South Wales, 1999.

[51] 张彦. 最优资本结构区间的确定方法. 统计与决策 [J]. 2004（3）：2 – 4.

[52] 布瑞登，仁特. 项目融资和融资模型 [M]. 郑伏虎，译. 北京：中信出版社，2003.

[53] 陕西省发展和改革委员会. 关于印发《重大项目资本金筹措的途径与方式》的通知：陕发改财金

〔2009〕178 号 [A]. 陕西省发展和改革委员会，2009.

[54] 国务院. 关于调整固定资产投资项目资本金比例的通知：国发〔2009〕27 号 [A]. 国务院，2009.

[55] Eerd R V，Andreea M，Jett A N. Government support to public private partnerships：2011 highlights (Inglés) [R]. World Bank Other Operational Studies，2012.

[56] 袁青松，李慧. 基于商业银行风险防控视角的项目资本金管理 [J]. 银行家，2010 (2)：65 - 68.

[57] Subprasom K. Multi - party and Multi - objective Network design Analysis for the Build - operate - transfer Scheme [D]. Logan，Utah：Utah State University，2004.

[58] Tiong R L K. Competitive advantage of equity in BOT tender [J]. Journal of Construction Engineering and Management，1995，121 (3)：282 - 289.

[59] CCPPP. Debt - Equity Ratios Sensitivities and Refinancing Revisited：proceedings of the The 17th Annual CCPPP National Conference on Public - Private Partnerships，Toronto，Canada [C]. The Canadian Council for PPPs，2009.

[60] 汤姆·科普兰，蒂姆·科勒，灰克·默林. 价值评估：公司价值的衡量与管理 [M]. 高建，译. 北京：电子工业出版社，2007.

[61] Sharpe W F，Alexander G J，Bailey J V. Investments (投资学) [M]. Canada：Prentice Hall，1999.

[62] 鲁由明，陆菊春. 投资项目资本结钩能化的多目标决策方法 [J]. 科技进步与对策，2016，21 (8)：160 - 162.

[63] 陆菊春，左小芳. 信息不完全条件下项目融资结构优化决策研究 [J]. 武汉理工大学学报 (信息与管理工程版)，2010，32 (3)：482 - 485.

[64] Yang H，Meng Q. Highway pricing and capacity choice in a road network under a build - operate - transfer scheme [J]. Transportation Research Part A：Policy and Practice，2000，34 (3)：207 - 222.

[65] 赵国富，王守清. BOT/PPP 项目社会效益评价指标的选择 [J]. 技术经济与管理研究，2007 (2)：31 - 32.

[66] Ucbenli C A. Bargaining Mechanism with Incomplete Information and Its Application in Trilateral BOT Negotiations [D]. New York：Columbia University，2010.

[67] 刘子玲，吕永波，付蓬勃. 基于社会评价的高速公路项目时间节约效益分析 [J]. 交通运输系统工程与信息，2007，7 (3)：24 - 28.

[68] 斯特凡诺·加蒂. 项目融资理论与实践 [M]. 尹志军，译. 北京：电子工业出版社，2011.

[69] 章彰. 资本压力下的商业银行的转型发展——评《商业银行资本管理办法 (试行)》 [J]. 银行家，2012 (7)：29 - 32.

[70] 殷庆华. 县域智慧城市建设项目风险管理研究 [D]. 济南：山东大学，2018.

[71] 韩振. PPP 项目融资风险控制研究 [D]. 济南：山东大学，2018.

[72] Aven T. Risk assessment and risk management：Review of recent advances on their foundation [J]. European Journal of Operational Research，2015，253 (1)：1 - 13.

[73] Ibrahim J，Wani S，Adam M E，et al. Risk management in parallel projects：Analysis，best practices and implications to DBrain (gDBrain) research project [C] //International Conference on Information & Communication Technology for the Muslim World，2013.

[74] Boehm B W. Software risk management：principles and practices [J]. IEEE Software，1991，8 (1)：32 - 41.

[75] 李莉，孙攸莉. 海绵城市建设 PPP 模式风险及管控研究——以嘉兴为例 [J]. 浙江工业大学学报 (社会科学版)，2017，16 (2)：183 - 189.

[76] 彭春武，李翔宇. 探究水利水电工程项目风险管理 [J]. 绿色环保建材，2019 (1)：232，235.

［77］ 钟理. PPP 模式下城市建设的风险管理研究 ［D］. 长沙：长沙理工大学，2017.

［78］ 谢芳. 绿色建筑工程开发项目的风险评价研究 ［D］. 成都：成都理工大学，2013.

［79］ 尹小延. 基于 IOWA - GRAY 赋权的城市轨道交通 PPP 融资风险评价 ［J］. 会计之友，2019 （1）：38 - 41.

［80］ Li J，Liu X. Risk Evaluation of PPP Project Based on Matter - Element Analysis ［C］// International Conference on Management & Service Science，IEEE，2011.

［81］ 王建波，有维宝，刘芳梦，等. 基于 GRA - SPA 的城市地下综合管廊 PPP 项目风险评价研究 ［J］. 隧道建设 （中英文），2018，38 （9）：1446 - 1455.

［82］ 肖建华. 省域 PPP 项目的风险影响因素及其风险测度研究 ［J］. 当代财经，2018 （8）：34 - 43.

［83］ 韦海民，杨肖. 煤炭运输通道 PPP 项目风险评价研究 ［J］. 煤炭技术，2018，37 （8）：314 - 317.

［84］ 谢飞，刘明，聂青. 基于 ISM - ANP - Fuzzy 的城市轨道交通 PPP 项目界面风险评价 ［J］. 土木工程与管理学报，2018，35 （3）：167 - 172，191.

［85］ 王建波，有维宝，刘芳梦，等. 基于改进熵权与灰色模糊理论的城市轨道交通 PPP 项目风险评价研究 ［J］. 隧道建设 （中英文），2018，38 （5）：732 - 739.

［86］ 宋博，武瑞娟，牛发阳. 基于 OWA 与灰色聚类的城市轨道交通 PPP 融资风险评价方法研究 ［J］. 隧道建设，2017，37 （4）：435 - 441.

［87］ 袁宏川，游佳成，贺骏. 基于云模型的水利 PPP 项目投资风险评价 ［J］. 水电能源科学，2017，35 （8）：141 - 144.

［88］ 李强，韩俊涛，王永成，等. 基于层次分析法的铁路 PPP 项目风险评价 ［J］. 铁道运输与经济，2017，39 （10）：7 - 11，30.

［89］ 李娟芳，张雅兰，何亚伯. 基于相对熵的建筑垃圾处理 PPP 项目融资风险评价 ［J］. 数学的实践与认识，2018，48 （5）：164 - 170.

［90］ Xu Y，Yeung J F Y，Chan A P C，et al. Developing a risk assessment model for PPP projects in China—A fuzzy synthetic evaluation approach ［J］. Automation in Construction，2010，19 （7）：929 - 943.

［91］ Zhang X，Wang T，Li S. A Projection Pursuit Combined Method for PPP Risk Evaluation ［C］// International Conference on Management Science & Engineering Management，2017.

［92］ Wang J，Sheng X，Liu X. Risk Assessment on the PPP Financing Project of AHP - based Urban Rail Transit ［C］// International Conference on Sustainable Construction & Risk Management，2010.

［93］ Li L I. The Risk Assessment of BOT - TOT - PPP Project Financing Based on Risk Matrix ［J］. Journal of Kunming University of Science & Technology，2012，12 （1）：74 - 79.

［94］ 王苗苗. 基于计算实验的 PPP 项目社会风险治理研究 ［D］. 南京：东南大学，2017.

［95］ 邵颖洁. 基于计算实验的 PPP 项目社会风险动态评估研究 ［D］. 南京：东南大学，2017.

［96］ 高广军. 建筑工程项目风险管理应对策略 ［J］. 辽宁经济，2007 （12）：86 - 86.

［97］ 陈起俊. 工程项目风险分析与管理 ［M］. 北京：中国建筑工业出版社，2007.

［98］ 刘峰. A 污水处理厂 BOT 项目融资风险管理研究 ［D］. 西安：陕西师范大学，2016.

［99］ 王丽杰，张建. BOT 项目融资模式在我国基础设施建设中的应用 ［J］. 辽宁经济，2011 （3）：86 - 88.

［100］ 谭颖. CJ 房地产公司融资风险控制研究 ［D］. 东营：中国石油大学 （华东），2016.

［101］ 武培森. CNG 项目融资风险管理研究 ［D］. 济南：山东大学，2010.

［102］ 顾曼. PPP 模式下城市轨道交通项目公私双方风险管理研究 ［D］. 徐州：中国矿业大学，2014.

［103］ 姜庆. PPP 模式融资风险管理研究 ［D］. 青岛：青岛大学，2017.

［104］ 张智勇. PPP 模式下高速公路项目投融资风险管理研究 ［D］. 北京：中国科学院大学工程管理与

信息技术学院，2016.

[105] 丁凯. PPP 融资项目中的风险控制研究 [D]. 南京：南京大学，2016.

[106] 罗刚. 成都市政府融资决策和风险控制的案例研究 [D]. 成都：电子科技大学，2017.

[107] 毕忠利. 城市基础设施 PPP 模式融资风险控制研究 [D]. 大连：东北财经大学，2016.

[108] 陆敏明. 地方政府在 PPP 项目中融资风险控制的研究 [D]. 上海：上海师范大学，2018.

[109] 赵静. 环保 BOT 项目融资风险管理研究 [D]. 北京：北京化工大学，2012.

[110] 滕铁岚. 基础设施 PPP 项目残值风险的动态调控、优化及仿真研究 [D]. 南京：东南大学，2016.

[111] 李昭. 水利枢纽灌区工程 PPP 项目投融资风险管理研究 [D]. 赣州：江西理工大学，2018.

[112] 肖云锋. 松山湖大学创新城 PPP 项目融资风险控制研究 [D]. 长春：吉林大学，2017.

[113] 杨燕. 我国城市基础设施 BOT 项目融资的风险控制与政策建议 [D]. 济南：山东大学，2006.

[114] 陈春华. 我国能源企业项目融资财务风险控制研究 [D]. 北京：中国财政部财政科学研究所，2015.

[115] 廖小平. 政府平台公司风险控制研究 [D]. 昆明：云南财经大学，2018.

[116] 陈荣荣. 项目融资的风险评估与控制 [D]. 保定：河北大学，2010.

[117] Humphreys, Ian M, Francis, et al. An examination of risk transference in air transport privatization [J]. Transportation Quarterly, 2003, 57 (4)：31 - 37.

[118] 柯永建, 王守清, 陈炳泉, 等. 中国 PPP 项目政治风险的变化 [C] //第六届全国土木工程研究生学术论坛论文集. 北京：清华大学出版社，2008：279.

[119] Wang S Q. Lessons learnt from the PPP practices in China (keynote speech) [C] //Asian Infrastructure Congress 2006. Organized by Terrapinn and sponsored by IAPF, Hong Kong Nov 29 - 30, 2006.

[120] 亚洲开发银行. 中国城市水业市场化（PPP）推进过程中遇到的一些重要问题及相关建议 [R]. 亚洲开发银行技术援助项目-4095：中华人民共和国/政策调整，2005.

[121] 张维然, 林慧军, 王绥娟. 延安东路隧道复线 BOT 模式之评价 [J]. 中国市政工程，1996 (9)：48 - 53.

[122] 搜狐新闻. 广东廉江引资 1669 万美元建成水厂后空置 8 年 [EB/OL]. http//news. sohu. com/20070619/n250647611. shtml，2007 - 6 - 19.

[123] 中国水网. 长春汇津污水处理有限公司诉长春市人民政府案一审结果 [EB/OL]. http：//www. h2o - china. com/news/24409. html，2004 - 1 - 12.

[124] 中国水网. 中法水务：4500 万斩断与廉江 10 年恩怨 [EB/OL]. http：//www. h2o - china. com/news/83113. html，2009 - 9 - 7.

[125] 沈际勇, 王守清, 强茂山. 中国 BOT/PPP 项目的政治风险和主权风险：案例分析 [J]. 华商·投资与融资，2005 (1)：1 - 7.

[126] 王亦丁. BOT 陷阱 [J]. 环球企业家，2002 (2).

[127] 浙商网. 谁动了杭州湾跨海大桥的奶酪？ [EB/OL]. http：//biz. zjol. com. cn/05bjz/system/2005/03/03/004351216. shtml，2005 - 3 - 2.

[128] 华夏经纬网. 盲目吸引外资承诺高回报 福州遭遇 9 亿纠纷 [EB/OL]. http：//www. huaxia. com/tslj/rdqy/fj/2004/08/55034. html，2004 - 8 - 5.

[129] 搜狐新闻. 盲目承诺出恶果：港商索赔 9 亿元 [EB/OL]. http：//news. sohu. com/20040804/n221356530. shtml? qq - pf - to=pcqq. c2c，2004 - 8 - 4.

[130] 中国水网. 武汉汤逊湖污水处理厂 BOT 项目夭折 [EB/OL]. http：//www. h2o - china. com/news/31245. html，2004 - 9 - 28.

[131] 网易财经频道. 中华发电命系电力改革，竞价上网危及当年 BOT 承诺 [EB/OL]. http：//

money. 163. com/editor/030513/030513 _ 140711. html, 2003 - 5 - 15.

[132] 蒋品. 浅谈高速公路建设 BOT 特许经营性项目竞标管理 [J]. 山西交通科技, 2006 (5)：
81 - 83.

[133] 柯永建, 工守清, 陈炳泉. 基础设施 PPP 项目的风险分担 [J]. 建筑经济, 2008 (4)：31 - 35.

[134] Rahman M M, Kumaraswany M M. Risk Management Trends in the Construction Industry：
Moving towards Joint Risk Management [J]. Engineering Construction and Architectural Manage-
ment, 2002, 9 (2)：131 - 151.

[135] 大岳咨询有限公司. 公用事业特许经营与产业化运作 [M]. 北京：机械工业出版社, 2004：71.

[136] Henisz W J. Governance issues in public private partnerships [J]. International Journal of Project
Management, 2006, 24 (7)：537 - 538.

[137] Hart O D, Moore J. Property rights and the nature of the firm [J]. Journal of Political Economy,
1990, 98 (6)：1119 - 1158.

[138] 张维迎. 所有制、治理结构及委托—代理关系 [J]. 经济研究, 1996 (9)：3 - 15.

[139] 严玲, 尹贻林. 公共项目治理 [M]. 天津：天津大学出版社, 2006.

[140] 杜亚灵, 尹贻林. 回购契约视角下政府对 BT 项目的投资控制研究 [J]. 科技管理研究, 2011,
31 (23)：176 - 179.

[141] 拉斯·沃因, 汉斯·韦坎德. 契约经济学 [M]. 李凤圣, 译. 北京：经济科学出版社, 1999.

[142] 胡乐明, 刘刚. 新制度经济学 [M]. 北京：中国经济出版社, 2009.

[143] Hart O D. Moore J. Contracts as Reference Points [J]. Quarterly Journal of Economics, 2008, 123
(1)：1 - 48.

[144] Aghion P, Tirole J. Formal and Real Authority in Organizations [J]. Journal of Political
Economy, 1997, 105 (1)：1 - 29.

[145] Abednego M P, Ogunlana S O. Good project governance for proper risk allocation in public -
private partnerships in Indonesia [J]. International Journal of Project Management, 2006, 24 (7)：
622 - 634.

[146] 余礼林. BT 模式在水利建设中的应用探讨 [J]. 湖南水利水电, 2011 (3)：84 - 85.

[147] 严玲, 赵华, 杨苓刚. BT 建设模式下回购总价的确定及控制策略研究 [J]. 财经问题研究, 2009
(12)：75 - 81.

[148] 钟炜, 王博. BT 项目回购阶段业主方回购价款确定分析 [J]. 建筑经济, 2010 (9)：55 - 59.

[149] 钟炜, 高华, 王博. BT 项目业主方最优回购方案决策系统研究 [J]. 建筑经济, 2010 (11)：
56 - 60.

[150] 高华. 我国 BT 模式投资建设合同研究 [D]. 天津：天津大学, 2009.

[151] 欧阳红祥, 李欣, 张信娟. 影响 BT 项目回购总价的相关因素分析及应对策略研究 [J]. 项目管
理技术, 2012, 10 (1)：43 - 47.

[152] 冉萍. BT 模式对高校园区建设融资的可行性研究 [J]. 经济问题探索, 2009 (11)：188 - 190.

[153] 邓中美. BT 模式的回购方案分析——以福建省某快速路项目为例 [J]. 工程管理学报, 2011,
25 (5)：530 - 533.

[154] 林平, 尹贻林, 周金娥. BT 模式下可原谅的工期延误对项目回购基价的影响机理及防范 [J].
土木工程学报, 2010, 43 (7)：124 - 128.

[155] 谢莎莎. BT 融资项目的财务管理研究 [J]. 建材世界, 2010, 31 (5)：97 - 99.

[156] 李慧英. 采用 BT 模式招标项目相关问题的探讨 [J]. 安徽建筑, 2011, 18 (4)：222 - 223.

[157] 叶苏东. BT 模式中承约商偿付机制的设计框架 [J]. 北京交通大学学报 (社会科学版), 2011,
10 (4)：58 - 63.

[158] 高喜珍. BT 项目回购价款确定方法研究 [J]. 铁道运输与经济, 2010, 32 (9)：21 - 25.

[159] 高华，谢强. BT 项目回购方案的财务分析 [J]. 建筑经济，2009 (9)：26-28.

[160] 黄建玲，杨丽明. 以 BT 模式推进城市轨道交通建设的思考 [J]. 综合运输，2009 (2)：61-65.

[161] 姜敬波. 风险分担视角下城市轨道交通 BT 项目的回购定价研究 [D]. 天津：天津大学，2010.

[162] 罗为艾. 城市基础设施项目 BT 模式投资人项目财务分析探讨 [J]. 工程建设，2010，42 (5)：37-40.

[163] 王将军. 市政基础设施 BT 项目的回购期及回购担保 [J]. 建筑经济，2012 (1)：54-56.

[164] 丁国璇. 浅谈 BT 项目政府方在招标阶段对回购价款的控制 [J]. 福建建设科技，2010 (4)：86-88.

[165] 郭晋杰. 深圳地铁 5 号线 BT 管理模式的实践与思考 [J]. 铁路工程造价管理，2010，25 (5)：46-50.

[166] 袁红. 施工阶段监理工程师对工程变更的控制 [J]. 建筑经济，2009 (S1)：59-61.

[167] 霍新喜. 建筑工程造价中的设计变更和工程签证管理 [J]. 山西建筑，2007，33 (17)：265-266.

[168] Ahsan K，Gunawan I. Analysis of cost and schedule performance of international development projects [J]. International Journal of Project Management，2010，28 (1)：68-78.

[169] 刘文，朱益海，罗小刚等. 深圳地铁 5 号线 BT 工程设计与变更管理 [J]. 铁道建筑，2012 (1)：73-76.

[170] 刘卫星. BT 模式下合同价款方式的确定及价款调整 [J]. 都市快轨交通，2011，24 (1)：72-76.

[171] 周江华，采用 BT 模式进行项目运作相关问题的探讨 [J]. 铁道工程学报，2005 (4)：73-77.

[172] 张丽，沈杰. BT 项目的资金成本探析 [J]. 建筑经济，2005 (11)：25-28.

[173] 谢伟，吴建锋，孙建波. BOT 结合 BT 模式的污水/回水处理价格调整模型研究 [J]. 工业安全与环保，2010，36 (10)：16-19.

[174] 姜敬波，尹贻林. 城市轨道交通 BT 项目的回购定价 [J]. 天津大学学报，2011，44 (6)：558-564.

[175] 严玲，杨艳荣，杜亚灵. 政府投资项目 BT 模式中回购基价的控制机制研究 [J]. 建筑经济，2011 (2)：32-35.

[176] 刘运通，胡江碧. 模糊评判的数学模型及其参数估计 [J]. 北京工业大学学报，2007，27 (1)：112-115.

[177] 王力，吕大刚，王光远. 结构方案设计模糊多属性决策的模糊贴近度方法 [J]. 建筑结构学报，2005，26 (5)：118-121.

[178] Fan Z P，Ma J，Zhuang Q. An approach to multiple attribute decision making based on fuzzy preference information on alternatices [J]. Fuzzy Sets and Systems，2002，18 (131)：101-106.

[179] 刘尔烈，戴崎东. 模糊综合评价方法在工程项目社会评价中的应用 [J]. 港工技术，2002，29 (4)：20-22.

[180] 李学平. 用层次分析法求指标权重的标度方法的探讨 [J]. 北京邮电大学学报，2001，3 (1)：25-27.

[181] 徐泽水. 关于层次分析中儿种标度的模拟评估 [J]. 系统工程理论与实践，2000 (7)：58-62.

[182] 张伟. 政府投资项目代建制理论与实施 [M]. 北京：中国水利水电出版社，2008.

[183] Gransberg D D，Molenaar K. Analysis of owner's design and construction quality management approaches in design/build projects [J]. Journal of Management in Engineering，2004，20 (4)：162-168.

[184] 颜艳梅，李林，舒强兴. 基于平衡计分卡法的公共工程项目绩效评价指标设计 [J]. 社会科学家，2007 (1)：167-170.

［185］ 刘允延，刘彦. 工程业主如何选择工程实施方式 ［J］. 北京建筑工程学院学报，2002，18（3）：95－97.

［186］ 杨宇，谢琳琳，张远林. 公共投资建设项目管理模式评价指标体系的构建 ［J］. 重庆建筑大学学报，2006，28（3）：102－106.

［187］ Roger Atkinson. Project management：cost，time and quality，two best guesses and a phenomenon，its time to accept other success criteria ［J］. International Journal of Project Management，1999，17（6）：337－342.

［188］ 季同月. 工程项目管理模式与项目管理公司发展战略研究 ［D］. 长沙：湖南大学，2005.